U0734013

服装导论

CLOTHING INTRODUCTION

乔 洪 编著

中国纺织出版社

内 容 提 要

　　本书是全面阐述服装业各领域相关内容的专业书籍。全书共八章，以服装文化为主线，由服装历史、服装设计、服装生产管理、服装市场营销和服装展示陈列等内容组成。通过较为系统的介绍，展示服装领域的主体内容。是为服装从业人员尽快了解和熟悉服装业内各领域的基本研究内容和方法的导向性阅读书籍。旨在为从事服装行业的工作人员比较全面了解服装相关领域而提供一种综合性读物。

　　本书图文并茂，通俗易懂，可供服装行业工作人员、有志从事服装设计、生产管理、市场营销、展示陈列人员以及相关专业师生阅读。

图书在版编目(CIP)数据

服装导论/乔洪编著.—北京：中国纺织出版社，2012.9（2024.8重印）
ISBN 978-7-5064-8868-6

Ⅰ.①服…　Ⅱ.①乔…　Ⅲ.①服装—理论　Ⅳ.①TS941

中国版本图书馆CIP数据核字（2012）第165700号

策划编辑：李春奕　裘　康　责任编辑：宗　静　责任校对：梁　颖
责任设计：何　建　责任印制：陈　涛

中国纺织出版社出版发行
地址：北京东直门南大街6号　邮政编码：100027
邮购电话：010—64168110　传真：010—64168231
http://www.c-textilep.com
E-mail:faxing@c-textilep.com
北京虎彩文化传播有限公司印刷　各地新华书店经销
2012年9月第1版　2024年8月第3次印刷
开本：710×1000　1/16　印张：16.125
字数：262千字　定价：49.80元

BVLGARI

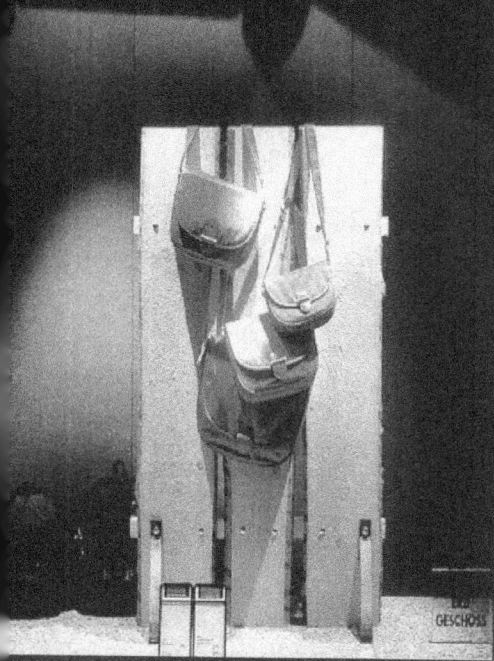

在人类文明史上，大概没有一种生活物质能像服装这样与人的关系如此密切，它既是日常生活中人们必不可少的物品，又是深深植根于特定社会文化模式中的一种表现形式。所谓"衣食住行"被称为是人类物质生活的四大要素，而"衣"为首，反映了人类在漫长的文明进程中，赋予了服饰以丰富和深刻的文化意义，使之成为服饰重要的构成因素。因此，对服饰的研究对象和范畴在于研究人类的文化现象，即研究人类的生存状态和生活方式，这一方面反映了人们的物质生活水平的不断提高，另一方面也反映了人类宗教、民族、审美、风俗、习惯、观念、生活心理等一系列文化生活的演进。

基于此，对于服装系统理论的研究，取决于它所涉甚广的边缘学科性质，这决定了它的研究方法也必须是综合性的、多学科的方法。比如，运用历史学的方法，探索人类服饰发展的历史过程；运用材料学的方法，揭示服饰面料的特性与质地；运用社会心理学的方法，阐释人类服饰的心理和行为动机；运用文化学的方法，诠释服饰文化演变的内涵和文化特征；等等。本书围绕服饰的基本概念、服饰的历史、服装的设计与工艺裁剪、服装的产业与教育、现代市场与营销，从流行趋势的把握到衣着行为的研究等方面，做了较为详细的描述和解析。

由此可见，"量体裁衣"的学问，做起来并不容易，必须有工科和艺术的知识作为基础。从内容上看，乔洪着眼于探讨服装设计教育的理论与知识体系，并加以系统的阐释，尤其是强调文、史、艺、工结合，以满足服装从业者对服装学体系全面性、综合性知识的需求，代表了多年来工作和教学的经验与心得，可以说是针对服装设计的教育体系能否提出新的角度和产生出新的问题来做些思考和完善，或许这是本书出版的意义和价值所在。

在此聊赘数语，以为序。

2012年5月
于重庆四川美术学院

前言

　　服装专业是一门新兴学科，而服装作为日常生活的一部分，它又是"古老"的；服装设计是艺术造物活动，而在产生服装的起初也许不那么单纯；服装是商品，而在不同的场合它又承载着更多的精神内容。服饰设计是状态设计，是空间设计。也许从不同的角度我们还可以给服装下更多的不同定义。在服装专业开办之初，它仅仅被看成一种手艺。它与人们的关系之密切导致了对其系统性、理论性的忽视。服装随着人类文明的进程而产生和发展，它的历史是久远的，内涵是丰富的。

　　服装是一门多学科交叉的边缘性的新兴学科，其研究的范围非常复杂而且广泛，加之服装学体系尚不完善，这对学习服装设计的人来讲具有较大的难度。要想较全面地认识和理解服装学的体系比较困难。服装导论是与人类文化发展史对应的服饰文化史。所以，本书坚持以服饰文化为前提，注重揭示服饰文化在不同历史环境中的处境及其应对关系。同时，注重艺术与工程相结合、文学与史学相结合，尤其以重视处理古与今、传统与现代的关系为特点，加强了近现代服饰史内容的比重，形成了对服饰的完整认识。《服装导论》结合了服装文化研究方法并形成生动灵活、充满趣味的内容，既符合史实，又揭示本质和规律，帮助从业者形成对服装学知识框架的认识，同时还从整体上引入艺术比较研究，从而帮助其在具体的设计中拓展思维。《服装导论》是在传统的基础上，进行了较大程度的整合，以服饰文化为主线，将服饰美学、中国工艺美术史、西方美术史、近代服装史、服装学概论、服装生产系统、服装市场营销等内容进行合理整合，降低理论的难度和深度，以满足服装从业者对服装学体系全面性、综合性知识的需求。

《服装导论》涵盖了服装产业与服装教育、服饰变迁与服饰文化、服装生产与服装市场等诸多方面的内容。当然，我们不企图成就一个新的学科体系和一座高楼，只愿意对服装学内容进行些许补益和向导以及做一些添砖的基础工作。

乔洪

2012年5月

于四川师范大学服装学院

目录 Contents

第一章　绪论

第一节　服装的基本概念

一、服装的基本概念

（一）服装

服装作为日常生活的必需品，我们并不陌生，但真正的给服装下一个定义，并不是个简单的事情。"服装"一词，《辞海》中解："服，泛指供人服用的东西。"指缠绕身体主要部位的东西，将上衣、下衣、外衣统称为衣，也称衣服。《辞海》中解："装，为服装。"做名词，如上装、下装、便装、军装；做动词，如装扮、乔装、伪装、装饰等。古文献中，"服"字不仅指衣服和穿衣，还引申到其他社会行为、习惯、场合等。在楚辞《九嶷至枯颂》中："后皇嘉树，桔来服兮。"服，习也，讲的是风习和适应，即变化习性和内在适应。可见要真正理解"服装"一词的定义，必须对与"服装"相关的一些概念做一些了解。

1.衣裳

中国古代流传下来的一种说法，《说文》称："衣，依也，上曰衣，下曰裳"，指上体和下体衣服的总和。

2.衣服

《中华大字典》称："衣，依也，人所依以庇寒暑也。服，谓冠并衣裳也。"可见衣服与衣裳的意思大致相同，在古代还包括头上的帽子。

3.服饰

有两方面的含义，一种为衣服上的装饰，如服饰品、服饰图案等；另一种为包括衣服在内的鞋、帽、包、袜子、手套、围巾、首饰等装饰人体的一切物品，强调一种穿着效果。对人体暂时改变和永久改变的均为服饰的概念（图1-1、图1-2）。

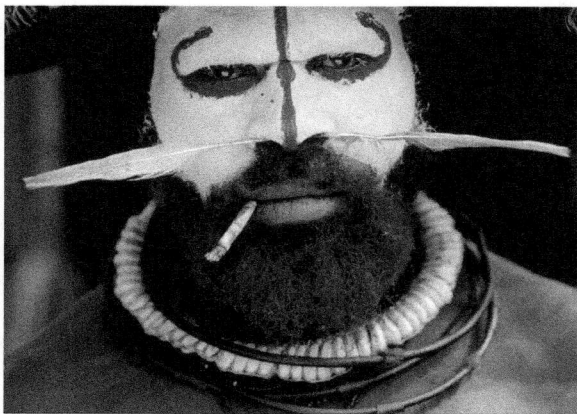

图1-1　非洲土著妆容

图1-2　模特头上的面具也可以理解成某种形式的"服装"

（二）成衣

成衣是近代在服装工业中出现的一个专业概念，英文为Garments。主要相对于量身定做的手工缝制而言，它是指服装企业按标准号型批量生产的成品服装。一般在裁缝店里定做的服装和专用于表演的服装等不属于成衣范畴。日常生活中，消费者购买的或在商场、成衣商店内出售的服装都是成衣。成衣作为工业产品，符合批量生产的经济原则，生产机械化，产品规模系列化，质量标准化，包装统一化，并附有品牌、面料成分、号型、洗涤保养说明等标志（图1-3、图1-4）。

图1-3　女装成衣

图1-4　男装成衣

（三）时装

时装的英文为Fashion，指那些款式新颖而富有时代感，在一定时间、地域内为一大部分人所接受的新颖入时的流行服装。时装一般都采用新的面料、辅料和工艺，对织物的结构、质地、色彩、花型等要求也较高，讲究装饰、配套。在款式、造型、色彩、纹样、缀饰等方面不断变化创新、标新立异。时装具有强烈的时间性和明显的地域性，每隔一定时期流行一种款式，因此，时装是具有周期性的，人们说"时装无常性"，但也最能体现设计者与穿着者的文化艺术修养与穿着水平。

（四）高级时装

高级时装是法国优秀的传统服饰文化，诞生于19世纪中叶，高级时装也称高级定制装，源于欧洲古代及近代宫廷贵妇的礼服。法国人习惯称为高级女装（Haute Couture），而美国人则习惯称为高级时装（High Fashion）。高级时装表示高水平的时装设计、服装面料、服装结构和缝制工艺等。由于高级时装用料考究、价格昂贵、实用价值有限，其曲高和寡的特点决定了最终顾客人数很少。高级女装的名称受法律保护而不能任意采用，法国的高级服装设计师协会创立于1868年，保护设计师的作品不被剽窃。

查尔斯·弗雷德里克·沃斯（Charles Frederick Worth）被誉为"高级定制时装之父"（Father of Haute Couture），他开创了巴黎的高级时装业，是世界服装中无可争辩的巨人（图1-5）。

图1-5　查尔斯·弗雷德里克·沃斯的高级时装作品

如今，高级女装有两种不同的风貌：一种主要用于社交活动和正规场合服用，一般选料精良，做工考究，绝大部分为手工制作，格调品位高贵、优雅，价格十分昂贵，主要消费对象是上层社会人士、明星等。另一种属于艺术表演化时装，用变形和夸张的手法表现设计构思、流行趋势，追求设计作品的艺术性和表演性，充分体现设计师的才华、创造力和艺术修养。

（五）高级成衣

高级成衣是指在一定程度上保留或继承了高级时装的某些技术，以中产阶级为对象的小批量多品种的高档服装，是介于高级时装和以一般大众为对象的大批量生产的廉价成衣（Garment）之间的一种服装。高级成衣的概念最初产生于第二次世界大战后，本是高级时装的副业，到20世纪60年代，由于人们生活方式的转变，高级成衣业蓬勃发展起来，大有取代高级时装之势。

高级成衣与一般成衣的区别，不仅在于其批量大小、质量高低，关键还在于其设计的个性和品位。国际上的高级成衣大体都是一些设计师品牌。巴黎、纽约、米兰、伦敦四大时装周，是各大品牌进行高级成衣的发布和进行交易的重要活动场所（图1-6、图1-7）。

图1-6　夏奈尔2012春夏高级成衣

图1-7　范思哲2012春夏高级成衣

二、服装的三大环节

影响服装构成的要素是很多的，要研究和解决服装的有关问题，首先要了解构成服装的要素，特别是构成服装的最基本要素，并且理清它们之间的关系。影响服装面貌的原因很多，人、历史、宗教、道德、法律、地理、气候、经济等物质和精神的东西都可能成为引起服装变化的原因。从广义上说，这些也可以成为服装范畴的一部分。法国著名的设计大师克里斯汀·迪奥说："凡是我所知道的，我所看到的，听到的一切，我的存在的一切，都归结到衣裳上去。"正像克里斯汀·迪奥说的那样，构成服装的要素无时不在、无处不在，作为物质性的服装在完成时需要注重设计、材料选择和制作三大环节，这也是服装的核心环节（图1-8）。

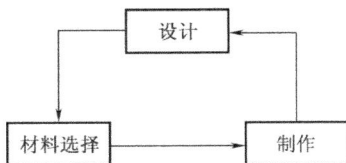

图1-8　服装的构成环节

（一）设计

设计是服装产生的第一步骤，是对服装材料的选择和服装制作手段的限定。离开了设计，服装则处于无形无色的朦胧状态。服装设计包括两部分内容：服装造型设计和服装色彩设计。服装造型设计构成服装的廓型和细节样式，为选择服装材料的质地和服装制作的工艺提供最有效的依据。服装色彩设计体现服装的色彩面貌，为服装材料表面肌理和图案的色彩效果确定设计意向。造型与色彩唇齿相依，在服装设计中，造型占首要位置，没有造型的色彩是无法存在的，所谓"皮之不存，毛将焉附"。当某一色彩非常鲜明、响亮饱和时，其色彩形象却能首先入观者的眼中，使观者先见其色、后观其形；当某一色彩灰暗柔弱、暧昧朦胧时，再要先见其色、再见其形就勉为其难了，观者的注意力首先会放在能引起其视觉兴趣的造型上。在设计的过程中既可以先进行造型设计再配合适宜的色彩，也可以先提出色彩方案再配合适宜的造型。对两种程序的选择可由设计时的工作习惯和客观条件决定。需要注意的是，造型和色彩的表现既可相互加强，也可相互减弱。

（二）材料

材料是构成服装的物质基础。一方面，没有服装材料，就不能将设计思想付诸实践；另一方面，有了材料则必须对材料进行灵活的应用，每种材料都有其独特的风格与性能，无论是设计、缝制，还是制成服装的选样与管理，都必须掌握并活用材料。服装面、辅材料类别较多，无论是服装设计还是服装经营都需要了解服装材料大类（图1-9）。

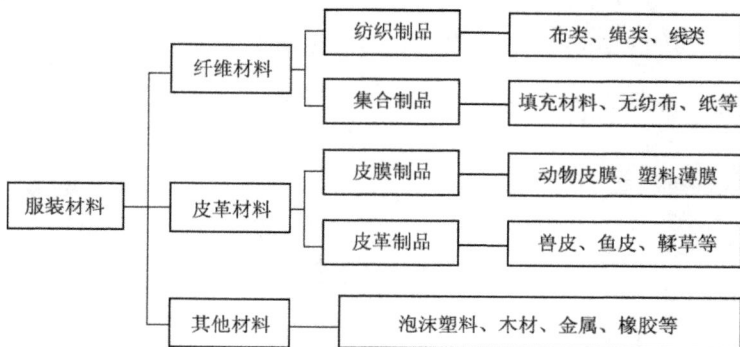

图1-9　服装材料的分类

1.外观表现

不同的材料有不同的质地外观。例如，棉织物颜色柔和、质地柔软；毛织物高雅、含蓄；丝织物华丽、轻薄；麻织物粗犷、自然；各种化学纤维织物在表现上也各有千秋。同一种颜色在不同的材料上其表现效果也不同，如灰色，在棉织物上显得陈旧，在毛织物上则显得高贵。各类服装材料的色彩都有自己的特点，这是材料本身的光泽、性能和使用要求决定的。材料的闪光、小花小格、暗条暗格等，使色彩的明度随着人体的动作而变化，也可达到远近不同的色彩配合效果。材料的软硬度、弹性、延伸性影响服装的穿脱、褶皱与平整、保形与变形等。一般延伸性好的材料容易穿脱，弹性好的材料不易变形，表面不易起皱，即使起皱也易恢复；有的材料经防皱、防缩处理，表面平整，保型性好；变形与形变是一对始终存在又可相互转换的矛盾，在服装材料的外观表现与应用上较为突出。

2.性能应用

（1）可加工性：在加工服装的过程中，服装材料的可加工性，除要受缝纫机械状态等因素的影响外，还受到构成材料的诸多因素的影响，如构成材料的纤维原料、纱线、结构及后整理等，因此有的材料加工容易，而有的材料加工不易。

（2）舒适性：随着人们生活水平的提高，许多人越来越重视服装的舒适性。服装材料的舒适可分为视觉舒适与触觉舒适。视觉舒适是人的视觉对材料外观表现的主观意见；触觉舒适是人体接触服装材料的触感意见与穿着服装时身体达到热湿平衡的舒适。因此，服装材料的舒适性是各种材料的质地、物理性能与人体判断的综合性能。

（3）安全性：服装是人体的一部分，也是人体的延伸，使人体免受外界恶劣条件的侵害或不因周边环境引起不良后果。例如材料的防潮、防碱、防油、防水、防污、防菌、防静电、防辐射、防紫外线、防弹、阻燃等，均可达到安全的目的。

（4）耐用性：从表面看耐用性是服装穿用时间长短的问题，然而新的消费观念已不是破旧服装能不能穿，而是"新"衣穿多久，它涉及服装的色彩、款式及材质的变化，具体到服装材料上就是经过多长时间服用后材质不发生不必要的变化。

（5）保管性：服装的保管涉及服装材料的洗涤与收藏。服装用什么方式洗？洗涤效果如何？用什么条件洗？洗后是否不需处理便可穿着？收藏时，服装是否需防腐、防蛀、防霉、防老化、防变质，是否会发生变形等？不同的材料在保管上是不同的。

综上所述，我们不难得出这样的结论：服装材料在服装设计、制作、消费过程中的选择与应用极其重要。新的材料在不断出现，但是，只要掌握了材料选择与应用的最基本的方法，都能及时地处理所出现的任何问题。当面对任何一块面料时，不要简简单单说它是好是坏，而要看它的纤维原料是什么，使用何种纱线，组织结构如何，加工方法如何，等等，这样就能正确分析材料、正确选择材料、正确应用材料。

3.常见服装面料的特性

常见的服装面料有棉织物、麻织物、毛织物、丝绸织物、化学纤维面料、裘皮及皮革面料等，这些面料的特性如下：

（1）棉织物特性：具有良好的吸湿性、透气性，穿着柔软舒适，保暖性好，服用性能良好，染色性能好，色泽鲜艳，色谱齐全，耐碱性强，耐热光。缺点：耐酸能力差弹性差，缩水率大，易产生褶皱，易生霉，如长时间与日光接触，强力降低，纤维会变硬变脆。但棉织物抗虫蛀，是理想的内衣面料，也是物美价廉的大众外衣用料。

（2）麻织物特性：强度、导热、吸湿比棉织物大，对酸碱反应不敏感，抗霉菌，不易受潮发霉，色泽鲜艳，不易褪色，熨烫温度高，喷水后可直接在反面熨烫。

（3）毛织物特性：坚牢耐磨，保暖，有弹性，抗皱，不易褪色。缺点：易产生毡化反应；羊毛容易被虫蛀，经常摩擦会起球；长期置于强光下会令其组织受损，耐热性差。

（4）丝绸织物特性：柔软滑爽，高雅华丽，色泽鲜艳，光彩夺目，吸湿，耐热，不耐光，耐水，耐碱。

（5）化学纤维面料特性：化学纤维分为再生纤维素纤维、涤纶、锦纶、腈纶、维纶、丙纶、氨纶等。

再生纤维素纤维特性：吸湿、透气、手感柔软，穿着舒适，有丝绸的效应，颜色鲜艳，色谱全，光泽好易起皱，不挺括，易缩水。

涤纶特性：面料挺括，抗皱，强力好，耐磨，吸湿差，易洗快干，无虫蛀，不霉烂，易保管，透气差，穿着不舒适，易吸灰尘，易起毛起球，为改良这种性能加入天然纤维或再生纤维素，与其他纤维混纺。

锦纶特性：弹性和蓬松度类似羊毛，强度高，保型，外观挺括，保暖耐光，吸湿性较差，舒适性较差，混纺后有所改善。

丙纶特性：强度、弹性好，耐磨，吸湿性差，不耐热，外观挺括，尺寸稳定。

维纶特性：强度好，吸湿，不怕霉蛀，不耐热，易收缩，易起皱，质地结实。

氨纶特性：弹性好，延展性大，穿着舒适，耐酸、耐碱、耐磨、强力低、吸湿性差。

（6）裘皮及皮革面料特性：裘皮及皮革分为裘皮、人造皮毛、天然皮革、人造皮革等。

裘皮特性：美观大方，华丽高贵，舒适温暖。

人造皮毛特性：保暖，外观美丽，丰满，手感柔软，绒毛蓬松，弹性好，质地松，轻，耐磨，抗菌防虫，易保藏，可水洗；但防风性差，易掉毛。

天然皮革特性：遇水不易变形，干燥洗水易收缩，耐化学药剂，防老化，但大小不一，加工难以合理化。

人造皮革特性：质地柔软，穿着舒适，美观耐用，保暖，吸湿透气，防蛀，免烫，尺寸稳定。

（7）针织物特性：针织内衣的伸缩性好，柔软，吸湿，透气，防皱。针织外衣坚牢耐磨，花型美观，色泽鲜艳，挺括抗皱，缩水率小，易洗快干；但吸湿性，透气性差。

（三）制作

制作是将设计意图和服装材料组合成实物状态的服装的加工过程，是服装产生的关键步骤。没有制作的参与，设计和材料都处于分散状态，不可能成为服装。制作包括两个方面，一是服装结构，也称结构设计，是对设计意图的解析，决定服装裁剪的合理性，服装的一些物理能上的要求往往通过严格的结构设计得以实现；二是服装工艺，是借助于手工或机械将服装裁片结合起来的缝制过程，决定服装成品的质量。结构与工艺的关系是相辅相成的。一般来说，准确的服装结构是准确缝制的前提，精致的服装工艺是演绎结构的保证。不管多么完美精准的结构，如果粗制滥造，服装成品也会面目全非。同样，不管多么精湛的工艺，也无法挽救错误严重的结构。对于常见而普通的款式而言，由于结构一般不会出现太大毛病，工艺就显得特别重要，高水准的工艺师常常可以在制作过程中修正一些较小的结构错误。制作是表现服装设计意图的最后一道关卡，因此，在服装界有"三分裁剪七分做"的说法，此说虽不全面，却有一定道理（图1-10）。

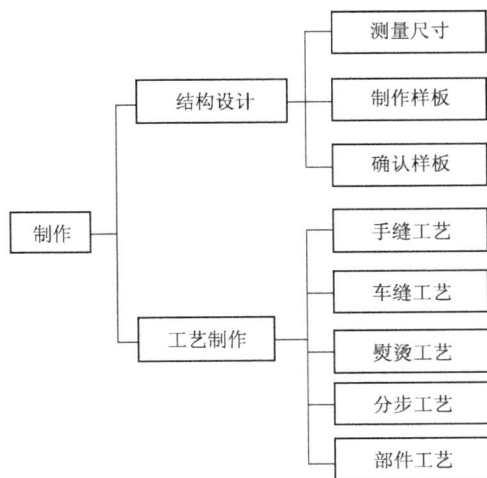

图1-10　服装制作的内容

（四）构成要素之间的关系

　　大多数服装产生过程是多方合作的结果，这也符合现代化工业生产分工细化的特征。服装三大要素之间存在相互制约、相辅相成的关系，搞不清楚这三者之间的关系，就不利于分清工作的主次，也不利于处理团队合作关系，甚至会影响工作的最终结果。强调设计至上而忽视材料和制作，则陈旧的材料和粗糙的做工将无法实现设计的初衷；强调材料至上而忽视设计与制作，则落后的款式和低劣的做工会令人对新颖面料扼腕叹息；强调制作第一而忽视设计和材料，则无人欣赏优良做工下的古板款式和过时面料。因此，在一般情况下，我们总是把设计、材料和制作三个服装物态构成要素看成同等重要的因素，只要其中的某个方面出了差错，便有可能导致整件服装的失败。然而，对服装中的常规产品或艺术性服装来说，以上的均势会有所打破。经典服装是指具有广泛使用场合和款式基本定局的服装，如男式西服、普通衬衫或内衣内裤等。由于这类服装历经年代的考验而在款式上没有大起大落的变化，通常是换一种面料套用同样的样板大批量生产，设计的成分自然会下降不少，此时服装的整体面貌更多地通过材料和制作展现。艺术性服装是指用于参赛或文艺表演等较为特殊场合的服装。这类服装一般比较强调设计意识和艺术情趣，对设计的要求非常高。例如，用于大剧院或体育场等场合团体表演的服装，由于观者与服装的距离较远，而且通常是一次性演出以后便完成了服装的使命，除了坚持设计第一的原则以外，对制作和材料的要求会适当降低，也可节省成本，两全其美。

第二节　服装的出现

服饰这一观念究竟是在什么时候出现在人类的意识中的呢？研究一下旧石器时代后期的美术作品，距今大约3万年至1万年这段历史时期，即人类以狩猎、捕鱼和采集植物类食物为生的所谓自然经济时代。我们就可以发现，那时已出现服饰现象了。这一时期一般分为奥瑞纳文化阶段（约3万年前）、索鲁特文化阶段（约2万5000年前）和马德林文化阶段（约2万年前），这些文化阶段都属于冰河时代。

现代文明社会是从原始社会发展而来，作为文化与社会的产物——衣生活，也起源于那个遥远的年代甚至更早。关于服装的起源问题是十分复杂的。由于研究者的立场不同，得出的结论也完全不同。每一种学说都有各自的立场，但不存在真正的准确和唯一的起源说，代表性的起源学说如图1-11所示。

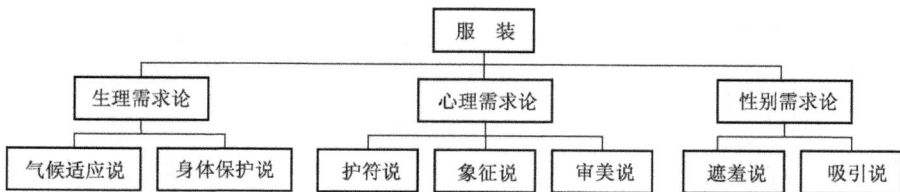

图1-11　服装起源学说分类

一、生理需求论（保护说）

保护说从生理的角度出发，从人的生理与自然环境的关系予以评论，认为服装能起到保护人体的作用，保护身体既是服装的起源，又是起因。

（一）气候适应说

气候适应说强调服装的诞生是基于人类生理的需要。随着人类的进化，身上的体毛逐渐退化，气候的冷暖变化直接影响人类的生理需求，因此人类早在原始社会就学会以兽皮蔽体，以抵御风寒。大约距今10万至5万年前，欧洲大陆上的原始人为抵御第四冰河期的寒冷，开始制作兽皮衣物。即使现在，仍有许多居住在寒冷地区的原始人选择简易的"服装"蔽体防寒。就拿爱斯基摩人来说，他们率先利用毛皮制作服装，妇女们利用牙齿咬皮革，使其柔软，以便于穿着。在热带地区，由于暑热，穿衣服就没有多少必要，热带地区的居民至今过着裸态的生活方式（图1-12）。不过，也有因热而穿衣服的现象。生活在沙漠地区的人，由于沙漠地带气温很高，湿度却很低，非常干燥，人体的水分蒸发得相当厉害，发汗很多，而皮肤却没

图1-12　中美洲泥塑人像

有汗，因为汗水很快就会被蒸发掉。这里的人们穿衣服，与其说是为了避暑，不如说是为了防止汗的蒸发，同时也避免日光暴晒。比起裸体，穿上衣服更能适应这种气候的作用。

（二）身体保护说

身体保护说认为，人们穿衣服是为了避免自然界中存在的危害人类生存的因素。特别是人类从爬行到直立行走，原来处于安全的性部位从身体的末端位移至中央，男性尤为敏感，最易受伤，为了不被外界伤害，比如为了防止昆虫、蚊、蝇的侵害，用腰布或条带物围在腰间，随着人体活动产生的摆动来驱赶昆虫，故腰布为男性最先使用。之后，人们便如法炮制，进而把身体其他部位也裹起来，便产生了服装。在非洲、南亚、澳洲等地还广泛存在着男性穿植物韧皮制裙子的习惯。另外，以布块缠在腰间，再从两腿之间穿过，用带子前后固定的缠腰方式更普遍，这使得男性免去了不必要的精神负担，且又可精神抖擞不顾一切地与野兽拼杀。

二、心理需求论

（一）护符说

原始社会生产力非常低下，在强大的自然面前人类显得非常渺小，人们希望借助于精神的力量来对抗自然，因此就有了灵魂和肉体分离的想象。原始人不了解自己的身体结构，分不清梦境和现实。对原始人来说，周围的世界是神秘的，一切动植物，甚至星辰、河流都充满了神秘的亲族联系。在自然崇拜和图腾信仰中，人们相信万物都有灵，认为灵魂有善恶之分，给人类带来幸福和快乐的是善灵，带来灾难疾病的是恶灵。为了取得善灵的保佑，避免恶灵的侵害，人们在身体上装饰具有神力的图，或者将自然界中被认为比人更有神力的东西佩戴在身，比如佩戴足蹄、尖角、贝壳、羽毛、兽牙等（图1-13）。人们相信图腾或护符具有肉眼看不见的超自然力量，装饰佩戴了它就能达到辟邪、保护自己的目的。护符发展到最后成为人类佩戴在身体上的装饰品。原始人还在身体上涂抹颜色，用来吓倒鬼魂保护生命。另外在一些原始部落里，为了求得群族的认同以及表达对种族信仰的坚定，也会在身上涂抹或穿戴象征该种族图腾的符号，以博取该种族间的尊重和互相信任，也是信仰的一种寄托。由此护符说诞生了。

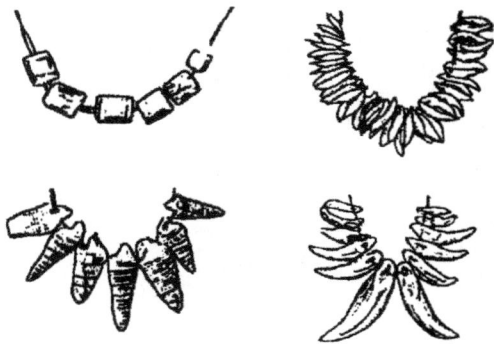

图1-13　捷克出土的人类早期的项链

（二）象征说

这种学说认为披挂在身上的物品最初是作为身份象征而使用的。在原始人看来，佩戴动物的牙齿、羽毛、贝壳等，被认为是具有令人倾慕的特殊本领，同时也是一种财富的象征。原始人用兽皮等饰物象征自己的英武；用野兽的牙齿、骨骼和身体的刀痕等，向人们显示自己在狩猎中的勇敢和成绩。例如，印第安人头冠的高低，标志着主人财富的多少，头冠越高，威望也就越大，借此显示优越感。我国自古以来崇尚服装制度，有"衣冠王国"的雅誉，并借服装的形制、色彩、服饰等以区别阶级、维系伦常。服装在不同时期充当着不同的社会角色、象征身份和地位。

（三）装饰审美说

服装起源于审美是一种普遍的说法，即认为服装起源于一种美化自我的愿望，人类追求情感的表现。人们通过大量的实验发现，一些高级动物对美都有一种本能的接受。原始人看到美丽的花朵、光洁鲜艳的羽毛就会顺手摘下来，装饰在自己的身体上。印第安首领作战用的无边扁平软帽，是由雄鹰毛制作的。原始人将发现的玛瑙、宝石经过细心琢磨，镶嵌在一个圆环上，这就是最早的项链和手镯。人们都想得到美丽别致的小物品，装饰在众人可见的地方，透过外观的装饰及自我的吸引力的表现，以达到自我肯定的目的。从古至今，虽然有不穿衣服的民族，但极少有不对身体进行装饰的民族。现在有一些部落仍然崇尚用彩泥涂身、文身、疤痕甚至毁体来装饰，以表达自己的年龄和社会地位等（图1-14、图1-15）。

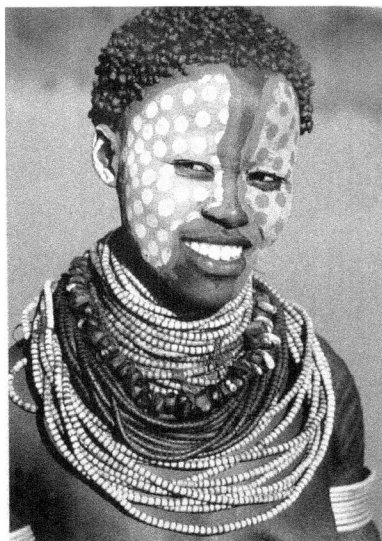

| 图1-14　涂色在不同的文化中都能见到 | 图1-15　永久性改变为装饰的表现形式 |

三、性别需求论

男女两性相互爱慕和吸引，是远古以来就存在的现象。服装起源与发展的最终原因是两性的存在这一论断，虽然至今还不能令人信服，但是两性导致现今人们要求穿用服装，这是任何人不能否认的。

（一）遮羞说

认为人们开始穿衣是为了遮蔽身体隐私的部位，这个理论衍生自基督教《圣经》对服装的解释，在西方通常会以亚当和夏娃的神话故事来解释服装的起源（图1-16）。依据《旧约全书》的说法，亚当和夏娃起初是不着服装的，只因为受到蛇的怂恿，偷吃禁果，眼睛明亮了，才用无花果树叶遮住下体，这便是服装的雏形。对于这种说法，当代已有不少人提出质疑，原因是人的羞耻心不是天生的，羞耻观念只会在文明社会出现，即摆脱了蒙昧社会和野蛮社会以后，并随着时间、地点和习惯的不同而相异。因此，服装起源于遮羞之说显然有些牵强。

图1-16　马萨桥的壁画《逐出乐园》

（二）吸引说

吸引说观点认为，为了突出男女性别的差异，以引起对方的好感与注意并相互吸引，就用衣物来装饰强调，由此便有了服装。人的性冲动是一种本能，服装是它的延伸，因而服装的起因，也是一种本能。雄孔雀尚晓得展开画屏般的尾羽向雌性炫耀，吐绶鸡颈间的垂肉也会因追逐异性而变得鲜红，甚至鱼类在发情期都会出现闪光和变色现象，面对异性，人同样会有这样的本能反应。原始人认为，性爱是一种美好神圣的行为，他们渴望子孙繁衍，出现过性崇拜、性装饰。今天，在印度南部偏远地方的一个父系氏族公社的神庙里供奉着的就是一尊阳具，希望受孕的妇女对之顶礼膜拜。在我国出土的彩陶纹样中也有用妇女性生殖器代表部落兴旺和财富的抽象符号。因此，当时人们对生殖器的崇拜也是服装起源的又一动机。美国赫洛克在《服装心理学时装及其动机分析》中说："在许多原始部落，妇女习惯于装饰，但不穿衣服，只有妓女穿衣服。"美国人迈克·巴特贝里和阿丽安巴特贝里在《时装——历史的镜子》一书中写道："澳大利亚土著人在腰间系着羽毛，在小腹和臀部飘然下垂，并且疯狂地扭腰摆臀，跳一种旨在刺激人性欲的舞蹈。"他们的观点认为，穿衣很明显是起了引诱作用（图1-17、图1-18）。

图1-17　石灰岩刀刻出的女性雕像，凸显女性特征

图1-18　奥地利出土的小石雕"维仑多夫的维纳斯"表现了当时的性崇拜

第三节　服装的基本性质

一、服装的实用性

服装的实用性也称适用性，是人着装的主要目的之一。服装是人体的外包装，对于人而言服装是人的外部环境。这个外部环境主要受到自然环境和社会环境的影响。服装的实用性对于人类自身而言是衣服的使用性价值的问题，这个价值主要是指关于人体生理机能补益的需要和身体保护。在自然气候与人的关系中，温度、湿度、降水量等因素并非各自单独地存在，而是相互关联综合在一起，影响人的生活。对应于自然界气候的变化，为了弥补人体生理机能的缺陷，

使身体保持舒适的状态，或者说是为了调节体温，人穿用了衣物。在生活中，对应于来自外界物象的危害，为了保护身体，人穿用了衣物。这就是服装对于人的使用价值或服装的基本功能，如根据自然环境而产生的羽绒服、防雨、防风、防尘、防弹类服装。

从健康和卫生的角度来考虑，服装的实用性还包括有清洁皮肤的功能和适合身体活动的功能。服装须有适合身体活动的功能，才能满足和提高人的活动效率的要求。所有服装在设计制作时都需考虑是否适合人体结构和身体活动，考虑人在行走、锻炼、运动、劳动等剧烈活动时最大的活动量与服装形态变化的关系，也因此产生了适合人运动、休闲等动态生活的运动服、工作服等。

二、服装的物质性和精神性

（一）物质性

服装的物质性是服装的基本属性。服装是由纤维材料加工而成，物质是服装存在的基础。服装物质属性的使用价值是由购买服装的消费者或者服装的穿着者来体验和评价。它像一面镜子反映着产品的品质，也反映社会物质生产水平和社会生活的发展状况，并且时时受到生产力发展水平和最新科技成果的影响。

（二）精神性

服装的精神性从着装的风格中表现出来，是通过消费者的心理体验来完成的。"爱美之心，人皆有之"，这是人类的天性和本能。从古至今，人们总在不停地发现美和追求美，在服装形式上的表现尤为突出。例如，原始人的装饰文身、古代帝王的礼服、现代人化妆、染发等面部修饰，这些行为都说明不论古代还是现代，人们为了美一直在积极地不停地行动着，这就是服装的精神性所驱动的必然效应。

三、服装的标志性与象征性

服装的标志性是着装目的之一。在社会生活中，人们为了识别地位、职业、身份、性别、年龄等而穿用不同的服装。服装最先担负的社会职能应该是标志作用。例如，通过服装，我们能够很容易辨别出警察、医生等职业。除此之外，服装还象征着一个人的身份、地位，特别是品牌类的服装，大多数人选择名牌服装，更看重名牌为他们带来的优越的身份、地位的象征。

四、服装的文化性

服装文化是现代文化的有机组成部分，它同商业文化、品牌文化、流行文化、审美文化、宗教文化等文化形态一样，是现代文化的一个有机组成部分，对人的思想观念、行为方式产生着深刻的影响。

服装文化是一种大众文化形态，是一种被物化了的社会文化，是沟通人与人、人与社会、人与环境的重要媒介。服装的社会性是指服装在穿着以后，所产生的表征作用和对社会生活的影响及它们之间的互动关系。

服装的历史是人类生活史的一个组成部分。在人类历史进程中，服装在不同的时间、不同的地域，由不同的人与物的关系发生着变化。时间、地区、人和物是构成服装史的主要因素，这其中也涉及民族民俗服饰的固化过程。西方的服装史，就是人类从古代文明发祥地——温暖的地中海东岸向西再北上，历经古代、中世纪、近世纪、近代不断发展，在西欧建立了现代文明的过程中，不断扩散与交融形成的服装文化。

礼仪文化是社会文化的基础，人们注重仪表堂堂、出众的形象，一方面可以体现出人类的文明涵养，另一方面也表现出成功或地位。仪表美之所以吸引人，是因为它涵盖了人作为社会人全部的美，将人的内在美与外在形象美有机地统一起来，不仅给人以视觉上的享受，而且给人以人格上的尊重和品格的力量。

服装是时尚的载体，服装文化也是时尚文化的重要形式，衣着消费是"更少的材料，更多的智慧"的文化消费。这代表着消费者所选择的不仅是产品的质量信誉及物品，更是选择服装品牌传达的文化个性和一种文化韵味。

第二章　服装产业与服装教育

第一节　我国服装教育概况

　　服装教育在世界范围内的发展历史是不一样的，国外的服装设计教育起步比较早，无论是硬件设施、专业设置还是师资配备都比较到位。相比较而言，我国的服装教育起步比较晚。

一、我国服装行业与服装专业历史回顾

　　我国服装生产由最早的"女红"形式出现，往往是由母亲传授给女儿的方式进行自给自足缝纫活动，这个阶段持续了很长的时期。由于人们的需要，后来开始出现了专门为人做衣服的行当"裁缝铺"，采用师傅带徒弟的方式传承技艺，这个阶段持续时间最长，如"红帮"裁缝就是这个阶段的典型代表。在"发展经济，保障供应"的时代，人们穿衣还要凭布票的时代，虽然有了一些小型服装生产合作社，但在我国大多数地区仍然是"裁缝铺"的来料加工形式。改革开放以后，随着人们生活水平的不断提高，成衣的选用量也越来越多，我国出现了很多小型服装作坊和街道工业。就全国大多数地区而言，服装工业真正起步是20世纪80年代初，四川省最具代表性的事件就是1985年通过香港"好利获得"公司引进四套西服生产线，开始了具有现代工业性质的服装生产企业。为了适应服装行业的发展，1985年纺织工业系统在上海举办了多届为期3个月的服装设计短训班并自编了教材，当时有来自全国各地的学员。而当时我国的服装专业教育刚刚起步，服装专业的毕业生几乎为零。

二、服装专业的兴办

　　高等服装专业教育最早的设想与尝试始于1959年，在国立的中央工艺美术学院染织美术系开始筹建服装设计专业。1976年举办了第一期服装研究班，并出版了《服装造型基础》一书。1980年在染织美术系招收了第一届服装设计大专班，并

成立服装专业。1982年招收了第一届服装设计本科班，1984年正式成立了服装设计系。在这个时期，原属国家教委的艺术类院校和原属轻纺工业部的高等院校纷纷开始举办服装专业。但是，要启动服装教育的步履是沉重的，困难的一方面来自国内没有任何服装教育的经验、模式或参照物，服装专业需开设什么课程、培养目标如何、用什么教材以及什么样的人才担任教师，对当时服装教育开拓者来说是一片空白。困难的另一方面则来自高校传统势力对服装业的偏见与歧视，在一些人眼中服装只是"小裁缝的行当，根本无学术理论可言"，这也使服装教育事业的开创步履艰难。尽管如此，服装教育仍在人们的殷切期盼下开始。最初呼吁服装教学的有西北纺织工学院的李辛凯、中央工艺美术学院的白崇礼和苏州丝绸工学院的邱光正，他们都在困难的条件和环境下，率先开始了高等学校里的服装教育。此时服装教学缺乏经验，绝大多数教师来自转行的染织美术专业、装潢专业、纺织专业、纺材、纺机和一部分有经验的裁剪师傅。几乎所有的服装专业都是"摸着石头过河"，教师与学生都从事一项探索，即中国服装教学的探索。在不同学院的摸索中，形成了不同教学模式。中央工艺美术学院凭借其美术设计的基础，使其服装设计侧重于艺术类的教育；西北纺织工学院的李辛凯早就意识到服装是边缘学科，所以西北纺织工学院的服装教育相当重视服装工程、工艺以及心理方面。这时期的苏州丝绸工学院的服装教学与其他院校比较更为合理，某些方面教师力量较强。苏州丝绸工学院的服装教学明确摆脱了作坊式的教学思路，明确这是现代大工业时代的现代服装设计，并明确这是门艺术与技术结合的专业。据相关资料，截至2005年开设本科服装专业数为50余个，到目前据不完全统计，本科服装专业数达到200个左右，见下表。

部分高校服装本科专业创办表

院校名称	开办时间	隶属关系	备注
清华大学美术学院（中央工艺美术学院）	1982年	国家教委	1984年成立服装系
苏州大学纺织与服装工程学院（苏州丝绸工学院）	1983年	纺织工业部	后并入苏州大学
浙江理工大学（浙江丝绸工学院）	1983年	纺织工业部	1985年成立服装系
西安工程大学（西北纺织工学院）	1984年	纺织工业部	1984年成立服装系
天津工业大学（天津纺织工学院）	1984年	纺织工业部	
东华大学（中国纺织大学）	1984年	纺织工业部	
四川美术学院	1985年	国家教委	
北京服装学院	1988年	纺织工业部	
中央美术学院	2002年	国家教育部	

三、我国服装教育的类型

根据我国目前高等服装教育的现状，大致可分成四类：第一种类型是以服装艺术创作为主的专业，第二种类型是以服装工艺技术为主的专业，第三种类型是以服装科学研究为主的专业，第四种类型是以服装市场营销为主的专业（包括模特儿表演专业）。

由于服装专业在我国高等教育中属新兴专业，办学时间不长，所以各办学单位在教学模式和教学内容上不尽相同。就目前国内服装教育教学现状来看，对教学模式、学科建设等方面大多是从有利于自身长处为出发点。大致可分为以下几种类型。

（一）中外合作办服装专业

部分服装专业是与国外服装教育机构合作，采用外语教学，在教学模式上与国际接轨。其特点为教学模式、教学内容设置较先进，但这些教学模式脱离了国外大的社会背景和行业背景，一些地方也有缺乏连贯性的问题，同时学习费用较高，所培训的人才主要针对外企白领阶层和部分想以此为跳板到国外继续深造的学生。

（二）艺术类院校办服装专业

这类高等服装教育比较注重绘画基础的教育，比较而言基础较扎实，绘画技巧很好，一般效果图、平面图等都要比国外同类服装院校画得好。我国高等教育改革的一个很大特点是宽基础，强调基础教学，尤其是外语与计算机，更是重中之重，因此学生的理论基础较扎实。在专业教学上，国内部分艺术院校根据自身特点，在教学模式上基本采用艺术教育的通行作法，侧重学生的艺术素养教育。

（三）原轻纺工业院校所办服装专业

服装教育师资来源受到限制，因最初大部分专业师资都是从丝绸、纺织或高分子专业转过来的，虽是基础扎实，学术水平高，但对服装业只是了解或熟悉，这类服装院校根据自己的不同情况，都会侧重某一方面。例如，成衣设计、纸样技术、服装工艺、生产管理、市场营销等在理论教育上，水平都比较高，深度与难度比较大。其他的教学人员往往没有真正在服装业工作过，专业师资主要是从学校到学校工作，缺乏实践经验，因此在服装专业教育上往往存在理论与实际脱节的现象。随着服装业的迅猛发展，今天的服装业已不是传统意义上的手工作坊式生产，各种高新技术的应用，新观念、新工艺、新设备的大量出现，既需要基础扎实、学术水平高，又要求具有实践经验，更需要有现代观念、现代理论、现代知识的复合型人才。

（四）民办高校与社会力量所办服装专业

社会力量办学及部分民办高校，教学计划形同虚设，随意变动；师资队伍东拼西凑且不稳定，师资素质参差不齐。在办学的实验、实习经费上投入不足；同时，管理层不认真研究专业发展方向，带有很强的家长行为和个人意志，对教学工作、人事聘用、经费使用多方插手；投资方忽视教育规律和事物发展规律，过于急功近利，试图在最短的时间内达到最大的经济效益、社会效益和政治效益。在这类所谓新机制运行下的服装专业所培养的人才较难达到可持续发展的需要。目前，社会力量办学的非学历教育部分有逐渐退出服装专业的教育教学领域的趋势。

第二节　我国服装产业的发展概况

一、我国服装产业发展的现状

服装产业在我国国民经济中有着举足轻重的地位和作用。我国是服装生产加工和出口的大国。据海关统计的数据，2010年1~11月服装出口1169.4亿美元，增长21.2%，根据国家统计局对规模以上企业统计，2010年1~8月，同比增加5.44%，服装的出口创汇居我国各行业之首。然而，我国服装出口基本上还是以中低端为主，产品雷同、缺乏优势品牌、低价竞争、利润不高的现象十分突出。我国服装行业发展现状主要表现在以下几个方面。

（一）出口数量增大，单项投资规模扩大

近年来我国服装产品的结构和档次略有提高，出口产品的成本增长和交易成本也有所上升，原材料价格的涨价等，使我国服装出口的区域格局发生了前所未有的变化。企业要关注出口格局的变化，做好成本控制，多做高档产品，同时有侧重点地把握好贸易出口方向和国内市场的开拓，才能使服装产业更好地发展。

服装产业发展过程中，从施工的数量和投资规模的比例来看，单个项目的投资规模明显扩大。原来做外销的一些企业和品牌开始关注经营国内市场，扩大内需将

成为服装生产效益的主要增长点。

（二）产业梯度转移初见端倪，区域内流动仍是主流

我国主要服装产区仍然集中在广东、浙江、江苏、福建、山东等沿海地区。近年来，一些沿海城市的人均GDP快速提高，土地资源紧缺，用地成本飞涨，人力资源匮乏，劳动力成本不断攀升，水电供给不足，能源、原材料价格上涨，继续发展劳动密集型的加工产业困难重重，产业区域性和企业的梯度转移已见端倪。然而，目前的梯度转移主流仍然是"省内流动"。苏南企业到苏北开发，粤南地区产业慢慢向粤北和东西两翼发展，福建、浙江一些产业集群也向周边扩散，省内的"内陆"地区成为我国服装产业梯度转移的第一站。企业对于生产转移通常持审慎态度，"异乡"办厂的前期通常会"水土不服"，地方的政策和观念意识往往成为转移胜败的决定性因素。也就是说，企业在生产转移的过程中承担着较难预测的风险成本，企业势必权衡投资成本与投资风险来进行目标地的选择。

（三）集群专业化发展，区域交叉合作广泛

我国的服装产业集聚地大多是以单一品种或专业服装生产为特点，各区域有自身特有的优势。目前，企业已不再盲目扩张，而是力求将区域和企业优势做强，在优势较弱或不具备生产能力的领域理智地寻求合作，区域交叉合作应运而生。例如，温州企业为泉州企业加工西服，泉州企业为温州企业加工夹克。专业化激发了区域交叉合作，区域交叉合作促进了专业化，专业化和区域交叉合作把我国服装产业集群发展带入了新的历史阶段，即网络化发展阶段。这一阶段的特征恰恰是"专业"和"合作"。区域的网络化发展成为企业的发展壮大的一大加速器，也为跨区域企业乃至跨国企业的诞生打下基础。区域内已形成联动关系，小企业最终放弃创品牌的混战，为大品牌贴牌加工，区域内品牌集中度逐步提高。

（四）市场竞争模式从数量、价格向技术、品牌转变

2006年，大规模企业的产量增幅明显回落，预示着数量竞争时代接近尾声。大企业已经蓄积了大量资金和技术力量，以产品创新和渠道掌控能力为基础的品牌竞争力大大提升。"数量"和"价格"竞争模式逐渐远去，"科技创新贡献率"和"品牌贡献率"的意识和自觉行动，在服装行业日益盛行。在产量平稳增长甚至维持原状的同时，企业效益明显提高。目前，企业用于衡量可持续发展能力的指标，

已经从生产规模转向设计研发投入比重、设计研发人员比重、高学历职工比重、生产自动化信息化程度、营销网络规模质量、品牌覆盖率、单位面积销售收入等。服装协会也已将"销售利润率"作为"产品销售收入"和"利润总额"之后对企业进行考评的又一重要指标。

（五）贸易壁垒对我国纺织服装产品出口的影响

随着关税壁垒的减少，非关税壁垒问题日益突出。根据WTO 2006年年底报告，截至2006年，中国已连续13年成为世界上遭受反倾销调查和被实施反倾销措施数量最多的国家，中国成为反倾销的最大受害国。另外据商务部统计，截至2006年10月，我国遭受国外贸易保护调查案件815起，涉案金额约为230亿美元，我国纺织品服装出口面临的贸易摩擦不断处于上升状态，出口环境的不确定性影响到我国纺织服装产业的长期健康发展。特别是2007年以来，我国纺织品服装出口大量增加，由于中欧、中美纺织品协议即将到期，一旦协议终止，有可能再次造成我国纺织品出口量大增的局面，从而为欧美利用特殊保护反倾销措施限制进口提供依据。

另外，技术性贸易壁垒对产品出口的影响也越来越大。例如，欧盟《关于化学品注册、评估、许可和限制制度》从2007年6月1日起开始实施，由于欧盟的新化学品政策大大提高了纺织品中化学品含量的检验测试费及使用合格化学品的价格，我国出口商为了达到出口国的环境标准，不得不增加有关环境保护的检验、测试、认证和鉴定等手续及其相关费用。这将使我国出口产品的成本和企业的经济效益受到影响，导致纺织服装产品出口成本的不确定性增加，在一定程度上降低了我国纺织品出口在欧盟市场的竞争力。

二、服装产业的发展方向

（一）用先进技术缓解劳动力紧缺的矛盾

迫于劳动力紧缺危机，借助于人民币升值换汇的优势，新一轮技术改造设备更新之风在服装行业悄然兴起，科技贡献的作用在本轮产业升级中彰显出来。成熟的中国服装企业在技术改造中扮演的不仅仅是买家角色，而是通过引进先进设备对工序和工艺进行优化配置的设计者，往往是企业对设备或软件制造商提出要求进行定制采购。提高劳动生产率，化解劳工荒问题，解决熟练技工紧缺问题，解决制造过程中人为因素产生的质量问题，提高制造水平和管理水平，是这次技术改造的主要目的。吊挂生产线、计算机缝制设备、计算机控制专业工艺设备、产品信息条码分拣设备、后整理设备、产品检验检测设备等都成为被引进的热门。

（二）产业转型加剧

　　服装行业作为传统产业，近年来淘汰率明显上升，企业数量增长时代已经基本结束。服装市场升级对产品供给数量的要求大大降低，大多数企业已经从产品营销转向商品营销，个别企业已经走向文化营销，即强调产品的形象、品牌口碑和附加值。众多品牌服装企业在一线城市、省会和重点城市开设了专卖店、商场专柜，占据稳定的市场，但仍需加大投资力度，进行渠道的纵深延伸。

（三）国内市场成为企业发展重点，竞争加剧

　　受劳动力成本、原材料成本、运输成本、政策等因素的影响，我国服装出口数量增速明显放缓。据海关统计，2007年服装、机织服装、针织服装出口数量增幅分别较2006年同期回落了约9.74%、8.49%和10.65%，出口交货值占工业总产值的比重一直呈下降趋势，2007年比重下降至41.33%，五年内下降了10%，内需增长已经超越了外贸增长速度，国内需求成为拉动行业发展的主要动力。2008年我国纺织品服装出口增幅较2007年下降10.7%。由于国际消费市场需求低迷，2008年我国纺织服装产品出口受阻，上半年的个别月份甚至出现负增长。全行业约2/3的企业一度出现亏损或处于亏损边缘，资金紧张、产品积压等问题较为严重。2009年1~6月纺织品服装出口仍呈现下降趋势，同比下降10.88%。

　　2007年我国服装内销市场活跃，2007年我国大型零售企业服装销售继续保持较高幅度增长，销售额较2006年增加了23.26%。服装零售的年度总量增速虽然有所放缓，但同比增长率继续高于社会消费品零售总额的平均年度增长率，说明纺织品服装在国内市场的销售是稳步增长的。2008年纺织服装外销市场需求变脸，内销市场平稳走强。我国2008年限额以上批发和零售业零售额中服装类产品同比增长25.9%。国家统计局公布的数据显示，2009年1~8月，国内纺织零售额累计298.6亿元，同比增长11.09%；服装零售额累计1999亿元，同比增长21.28%。除2月份外其余月份的零售都保持了正增长且逐月扩大。8月份全国百家重点大型零售企业的服装零售额同比增长23.96%，创下了2008年10月份以来的最高增速。来自全国规模以上零售企业服装类商品的零售数据表明，2009年5月份以后，服装零售额增速达到25%以上，特别是10月份以后是服装业的传统旺季，服装内销增速继续攀高。

（四）品牌和市场细分时代到来

伴随着新一轮国内市场重新"洗牌"而来的品牌和市场细分不仅仅局限于品种、档次、区域的进一步细分，更表现在以产品风格和消费群细分为特点的深度细分。主要体现为品牌在市场中的横向细分，即同一品种或相同档次产品层中通过"产品风格"和"消费群"进行的横向再细分。市场被拉平，占据各个市场位置的品牌个数将被摊薄。可以看出，新一轮细分的竞争焦点是"文化"、"创新"和"研发"，最终的目标是"销售收入"和"市场份额"，"差异化"之剑在这一时期格外锐利，缺乏科技投入和市场研发的盲从行为，在这个市场机遇和挑战面前都将十分危险。随着国际品牌加入竞争队伍，细分也成为民族品牌生存发展的客观要求。目前的运动装市场、时尚休闲装市场的竞争态势，就已明显体现出"洗牌"和市场细分的迹象。本轮细分不仅仅为品牌生存发展提供了一次难得的机遇，也为企业的多品牌发展创造了条件。

（五）加工商与经销商进一步分化

近年来，耐克首创的"轻资产运营"模式在我国服装行业大行其道，一个直接结果就是加速了"职业经销商"行业的诞生和成长，从而加速了加工商与经销商的分化。"轻资产运营"模式能够实现品牌在短期内获得销售收入的高增长，使品牌迅速扩张市场份额，同时降低企业的库存和负债率，使企业有可能将主要力量投入"产品研发"和"市场推广"环节，而对产品制造和零售分销业务的外包则借力于广阔的产业资源，达到多方共赢的目的。目前，国内已经形成了强大的专业加工队伍，经销商队伍也在迅速发展壮大，以个体经营者为主的经销商队伍中，专业的、具有一定规模的"品牌营销公司"已经浮出水面。国际品牌运营商也将陆续登陆中国，不论是品牌化运作还是资本化运作，都将为中国服装市场注入国际化经营的新鲜理念。随着市场细分对海外品牌的需求增长以及国内品牌对国际加工产品的需求增长，专业的品牌和产品进口商团队也将应运而生，特别是具有雄厚财力和丰富外贸经验的专业外贸公司，在国际品牌引进方面将成为一支主力。

（六）服装品牌商业发展活跃，国内外品牌商业竞争全面展开

服装品牌是整个服装行业的风向标，也是服装商业金字塔的塔尖。服装品牌的商业表现，往往带动整个行业的商业潮流；服装品牌的高商业价值，给具有自主品牌的服装企业带来丰厚的利润。通常服装加工环节，只能获得服装品牌10%～20%

的商业价值；商业渠道运营，能够获得服装品牌的30%~40%的商业价值；而品牌运营，则可拥有40%~50%的商业价值。

我国服装品牌多以生产制造为主，少数基于商业流通起家的服装企业，给我国商业资本带来了新气象。目前国外一线品牌已进入我国，国际二三线商业品牌通过开设大型自有品牌专卖店的模式抢占市场，国内外品牌的竞争全面展开。

（七）服装行业对信息工程和高科技的应用进一步加强趋势

服装行业作为传统产业要持续发展，在新经济、知识经济、信息革命、世界经济贸易一体化的背景下，必须借助新信息、新科技、新材料、新工艺的应用来提高竞争能力。

（八）产业供应链发展趋势更加成熟

21世纪的竞争将是供应链之间的竞争，加强供应链管理已成为世界性企业进一步提高竞争力的战略选择。供应链管理利用计算机网络技术全面规划供应链中的商流、物流、信息流、资金流，并对供应链各环节的活动加以协调和整合，使企业能以最快的速度将设计由概念变成产品，以及时、高质量、低成本满足用户需求，从而增强各企业的供应能力和供应链整体竞争力。当前，在经济全球化的推动下，世界范围内的国际贸易和投资政策性壁垒的减少，国际运输和通信成本的持续降低，使得世界各地的市场变得更加容易进入，供应链管理的条件更加成熟。许多企业充分利用这些条件，积极联络上下游企业，整合、协调和充分发挥各自的优势资源，不断扩张自身的供应链环节，增强企业和供应链竞争力，寻求更多新的收入来源，占据国际市场竞争的有利地位。在我国服装行业内部，很多企业也在努力加强核心竞争力建设，营造电子商务环境，增加新的业务能力，外包非主导业务，整合、延伸供应链，大大增强了自己在国际市场的竞争能力。

三、服装产业发展趋势

随着我国加入世贸组织和贸易自由化的趋势不断扩大，国内消费市场的活跃和市场竞争的加剧，世界经济增长明显减速的情况下，我国继续坚持实施扩大内需的政策，实现了国民经济的较快增长。服装总体产量还将有一定的增长幅度，服装行业朝多元化方向发展的趋势明显。

（一）服装市场细分和产品升级换代的趋势

应对更加激烈的国内外市场竞争，服装企业仅仅依靠传统的生产模式以无法生存，企业从生产、流通、产品开发、技术、管理等方面都必须更新换代；买方市场的优势和消费者的日益成熟，针对不同的消费群的产品定位进一步准确；从四川省内外情况看，将会有更多的中、小规模的企业和加工贸易企业的出现。

（二）服装产品营销方式的多元化趋势

除传统的营销方式外，为满足人们日益增强的个性化装扮的需求，各生产商纷纷在特色经营业做文章，信息技术的迅速普及极大地丰富了服装的销售形式，同时使服装市场变得更加广大。这就需要更多地综合性专门人才。

（三）服装行业所有制有进一步变化趋势

服装行业是竞争行业，需要灵活的机制。企业所有制形式，不断向民营经济转变，以符合多品种小规模的行业特点。同时，从业人员对行业的依赖性也进一步减弱。

（四）重视区域品牌建设和促进纺织服装产业集群升级的趋势

区域品牌是产业在特定区域范围内形成的所有品牌形象与产业商誉的总和，对产业发展与推广有重大作用。随着我国纺织服装产业的进一步发展，区域品牌应进一步改善与加强。丰富和拓展纺织服装文化内涵，努力促进纺织服装产业集群升级集群竞争力的提升离不开集群的发展和升级。所以，对我国的纺织服装产业集群，我们应该结合自身区域特色挖掘内部生长因素，积极回应全球产业的变化，在变化中发展自己；提升产品质量、改变集群效率，或迈入新的相关产业价值链，从而创造、保持和捕捉更多价值，使我国的纺织服装产业集群的竞争力得到大大提高。

第三节　我国服装人才的需求

服装行业作为我国"第二大消费热点"，其发展前景被大家一致看好。"服装经济"作为一种深具发展潜力的经济形态被外界关注与认同，服装行业需要大量优秀人才和新鲜血液。

一、我国服装人才的需求现状

（一）我国服装行业求贤若渴

中国服装业已经由"贴牌加工"逐步向"自主品牌"转变，随着企业自身品质的提高，对人才的需求也随之上升。即使在招聘淡季，服装业人才走势都相当好。一些品牌服装公司都在紧急招聘专业人才，职位包括服装设计师、制板师、面料采购、销售经理者、生产管理者、跟单员等。

（二）我国服装行业设计人才紧缺

根据服装行业调查显示，目前我国有5万家左右的服装企业，服装设计师是服装企业最急缺的，人才缺口高达15万人。但是，国内服装企业并不缺乏单纯的"流水线"式的设计师，而真正短缺的是懂得经营设计的拓展性设计师。

在国内，大部分生产服装的企业对懂设计、会操作的人才求贤若渴，服装人才的缺乏对企业的进一步发展壮大日渐形成桎梏。服装界的专家表示，目前国内服装企业数量虽然多，但在世界知名的企业却并不多，做大做强成了服装企业一个迫切的目标，而人才培养在此便起了至关重要的作用。

（三）缺少优秀设计师成为企业品牌发展的瓶颈

曾有国外服装设计专家评价："中国只有优秀的打板师，没有优秀的设计师。"这句评价显示了我国作为世界"服装工厂"的尴尬。大多数的国际名牌服装企业都把加工厂设在中国。"我们可以把最新款的名牌皮具模仿得如假包换。却设计不出富有灵感的原创作品，这在很大程度上制约了我国服装业的发展。"缺少优秀的具有原创能力的设计师，成为我国服装企业发展的瓶颈。

（四）服装设计师、服装制板师间接决定企业的命运

产品要迎合潮流和时尚，设计师的理念起到了至关重要的作用。一个好的创意不仅决定了产品销路，也间接决定企业的命运。服装制板师要将设计的设计草图变成技术性的图纸，最终成为立体的、动态的时装。我国现有的服装企业，有七成都缺少合格的制板师。

（五）服装销售类人才需求旺盛

2011年上半年国内服装人才需求旺盛，2011年7月服装行业的招聘需求较去年同期上涨了34.1%。从最新的数据来看，一线城市对设计类人才的需求最大，二三线城市招聘火热的则是销售类人才。具有服装业专业技术能力、领导能力、团队协调能力的人才非常受招聘单位青睐。有就业指导专家指出，在如今的国内高端服装市场，高端管理人才和设计人才是猎头公司的"挖墙脚"对象。这是因为很大一部分服装企业正在经历一个从"劳动力优势"到"人才优势"的转型期，代加工的日子渐行渐远，拥有自主品牌是企业的追求，所以设计人才、管理人才、销售人才更加紧俏。

二、服装类人才的素质需求

（一）服装类人才的知识构成

如下图所示，服装教育应该是"艺术与技术的结合"，服装作为一种时代的产物，不仅是一个技术活，更是一种文化的载体。因此，服装专业人才不仅要掌握服装设计、服装制作、服装销售等基本理论知识，还要不断充实自己的人文知识，了解时代发展的走向，对本专业之外的一些艺术和设计内容都有所涉足，才能相互借鉴启发，有的放矢。

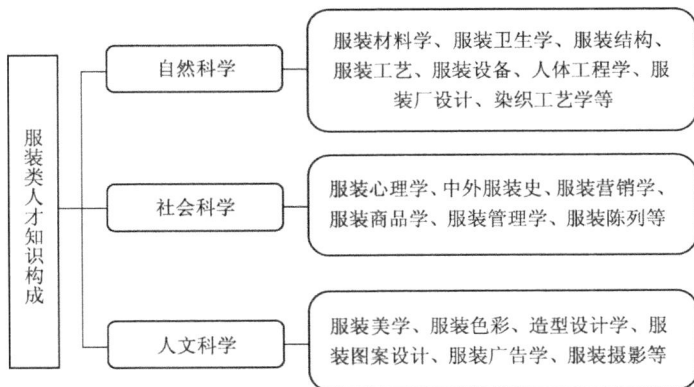

服装类人才知识构成

- **自然科学**：服装材料学、服装卫生学、服装结构、服装工艺、服装设备、人体工程学、服装厂设计、染织工艺学等
- **社会科学**：服装心理学、中外服装史、服装营销学、服装商品学、服装管理学、服装陈列等
- **人文科学**：服装美学、服装色彩、造型设计学、服装图案设计、服装广告学、服装摄影等

服装专业人才的基本知识构成

（二）服装设计师的必备素质

1.借鉴的本领

服装设计的构思阶段，在某种程度上，实际上是在头脑中进行样式的选择。设计是一种创造，但不是发明，前无古人、后无来者的设计是不存在的。因此，设计

就必须要借鉴前人的经验。服装设计更是如此，因为服装的变迁过程是连续的、不间断的，每一种服装都处于人类服装文化史的变迁途中，都是承前启后的。要借鉴前人的经验，就必须虚心地学习和研究前人的成就。就服装设计而言，首先必须学习的是服装史，因为要想在设计中准确地把握现在的流行，就必须了解服装过去的变迁过程，掌握变迁规律。要想在设计中超越前人，就必须先学习前人的历史经验和传统技巧。不仅要学习中国服装史，而且要学习西方的服装史，还要研究世界各地现存的民族服装。特别是对我们中国人来讲，为了在设计上赶超世界先进国家，真正与国际接轨，不仅要了解我们自己的历史，更要花力气去了解西方服装的变迁经过（因为现在国际服装的流行与西方服装的变迁一脉相承）。这样，面对形形色色的国际流行，在吸收、借鉴和运用时，才会有自己的见解和主张，而不是盲目地照搬和抄袭。

另外，借鉴还要注意广度，除了古今中外的服装文化外，其他领域也要尽量去涉猎和学习。因为服装是一种综合性的文化现象，涉及社会科学和自然科学的各个领域。设计师的工作内容又是复合型的，既要能把握当时当地的历史潮流和市场变化，又要对自己和竞争对手的实力了如指掌，还要有能力和实力组织生产，实现自己的设计意图，为企业带来利润。因此，设计师要有广博的知识和丰富的经历，要热爱生活，对一切事物都很感兴趣，要有强烈的好奇心。这样在设计构思时，才能广开思路，广泛借鉴。只有"站在巨人的肩膀上"，才能设计出高于前人的作品，这就是借鉴的重要性。

2. 设计的能力

设计是一种造物的过程，有了好的构思后，接着就是如何来完成和实现这个构思，把设计构思画在纸上，不能说是设计的完成，那仅仅是设计的开始。服装设计效果图是设计构思的视觉性表达手段之一，而这个设计构思能否实现，还有待于运用具体的材料，通过一定技巧的裁剪、制作工艺来探索其实现的可能性。因此，作为设计师，如果对材料的性能、裁剪方法和制作技术等实际操作技能不熟练，其构思必定是不着边际的，经常看到许多设计效果图画得很美，但却无法实现，或者即使勉强做出来也无法穿用。

可见，掌握裁剪、制作的基本技能对于设计师不仅十分必要，而且必不可少。事实上，许多设计的技巧、设计的感觉，不在纸面上，而在实际制板、裁剪和缝制的过程中。服装上所谓的"线条"和"造型"，也绝不是纸面上的线和形，而是立体上的三维空间中的线和形，这种感觉只有在三维空间的实际训练中才能提高。无论是巴黎的高级时装设计师，还是一般成衣企业的设计师，除了用绘画的形式表达自己的设计意图外，主要是在立体的衣服造型上来把握设计的。因此，无论是巴黎的高级时装店协会附属服装学校，还是纽约的FIT（纽约时装工科学院）以及日本的文化服装学院，在培养设计人才时，制板、裁剪和制作技术都是学员们必修的一门主要课程。

3.深厚的艺术造诣

服装设计既是一种产品设计，也是一种艺术创作，因此，广泛的艺术修养对于服装设计师就显得至关重要。曾被誉为"时装之王"的法国高级时装设计大师克里斯汀·迪奥就是一位具备了建筑、绘画、音乐等多方面知识的时装界的巨匠。他的弟子伊夫·圣·洛朗也是一位艺术才华横溢的天才，从圣·洛朗的作品中，可以看到他设计灵感来源之广，可以感受到当代艺术大师们的影响：热情奔放的西班牙风格，华美多姿的俄罗斯情调，单纯豪放的非洲风格，端庄鲜明的中国风格，还有那古典味浓郁的委拉斯凯兹式的婚礼服、色彩明朗的毕加索风格，简洁明快的蒙德里安冷抽象艺术和波普艺术等，都在其作品中有着独特的运用和发挥。现在活跃于国际时装舞台上的设计大师三宅一生、戈尔蒂等，也都是一些艺术才华出众的艺术家。深厚的艺术造诣决定了设计师们无穷的创造力。

4.丰富的市场经验

设计师要有丰富的市场经验。例如，面、辅料市场：本地区内、外面料与辅料的市场；资料信息市场：时装信息、流行趋势、设计师手稿资料；成衣市场：品牌、批发与零售；服饰市场：首饰、配饰、美容护肤等；生产一线市场：制作、洗水、制衣、整染、印花等。作为一种产品设计，服装设计效果的优劣不是靠某位专家来评说的，而是由市场来检验的。因此，设计师如果对自己所服务的目标市场一无所知，那将非常危险，因为其设计投产后很可能不被市场认可而造成产品积压，给企业带来巨大的经济损失，甚至倒闭。设计师应保持自己的个性和独特的设计风格，但这并不等于无视市场的需求。设计师一定要时刻注意把握市场的新动向，在保持自己设计风格的基础上，站在消费者的立场上，每个细部都经营到位，这样才能在激烈的市场竞争中立于不败之地。

（三）服装销售人员的素质需求

1.明确的目标

对于服装销售人员来说，明确的目标通常包括：分析每天要接待的顾客，找出所需要的顾客属于哪一个阶层，即找到潜在顾客。顾客目标群定位的错误，会使服装销售人员浪费很多时间，却一无所获。此外，服装销售人员需要知道如何接近潜在顾客，充分了解顾客喜好，常常能给顾客留下最好的印象，而且在最短的时间内说服顾客购买产品。优秀的服装销售人员都有执行计划，其内容包括：应该拜访的目标顾客群，最佳拜访时间，贴近顾客的方法，甚至提供推销的解说技巧和推销的解决方案，帮助顾客解除疑虑，让其快速做决定购买产品。

2.健康的身心

心理学家的研究证明，第一印象非常重要。由于推销工作的特殊性，顾客不可能有充足的时间来发现服装销售人员的内在美。因此，服装销售人员首先要做到的是具有健康的身体，给顾客以充满活力的印象。这样，才能使顾客有交流的意愿。

3.开发顾客的能力

优秀的服装销售人员都具有极强的开发客户能力。只有找到合适的顾客，服装销售人员才能获得销售的成功。优秀的服装销售人员不仅能很好地定位顾客群，还必须有很强的开发顾客的能力。

4.强烈的自信

自信是成功人员必备的特点，成功的服装销售人员自然也不例外。只有充满强烈的自信，服装销售人员才会认为自己一定会成功。心理学家研究得出，人心里怎么想，事情就常常容易按照所想象的方向发展。当持有相信自己能够接近并说服顾客、能够满载而归的观念时，服装销售人员拜访顾客时，就不会担忧和恐惧。成功的服装销售人员的人际交往能力特别强，服装销售人员只有充满自信才能赢得顾客的信赖，才会产生与顾客交流的欲望。

5.专业知识强

优秀的服装销售人员对产品的专业知识比一般的业务人员丰富得多。针对相同的问题，一般的业务人员可能需要查阅资料后才能回答，而优秀的服装销售人员则能立刻对答如流，在最短的时间内给出满意的答复。优秀的服装销售人员在专业知识的学习方面永远优于一般的服装销售人员。

6.找出顾客需求

即便是相同的产品，不同的顾客需求不同，其对产品的诉求点并不相同。优秀的服装销售人员能够迅速、精确地找出不同顾客的购买需求。

7.解说技巧

服装销售人员优秀的解说技巧也是成功的关键。优秀的销售人员在做商品说明解说时，善于运用简报的技巧，言简意赅，准确地提供客户想知道的信息，而且能够精准地回答顾客的问题，满足顾客希望得到的答案。

8.擅长处理反对意见

善于处理反对意见，转化反对意见为产品的卖点是致胜关键的第八个要素。优秀的服装销售人员抢先与顾客成交永远快于一般服装销售人员。销售市场的竞争非常强烈，顾客往往会有多种选择，这就给服装销售人员带来很大的压力。要抓住顾客，业务人员就需要善于处理客户的反对意见，抓住顾客的购买信号。

9.善于跟踪客户

在开发新顾客的同时，与老顾客保持经常的联系，是服装销售人员成功的关键之一。服装销售人员能够持续不断地大量创造高额业绩，需要让顾客买得更多，这就需要服装销售人员能做到最完善的使顾客满意的管理。成功的服装销售人员需要经常联系顾客，让顾客精神上获得很高的满意度。

第三章　服饰的变迁与服饰文化

　　服饰文化是一种整体文化。它指服装、饰物、穿着方式，包括发型等多种因素的有机整体。服饰文化是一个民族、一个国家文化素质的物化，是内在精神的外观，社会风貌的显示。由于历史条件、生活方式、心理素质和文化差异，中西方服饰文化有着较大的差异，本章我们将人类服饰的发展历程，按照中西方服饰体系进行分类阐述，通过中国古代历代服饰的变迁和19世纪之前西方服饰的发展，从中可以看出服饰在不同情境中的变迁、演化的基本状况。

第一节　中国服饰发展与变迁

　　中华民族是人类历史上最古老的民族之一，服装作为人类文明的重要标志，以其独有的东方神韵，屹立于世界服装之苑中，为世人瞩目。我们的祖先以披着兽皮和树叶起步，直到出现精致的冠冕服饰，逐步创造出一部灿烂的中国服饰发展史。

一、上古时期的服饰

　　原始社会是我国服饰的萌芽时期，其发展经历了两个阶段——旧石器时代和新石器时代。人类起初一直是裸态生活。在旧石器时代中晚期的北京人、丁村人阶段，开始出现最初的服饰行为，到了更晚期的山顶洞人时期，尽管出现了具有重要意义的原始缝纫及编制工具——骨针，却仍然停留在以草藤树叶、鸟羽兽皮为材料的原始服装阶段；进入新石器时代以后，在对纤维材料不断认识、利用的基础上，我们的祖先才逐步摆脱了原始状态的服装，开始穿上真正意义上的衣裳。在这个阶段的各个文化时期出土的文物表明，我国的原始纺织技术不断进步，不仅创造出了麻织物、毛织物，而且还创造出了世界古代史上独特的丝织物。各种纤维材料的使用，不仅从根本上改变了原始居民的衣生活状况，而且为我国服装的形成和发展奠定了坚实的基础。

（一）时代背景

原始人类在漫长的黑暗中摸索，**渐渐懂得利用火及兽皮取暖，为人类的文明带**来了一线曙光。根据考古发现的实物，证明至少在旧石器时代晚期之前，原始人类就已经会使用骨针来缝制兽皮衣服。除了骨针的发现外，在这些遗址中也发现了相当大量的饰品，这些饰品包含各种已穿孔的石珠、贝壳、兽牙等，显然是用来制作成串饰的。

（二）纺织衣料

新石器时代最重要的衣料有麻布、葛布、蚕丝及毛织品。我国是蚕桑丝绸的发源地，除了丝线、绢布等丝织品外，出土的遗迹中还有石蚕、陶蚕蛹、刻有蚕纹的陶器等。

（三）服装款式

原始社会的服装配套包括冠帽、衣裳、套裤、护腿、鞋靴、发式、首饰、纹彩等。

（四）原始饰品

我们的祖先从5万年前至6万年前旧石器时代中期，利用兽牙、贝壳、骨管、鸵鸟蛋壳、石珠等制作串饰，之后进一步选用玛瑙、石英、墨曜石、碧玉等半透明有颜色的材料创造各种装饰品（表3-1、图3-1、图3-2）。

图3-1　早期人类的兽皮服装

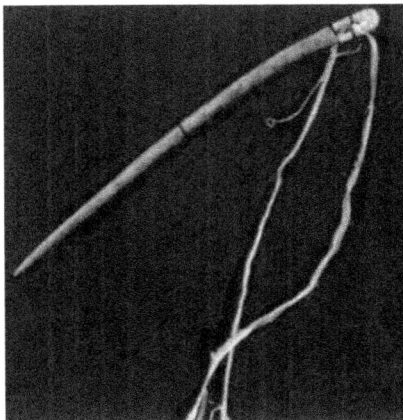

图3-2　骨针的发现表明史前人类懂得
缝纫的技术

表3-1　上古时期服饰的演变

项目	最原始	旧石器时代	5千年前	4千年前
服饰	树叶、草葛	兽皮、羽毛	麻、葛	蚕丝
发饰	披发	披发	披发覆面	披发覆面
其他装饰	无	砺石、兽骨、鱼骨、贝类	贝、螺	贝、螺、珍珠
附注		已会简单缝纫		

二、夏商周三代的服饰

（一）时代背景

我国在约距今5000年前进入父系氏族社会，奴隶主把服饰功能提高到突出的地位，服饰被当做昭名分、辨等威的工具，所以各朝对服饰资源的管理、分配和使用都极为重视。

（二）服装

1.冠服制度

西周最大的贡献以及对于后世的影响就是礼服制度（也称冠服制度）的完善。

2.冕服

冕服是最尊贵的一种服饰，均在祭典中穿着，是主要的祭服。其服式主要由冠、衣、裳、蔽膝等要件所组成。冕服采用上衣下裳的基本形制，即上为玄衣、下为纁裳。玄衣、纁裳上面绘绣十二章纹样。古代帝王服饰的十二章纹是指日、月、星辰、山、龙、华虫、火、宗彝、藻、粉米、黼（fǔ）、黻（fú）等12种图案（图3-3、图3-4）。衣裳之下，腰间束带，带下有蔽膝，天子的蔽膝为朱色，诸侯为黄朱色。鞋是双底的，以皮革和木做底，鞋底较高，周代天子，在隆重典礼时穿赤色的服装。

3.弁服

弁服的隆重性仅次于冕服，衣裳的形式与冕服相似，最大不同是不加文章。弁服可分为爵弁、韦弁、冠弁等几种，它们主要的区别在于所戴的冠和衣裳的颜色。

4.玄端

玄端为天子的常服，诸侯及其臣的朝服。

5.深衣

深衣是衣裳连属，天子至庶人都可以穿着。深衣是最能体现华夏文化精神的服

图3-3　冕服

图3-4　十二章纹

饰。深衣象征天人合一，恢弘大度，公平正直，包容万物的东方美德。袖口宽大，象征天道圆融；领口直角相交，象征地道方正；背后一条直缝贯通上下，象征人道正直；腰系大带，象征权衡；分上衣、下裳两部分，象征两仪；上衣用布四幅，象征一年四季；下裳用布十二幅，象征一年十二个月。身穿深衣，自然能体现天道之圆融，怀抱地道之方正，身合人间之正道，行动进退合权衡规矩，生活起居顺应四时之序。

（三）夏商饰品

首饰佩饰是商周服饰艺术的精华，我国在原始社会就有材质高贵、形式华美的首饰佩饰。当时的首饰佩饰，有骨、角、玉、蚌、金、铜等各种制品，其中以玉制品最为突出。周代奴隶主以玉衡量人的品德，所谓"君子比德于玉"，玉成为奴隶主贵族道德人格的象征。

三、秦汉时期服饰

（一）时代背景

公元前221年秦始皇统一六国后，为巩固统一，相继建立了各项制度，包括衣冠服制。汉代取代秦代之后，对秦代的各项制度多所承袭。到了东汉明帝永平二年（公元59年），重新制定了祭祀服制与朝服制度。

（二）男子饰品

汉代以冠帽作为区分等级的主要标志。汉代官员戴冠，冠下必衬帻，并根据品级或职务不同有所区别。《后汉书·舆服志》载有的冠帽有通天冠、远游冠、高山冠、法冠、武冠等近二十种之多。他们来自不同的阶层、不同的民族习俗，也体现出多民族的特点。其中武冠，又名"鹖冠"。鹖，俗名野鸡，性好斗，至死不退。以表示英武，为各级武官朝会时所戴的礼冠。法冠，又称"獬豸冠"。獬豸是神羊，相传能分辨曲直，性忠，故为执法者所戴。进贤冠，为儒士所戴。

秦代时，巾帕只限于军士使用。巾帻主要有介帻和平上帻两种形式。身份低微的官吏不能戴冠，只能用帻。达官贵人家居时，也可脱掉冠帽，头戴巾帻（表3-2）。

表3-2　秦汉时期首服

项目	幅巾	介帻	平巾帻
特色	方形巾帕	包髻之巾，造型像夹角的屋顶	平顶
对象	1.先军旅 2.后普及至庶民	为汉代男子的基本服饰	

（三）男子服装

秦汉时男子的常服为袍，这是一种源于先秦深衣的服装。这时期袍服的样式大体上可以分为两种类型：一种是直裾（图3-5），一种是曲裾（图3-6）。曲裾就是战国时的深衣，这种样式不仅男子可穿，也是女装中最常见的式样。直裾又称襜褕，为东汉时一般男子所穿，不作为正式礼服，但适用于其他场合。

在汉代，凡被称为"袍"的，基本具备以下几个特点：首先，采用交领，两襟相交垂直而下；其次，质地较厚实，有时纳有丝絮等物；再者，衣袖宽大，形成圆弧形，至袖口部分则明显收敛。

秦汉时男子的短衣类服装主要有内衣和外衣两种。内衣的代表服装是衫和襦。衫，又称单襦，就是单内衣，它没有袖端。襦，是夹内衣，外形与衫相同，又称短夹衫。

图3-5　直裾袍

图3-6　曲裾袍

（四）女子饰品

汉代妇女以梳高髻为美。妇女的髻式很多，名称有瑶台髻、迎春髻、垂云髻、盘桓髻等。贵妇还常在头上插步摇作为装饰，这是一种附在簪钗之上的首饰，因行走时随步摇动，故名"步摇"。奴婢则多数用巾裹头。

（五）女子服装

汉代妇女的礼服以深衣为尚。汉代深衣仍采用连衣裳，单层形制。

汉代妇女日常着装为上衣下裳，上衣多为襦，狭义为裙，称为"襦裙"。这种裙子大多用四幅素绢拼合而成，上窄下宽，不加边缘，因此得名"无缘裙"。另在裙腰两端缝上绢条，以便系结。这种襦裙是我国妇女服饰中最主要的形式。汉代妇女也有穿裤的，但大多仅有两个裤管，上端用带子系扎。后来宫中女子有穿前后有裆的系带裤，逐渐为民间仿效。

四、魏晋南北朝时期服饰

（一）时代背景

魏晋南北朝是中国历史上政权更迭最频繁的时期。由于长期的封建割据和连绵不断的战争，使这一时期中国文化的发展受到特别的影响。魏晋南北朝时期的服饰由于种种原因，出现了各民族间相互吸收、逐渐融合的趋势。

（二）具有突出影响的典型的少数民族服饰

1.袴褶

袴褶是一种上衣下裤的服饰，谓之袴褶服。褶的形制类似于汉代的袍式，但比袍短，对襟或左衽，不同于汉族习惯的右衽，腰间束革带，方便利落，往往使着装者显露出粗犷彪悍之气。袴褶是北方民族人民普遍穿着，主要是为了适应北方的生活便于行动。

2.裲裆

《释名·释衣服》称："裲裆，其一当胸，其一当背也。"其形式为无领无袖，初似为前后两片，腋下与肩上以襻扣之，男女均可穿着，多为夹服，以丝绸为之或纳入棉絮。后来，裲裆形式运用于军服之中，制成裲裆铠，改为铁皮甲叶，套于衬袍之外。

这种服饰一直沿用至今，南方称马甲，北方称背心或坎肩。也有单、夹、皮、棉等区别，并可着于衣内或衣外。衣外者略长，衣内者略短。

3.缚裤

《宋书》、《隋书》中讲道，凡穿裤褶者，多以锦缎丝带裁为三尺一段，在裤管膝盖部位下紧紧系扎，以便行动，成为既符合汉族"广袖朱衣大口裤"特点，同时又便于行动的急装形式。

（三）男子饰品

用一块帛巾包头，是这一时期的主要首服。汉代的巾帻在这一时期已有变革。在小冠上加以笼巾，则称为笼冠。因为它是用黑漆细纱制成的，又称"漆纱笼冠"。后世的乌纱帽就是由此演变而成。

（四）男子服装

这个时期男子的主要服装为衫（大袖为多）。魏晋时期的"衫"与汉代"袍"的区别是袍有祛，而衫为宽大敞袖。衫有单、夹两式，质料有纱、绢、布等，颜色多喜用白。由于不受衣祛限制，魏晋服装日趋宽博。

（五）女子服装

1.深衣

深衣又称髾襳裙。男子已不穿的深衣仍在妇女间流行，并有所发展。变化在下摆，通常将下摆裁制成数个三角形，上宽下尖，层层相叠，因形似旌旗而名之曰——髾。围裳之中伸出两条或数条飘带，走起路来，随风飘起，如燕子轻舞，煞是迷人，故有"华带飞髾"的美妙形容。

2.帔

帔始于晋代，而流行于以后各代的一种妇女衣物，形似围巾，披在颈肩部，交于领前，自然垂下。《释名》云："披之肩背，不及下也。"庾信《美人春日》诗曰："步摇钗梁动，红轮帔角斜。"

3.衫、襦、裙、袄

《南苑逢美女》有"风卷葡萄带，日照石榴裙"，梁武帝咏"衫轻见跳脱"等诗句，均绘声绘色地形容妇女着衫、襦、裙、袄、等服装时的动人身姿与服式效果。

五、隋唐时期的服饰

（一）时代背景

隋代初建，服饰承袭前代。大业元年隋炀帝继位，隋炀帝黄袍加身，令百官百姓不得用黄色服装，于是黄袍成为隋代以后历代帝王专用服装。隋炀帝荒淫无度，在民间大选宫女。千百名宫女争奇斗艳，形成服饰艳丽之风，并蔓延到民间，有些妇女纷纷效仿。这种风气一直延续到唐代。

唐代承袭了先前历代的冠服制度，同时，又通过丝绸之路与和平政策与异族同胞及异域他国交往甚密，博采众族之长，成为服饰史上的百花争艳的时代。其辉煌的服饰盛况是中国服饰史上的耀眼明珠，在世界服饰史上有举足轻重的地位。

（二）男子饰品

1.幞头

幞头是这一时期男子最为普遍的首服。初期以一幅罗帕裹在头上，较为低矮。后在幞头之下另加巾子，以桐木、丝葛、藤草、皮革等制成，犹如一个假发髻，以保证裹出固定的幞头外形。中唐以后，逐渐形成定型帽子。唐代先后出现了"平头小样"、"武家诸王样"、"开元内样"多种式样，"两脚"的形制也跟着发生了一些变化，或长或短，或圆或阔，或上翘或反曲，形制显得活跃。

2.乌皮靴

乌皮靴为这一期间普遍所着履式，居家之时才穿丝履等。

幞头、圆领袍衫，下配乌皮六合靴，既洒脱飘逸，又不失英武之气，是汉族与北方民族相融合而产生的一套服饰。

（三）男子服装

圆领袍衫是隋唐时期士庶、官宦男子普遍穿着的服饰，当为常服。圆领袍衫一般为圆领、右衽，领、袖及襟处有缘边。文官衣略长而至足踝或及地，武官衣略短至膝下，袖有宽窄之分，随时尚而变异，亦有加襕、褾者。某些款式延续至宋明两朝。幞头、袍衫、靴的组合成为唐代男子的主要装束。

（四）女子服装

唐代女服有三种组合变化：胡服、女着男装与中原襦裙装。开元年间，妇女普遍穿胡服、戴浑脱帽。盛唐以后，女衫衣袖日趋宽大，衣领有圆的、方的、斜的、直的，还有鸡心领、袒领。袒领，即袒露胸脯。有些女服非常艳丽，纹饰变化很多（图3-7）。

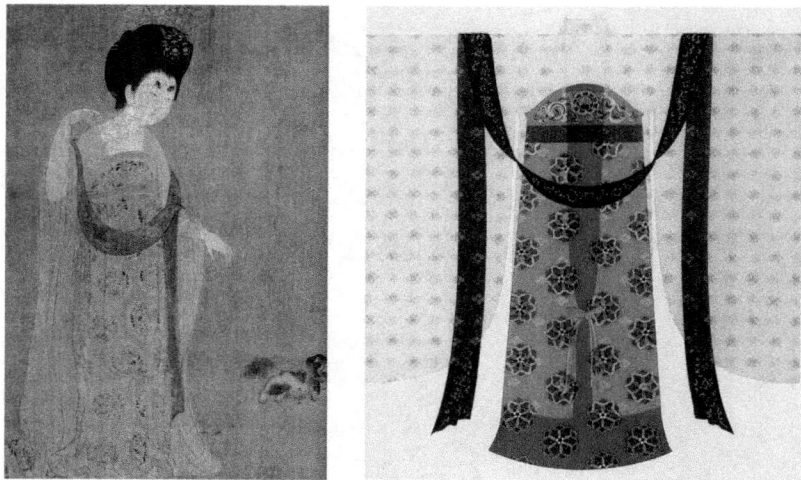

图3-7　周昉（盛唐）簪花仕女图局部与服饰展开图（辽宁省博物馆藏）

1.胡服

胡服为上戴浑脱帽，身着窄袖紧身翻领长袍，下着长裤，足蹬高靿革靴。所谓胡人，是汉族人对北方民族的一种贬称。随胡人而来的文化，特别是胡服，这种包含印度、波斯很多民族成分在内的一种装束，使唐代妇女耳目一新。于是，一阵狂风般胡服热席卷中原诸城，其中尤以首都长安及洛阳等地为盛，其饰品也最具异邦色彩。

2.襦

唐朝女子依隋之旧，喜欢上穿短襦，下着长裙，裙腰提得极高，至腋下，以绸带系扎；上襦很短，成为唐代女服特点。襦的领口常有变化，如圆领、方领、斜领、直领和鸡心领等。盛唐时有袒领，初时多为宫廷嫔妃，歌舞伎者所服，但是，一经出现，连仕宦贵妇也予以垂青。袒领短襦的穿着效果，一般可见到女性胸前乳沟，这是中国服饰演变中比较少见的服饰和穿着方法。襦的袖子初期有宽窄二式，盛唐以后，因胡服影响逐渐减弱而衣裙加宽，袖子放大。

3.衫

衫较襦长，多指丝帛单衣，质地轻软，与可夹可絮的襦、袄等上衣有所区别，也是女子常服之一。

4.裙

裙是当时女子非常重视的下裳。裙一般多为丝织品，但用料却有多少之别，通常以多幅为佳。裙腰上提高度，有些可以掩胸，上身仅着抹胸，外直披纱罗衫，致使上身肌肤隐隐显露。有郁金裙、多间色裙、百鸟裙、四角缀十二铃的裙等。

5.半臂

半臂似今短袖衫，因其袖子长度在裲裆与衣衫之间，故称其为半臂（图3-8）。

6.披帛

从狭而长的帔子演变而来。后来逐渐成为披之于双臂、舞之于前后的一种飘带（图3-9）。

图3-8 唐朝女装服饰——半臂

图3-9 唐朝女装服饰——披帛

（五）女子发饰与面妆

1.发式

唐代妇女发髻名目繁多。到唐太宗时，妇女发髻渐高，发式变化多种多样。到晚唐五代，高髻上插有各种花卉，令人目不暇接。唐代女子发式多变，常见的有半翻、盘桓、惊鹄、抛家、椎、螺等近三十种，上面遍插玉饰、鲜花和酷似真花的绢花。

2.面妆

唐代妇女好面妆，奇特华贵，变幻无穷，唐代以前和唐代以后均未出现过如此盛况。唐代妇女的化妆顺序大致如此：敷铅粉，抹敷脂，涂鹅黄，画黛眉（古时妇女常将原来的眉毛剃去，然后用一种以烧焦的柳条或矿石制成的青黑色颜料画上各种形状，名叫"黛眉"），点口脂，描面靥，贴花钿。所谓"花钿"是两眉之间的装饰。据说在南北朝时，一日，寿阳公主卧殿檐下，一朵梅花正落其额上，染成颜色，拂之不去。宫女见之奇异，乃争相效仿。到了唐代，花钿除了用颜色染绘之外，还有用金属制造者。

六、宋、辽金元时期服饰

（一）时代背景

宋代初年，朝廷参照前代规定了皇帝、皇太子、诸王及各级官吏的服制。宋代服饰与唐代服饰相比，不仅款式少有创新，而且色彩较为单调。辽、金、元历经420余年。金代服饰具有女真、契丹、汉族三合一的综合特征。公元1271年，忽必烈定国号为元。声势浩大的质孙宴可以说是元代服饰的大展览。全国大量织造金光耀眼的金锦，令人目不暇接。妇女头戴姑姑冠，别出心裁。

（二）宋代男子服饰

1.幞头

幞头的两边直脚甚长，为宋代典型首服式样。交脚、曲脚，为仆从、公差或卑贱者服用。高脚、卷脚、银叶弓脚、一脚朝天一脚卷曲等式幞头，多用于仪卫及歌乐杂职。南宋时即有婚前三日，女家向男家赠紫花幞头的习俗。

2.官服

宋代皇帝服饰承唐制有大裘冕、衮冕、通天冠、绛纱袍、履袍、衫袍、窄袍。凡是六品以上的官吏，腰间都佩有一个金或银的鱼袋，表明等级差别。

3.襕衫

两宋时期的男子常服以襕衫为尚。所谓襕衫，即是无袖头的长衫，上为圆领或交领，下摆一横襕，以示上衣下裳之旧制。襕衫在唐代已被采用，至宋最为盛兴，广泛使用。告老还乡或低级官服一般常用细布，颜色用白，腰间束带。

4.帽衫

士大夫交际常服，一般是头戴乌纱帽，身着皂罗衫，束腰带，蹬革靴。

（三）宋代女子服饰

宋代妇女服装，一般有襦、袄、衫、背子、半臂、背心、抹胸、裹肚、裙、裤等，其中以背子最具特色。背子以直领对襟为主，前襟不施襻纽，袖有宽窄二式，衣长有齐膝、膝上、过膝、齐裙至足踝几种，长度不一。另在左右腋下开以长衩，似有辽服影响因素，也有不开侧衩者。宋时，上至皇后贵妃，下至奴婢侍从、优伶乐人及男子燕居均喜服用，取其既舒适合体又典雅大方。

（四）辽代服饰

辽兴宗重熙以后，大礼都改着汉服。由于地处北方，气候寒冷，辽代君臣大都服貂裘。皇帝穿最名贵的银貂裘，大臣穿紫黑貂裘，下属穿沙狐裘等。辽代规定，只有皇帝、大臣才可以戴帽及裹巾。辽契丹族服装一般为长袍左衽，圆领窄袖，下穿裤，裤放靴筒之内。女子在袍内着裙，亦穿长筒皮靴。男子习俗髡发。

（五）金代服饰

金代男子的普通衣着是：头裹皂罗巾，身穿盘领袍，腰系吐骼带，脚着乌皮靴。女真族以游牧为主，采取环境色，可以不被凶猛野兽发现，起到保护自身的作用，又便于靠拢猎物。金人进入黄河流域之后，吸取了宋代服饰仪仗特点。有典礼时，都采取汉服制度。金代女服以襜裙为主，多为黑紫色，上面绣全枝花，周身有六个褶子。

（六）元代服饰

蒙古族入关之前，冬戴帽，夏戴笠。他们的皮帽、皮袄、皮靴，多用貂鼠、羊皮制成。蒙古族入关以后，除保持固有的衣冠之外，还引进了汉族朝祭服饰（表3–3）。

表3-3　辽、金、元的主要服饰

项目	辽代		金代		元朝	
对象	男	女	男	女	男	女
样式	以长袍为主，分国服及汉服两种	以长袍为主，足定有小袿之服	服装多用皮制，如黑裘，冠服制度确立之后，才开始讲究，男子常服花样多，但重要特征为多用环境色	穿辫线袄与质孙服，辫线袄为窄袖长袍，质孙服为大宴之服，依身份而有不同样式	贵妇会戴姑姑冠，冠体狭长为其最大特征，妇女穿着以长袍为主

七、明代主要服饰

（一）时代背景

明代中叶以后，棉花和棉布已成为人们普遍制衣御寒的服装材料。与此同时，朱元璋采取各种措施加强全国的集中统一，服饰制度的制定也是其中一项。明代服饰改革中，最突出的一点即是建国后立即恢复汉族礼仪，调整冠服制度，太祖曾下诏："衣冠悉如唐代形制。"包括服饰在内的更制范围很广，以至后数百年中都留有影响，但由于明王朝专制，因此对服色及服饰图案规定过于具体，如不许官民人等穿蟒龙、飞鱼、斗牛图案，不许用元色、黄色和紫色等。万历以后，禁令松弛，一时间鲜艳华丽的服饰遍及里巷。

（二）朝服

朝服以袍衫为尚，头戴梁冠，着云头履。梁冠、佩绶、笏板等都被具体安排，见表3-4。

表3-4　朝服品级

品级	梁冠	革带	佩绶	笏板
一品	七梁	玉带	云凤四色织成花锦	象牙
二品	六梁	犀带	云凤四色织成花锦	象牙
三品	五梁	金带	云鹤花锦	象牙
四品	四梁	金带	云鹤花锦	象牙
五品	三梁	银带	盘雕花锦	象牙
六七品	二梁	银带	练鹊三色花锦	槐木
八九品	一梁	乌角带	鸂鶒两色花锦	槐木

（三）官服

明代官服上还缝缀补子，以区分等级，似源于武则天有袍纹定品级之始。明代补子以动物作为标志，文官绣禽，武官绣兽。袍色花纹也各有规定，盘领右衽，袖宽三尺之袍上缀补子，再与乌纱帽、皂革靴相配套，成为典型的明朝的官员的服饰。补子与袍服花纹分级简表见表3-5。

表3-5　补子与袍服花纹分级

品级	补子		服色	花纹
	文官	武官		
一品	仙鹤	狮子	绯色	大花朵，径五寸
二品	锦鸡	狮子	绯色	小花朵，径三寸
三品	孔雀	虎豹	绯色	散花无枝叶，径二寸
四品	云雁	虎豹	绯色	小朵花，径一寸五
五品	白鹇	熊罴	青色	小朵花，径一寸五
六品	鹭鸶	彪	青色	小朵花，径一寸
七品	鸂鶒	彪	青色	小朵花，径一寸
八品	黄鹂	犀牛	绿色	无纹
九品	鹌鹑	海马	绿色	无纹
杂品	练鹊	—	—	无纹
法官	獬豸	—	—	—

（四）女子服饰

明代命妇冠服分礼服与常服两种。礼服是命妇朝见皇后、礼见舅姑、丈夫及祭祀时的服装，主要以凤冠、霞帔、大袖衫及褙子组成（图3-10、图3-11）。

图3-10　明代凤冠

图3-11　明代凤冠霞帔

明代妇女的服饰主要有褙子、比甲、衫、袄、裙子等。衣服的基本样式，大多仿效唐宋，一般都为右衽衣式，恢复了汉代习俗（图3-12、图3-13）。

图3-12　穿褙子的明代女子

图3-13　比甲

（五）饰品纹样

明代贵族人家便服多用绸绢、织锦缎，上绣各种花纹。这些花纹大多含有吉祥之意，常见的是在团云和蝙蝠间镶嵌一个圆形"寿"字，取意"五福捧寿"。另有一些牡丹、莲花等变形、夸张的图案，其间穿插一些枝叶、花苞，也很别致，深受时人喜爱。节日时也有许多应景花纹。

八、清代主要服饰

（一）时代背景

清代，是我国少数民族建立的几个朝代之一，自1644年清顺治帝福临入关至辛亥革命为止，共经历了268年。从中国历代服装的沿革看，清代服饰制度最为庞杂、繁缛，其条文规章也多于以前任何一个时期。满族入关后，首先令汉族人民剃发易服，"衣冠悉遵本朝制度"，这一强制性活动的范围与程度是前所未有的。转一年，清廷索性下令："京城内外限旬日，直隶各省地方，自部文所到之日，亦限旬日，尽行剃发。"若有"仍存明制，不随本朝之制度者，杀无赦"，可是，汉族人素持"身体发肤，受之父母不可毁伤"的意识，所以在"宁可断头，绝不剃发"的口号下聚集起来，对满族统治者进行多次多处斗争，后来在不成文的"十从十不从"的条例之下，才暂时缓解了这一矛盾。"十从十不从"内容中多条涉及服饰，而且由于在清代初年约定，因此对清三百年的服饰发展至关重要。这包括男从女不从，生从死不从，阳从阴不从，官从隶不从，老从少不从，儒从而释道不从，娼从而优伶不从，仕宦从而婚姻不从，国号从而官号不从，役税从而语言文字不从。"从"即随满俗，"不从"则是保留汉俗。

（二）清代男子官服

1.首服

职官首服上必装冠顶，其料以红宝石、蓝宝石、珊瑚、青金石、水晶、素金、素银等区分等级。

2.朝珠

朝珠是高级官员区分等级的一种标志，进而形成高贵的装饰品。文官五品、武官四品以上均佩朝珠，以琥珀、蜜蜡、象牙、奇楠等料为之，计108颗。旁随小珠串，佩挂时一侧戴一串，另一侧戴两串，男子两串小珠在左，命妇两串小珠在右。另外还有稍大珠饰垂于后背，谓之"背云"，官员一串，命妇朝服三串，吉服一串。贯穿朝珠的条线，皇帝用明黄色，在下则为金黄条或石青条。

3.蟒袍

清代官服中，龙袍只限于皇帝，一般官员以蟒袍为贵。蟒袍又谓"花衣"，是为官员及其命妇套在外褂之内的专用服装，并以蟒数及鳞之爪数区分等级（图3-14）。

4.行褂

行褂是指一种长不过腰、袖仅掩肘的短衣，俗称"马褂"。如跟随皇帝巡幸的侍卫和行围校射时猎获胜利者，缀黑色纽襻。马褂用料，夏为绸缎，冬为毛皮。在治国或战事中建有功勋的人，缀黄色纽襻。缀黄色纽襻的称为"武功褂子"，其受赐之人名可载入史册。礼服用元色、天青色，其他用深红色、绛紫色、深蓝色、

图3-14　清织锦蟒袍

绿色、灰色等，黄色非特赏所赐者不准服用。乾隆时，达官贵人显阔，还曾时兴过一阵反穿马褂，以炫耀其高级裘皮。

5.领衣、披领

清代服式一般没有领子，所以穿礼服时需加一硬领，为领衣。因其形似牛舌，而俗称"牛舌头"，下结以布或绸缎，中间开衩，用纽扣系上，夏用纱，冬用毛皮或绒，春秋两季用湖色缎。披领加于颈项而披之于肩背，形似菱角，上面多绣以纹彩，用于官员朝服，冬天用紫貂或石青色面料，边缘镶海龙绣饰。

6.补服

形如袍略短，对襟，袖端平，是清代官服中最重要的一种，穿用场合很多。在完全满化的服装上沿用了汉族冕服中十二章的纹饰。只是由于满装对襟，所以前襟不另缀补子，而是直接绣方形或圆形补子于衣上，称之为补服。补子图案与明代补子略有差异，见表3-6。

表3-6　清代补子的等级

品级	文官补子绣饰	武官补子绣饰
一品	仙鹤	麒麟
二品	锦鸡	狮
三品	孔雀	豹
四品	云雁	虎
五品	白鹇	熊
六品	鹭鸶	彪
七品	鸡鹏	犀牛
八品	鹌鹑	犀牛
九品	练雀	海马

图3-15　清代箭衣

7.箭衣

固游牧民族惯骑马，因此多开衩，后有规定皇族用四衩，平民不开衩。其中开衩大袍，也称"箭衣"。袖口有突出于外的"箭袖"，因形似马蹄，俗称"马蹄袖"。其形源于北方恶劣天气中避寒而用，不影响狩猎射箭，不太冷时还可卷上，便于行动。进关后，袖口放下是行礼前必须动作，行礼后再卷起（图3-15）。

（三）清代男子代表性民服

1.马甲

马甲为无袖短衣，也称"背心"或"坎肩"，男女均服，清初时多穿于内，晚清时讲究穿在外面。古代裲裆，满人称为"巴图鲁坎肩"，意为勇士服，后俗称"一字襟"（图3-16），官员也可作为礼服。

图3-16　一字襟马甲

2.裤子

清朝男子已不着裙，普遍穿裤，中原一带男子穿宽裤腰长裤，系带。西北地区因天气寒冷而外加套裤，江浙地区则有宽大的长裤和柔软的于膝下收口的灯笼裤。

（四）清代女子服装

清初，在"男从女不从"的约定之下，满汉两族女子基本保持着各自的服饰形制。满族女子服饰中有相当部分与男服相同，在乾隆、嘉庆以后，开始效仿汉服，虽然屡遭禁止，但其趋势仍在不断扩大。汉族女子清初的服饰基本上与明代末年相同，后来在与满族女子的长期接触之中，不断演变，终于形成清代女子服饰特色。

1.满族妇女服饰

（1）旗袍：满族妇女平时多着长袍，袖口平而较大，衣长可掩足。贵族妇女仍以团龙、团莽为饰，一般旗女纹样则较自由，袖襟及衣襟、衣裾也镶上各色边缘，而且有较低的领头，后来逐渐加高。这种长袍开始宽大，逐渐变为小腰身。长袍外往往加罩一件短的或长至腰间的坎肩，其后更喜用短小有绣花的坎肩。坎肩的领头或有或无，或高或低，至清末则明显增高了。这种长袍，到后来演变为汉族妇女的主要服饰之一，即后来所谓的"旗袍"（图3-17）。

（2）首饰：汉族女子各自保留本族形制，满族女子梳两把头，满族人称"达拉翅"。

（3）鞋式：旗女天足，着木底鞋，底高3~18cm，高跟装在鞋底中心，形似花盆者为"花盆底"，形似马蹄者为"马蹄底"（图3-18），一说为掩其天足，一说为增高体形，实际上体现出满族之风。

图3-17　清代妇女的服装

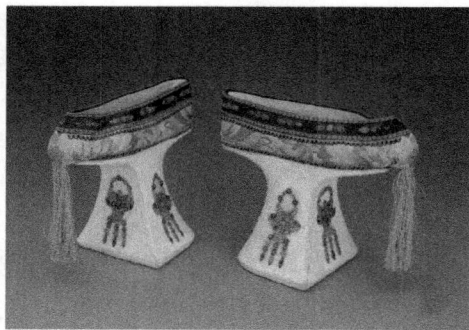

图3-18　清代花盆底

2.汉族妇女服饰

汉族妇女仍沿用前代明朝样式，以袄、衫、裙为主，另有背心、袍、裤等。下裳衣束裙为主，后期则流行下身不束裙子而只着裤子。裙色以红为贵，裙子的样式很多，大致随时而变。

1840年第一次鸦片战争爆发，是中国近代史的开端，从此外国资本主义势力开始进入中国，是中国从一个独立的封建国家，逐步沦为半殖民地半封建的地位。西方资本主义文化的影响也因之日益壮大，衣冠服饰也发生了变化。

第二节　古代西方服饰的发展

西方文明渊源于地处爱琴海边的古希腊文化，它是古代文明的一个巅峰，同时西方又受到了亚洲"两河流域"以及北非尼罗河流域的古埃及文明的影响，他们都对西方服饰的发展具有深远而重大的意义。这两块古代文明的发祥地，在世界古代史的地位极为重要，西方的文明正是从这古老的发祥地向西北上，历经古代、中世纪、近代不断发展，在西欧建立了现代文明。

一、西方古代社会服饰

（一）古埃及服饰

非洲东北部的尼罗河流域，孕育了古埃及文明。古埃及人认为，埃及正是因为有尼罗河才存在，在尼罗河的滋养与灌溉下，埃及成为历史最为悠久的早期伟大文明古国。古埃及人还相信有一样东西比尼罗河更伟大，那就是太阳。神创造万物，每天清晨朝阳升起，太阳神随之诞生；每天夜晚夕阳沉落，太阳神随之亡逝。但隔日清晨重新升起，运行不息，它代表着永恒。这个给予人类生命的天体从升起到降落，在古埃及人看来，既威严又可怕，神奇莫测。他们把太阳神视为万神之主而崇拜。埃及早期的耕作者，正是利用尼罗河流域丰产的亚麻，生产出质量较高的亚麻布，并成为古埃及人主要的服装材料（图3-19）。

图3-19 埃及服饰

1.时代特征

公元前3千多年前，上埃及国王美尼斯统一埃及，建立了第一王朝。到第四王朝，埃及文明达到了高峰，金字塔、狮身人面像就是这一时期的伟大杰作。古埃及4千多年的历史，历经31个王朝，在公元前4世纪末，被来自希腊马其顿的亚历山大所征服，他的后继者在此建立了托勒密王朝，结束了古埃及的历史。

2.主要服装

由于气候炎热，古代埃及人衣服甚少，衣料轻薄，其纺织技术已经达到极其精巧的程度。但是，由于生产力的局限，衣料并不充足，所以，古埃及男女服装都是非常贵重的物品。

（1）腰衣：这是一种用一块布围裹于腰臀上的简单装束，是古埃及出现最早、持续时间最长的一种服装样式。腰衣是男性主要的衣着，女性偶尔采用。不过身份地位高者，比身份地位低者的腰衣富于变化。从造型上讲，上层阶级男子穿的腰衣有熨烫定型的直线普利兹褶，并在腰衣外系一个三角形的围裙，围裙上装饰着金银饰物或刺绣，并镶嵌着宝石以示特权。到新王国时期，腰衣变长，织物更加精细，出现了半透明的细布，着装更加讲究，有两件式或三件式的穿法。至于平民和奴隶的腰衣式样则相当简单，所使用的亚麻布也较粗糙。

（2）筒形衣裙：这是一种从胸到脚踝的筒形紧身裙，可以充分表现出女性玲珑的身躯，其种类也较多，这是古埃及女子的正式服装。而早期的女奴和舞女们则常是裸体的，往往在腰臀部系一根细绳，称为绳衣或腰绳。

3.装扮与装饰

古埃及人的服装造型简洁，但饰品却相当华美和豪奢，这是古埃及服饰美的魅力所在。

（1）假发：为了清洁和防晒目的，古埃及男女皆剃发，且都戴假发，并染成各种颜色，男子有的还在假发上缠头布，这种装饰从古埃及一直延续至今。到新王国时期，古埃及人的饰品也得到了相当程度的丰富和发展，这些装饰品是围绕着丰富的主题和复杂的目的而出现的，是宗教、权力的象征，造型极为优美。此时妇女的假发最密、最长，假发的装饰也更加精美，样式各异。女神和王后戴着蓝色的假发，浓密光洁，头顶上的兀鹫头饰流行于整个古埃及历史中，据说王后戴上它，能保佑战场上的法老不受魔鬼的伤害而得到永生。女神头饰上还饰有阿蒙神的两片羽毛和太阳神的太阳球。伊西斯女神头上两只哈瑟圣牛的尖角，呈环状围绕着圆圆的明月，这样的头饰也都具有象征的含义。

（2）饰品：项饰是古埃及人服饰的重要装饰之一，用宝石成串排列而成，或用彩釉、陶器的瓷片组成。除此以外还有大耳环、脚镯、臂饰和手指护套、脚趾套等，几乎现代人使用的首饰，古埃及人都曾使用过，制作的工艺技巧亦相当高超。用于首饰的材料有祖母绿、玛瑙、土耳其玉、金、银、紫水晶、青金石、绿宝石等材料，材料和颜色往往赋予宗教意义。

（3）鞋：作为服饰的一部分，凉鞋有着重要的作用。古埃及人一般都是赤足，只有上层社会人士与神圣官员才能穿凉鞋，而凉鞋主要是以纸莎草等材料编结而成的桑达尔。

（4）化妆：化妆术在古埃及很发达，眼影是古埃及人脸上最明显的装饰。用孔雀石制作的青绿色料涂眼影，画长长的眼线，就是为了保护眼睛、增加美感，这在当时非常流行。还有用散沫花做成的腮红、口红和指甲油。他们认为油膏、香水和眼线膏是今世和来世的必需品，古埃及史书上说："你要真心爱你的妻子，供她吃，供她穿，还要供她涂抹用的油膏。"

（二）古西亚服饰

古西亚地区是包括底格里斯和幼发拉底两河的流域以及波斯湾沿岸一带，美索不达米亚是两河冲积而成的新月大平原，是又一个世纪文明的摇篮，这片土地为人类留下了大量的精神财富和物质财富，通过后来陆续诞生的巴比伦帝国、亚述帝国、波斯帝国、希腊帝国、罗马帝国传入世界各地。西亚各个时期的艺术、宗教、法律和语言在种族林立并相互影响下，其形式各异，根据服装的发展时期，可分为苏美尔人时期、古代巴比伦—亚述帝国时期和后来的波斯帝国时期。

图3-20　苏美尔人穿大围巾式服装的雕像

1.苏美尔人时期服装

早期的服装同埃及人一样，也是用一块围腰布装束身体，有的缠一周，有的缠几周，其端头较宽，由腰部垂下掩饰臀部（图3-20）。

2.古巴比伦—亚述帝国时期服装

在巴比伦和亚述帝国时期，服装的基本样式仍然不很复杂，各代国王都穿着紧身长衣和大围巾衣，但人们对服装的追求和爱好已经发生了很大的变化，这就是更加追求外表的装饰和设计。苏美尔人统治时期的考纳吉斯服上的"流苏"装饰得到频繁地沿用，流苏穗饰以及运用花毯的织法或用刺绣方法做成的花纹图案的装饰成为这一时期服装的主要特征。

3.波斯服装

波斯服装汲取埃及、巴比伦、希腊各民族的艺术成就，构成自己独特的雄伟壮丽风格。传统波斯人的服装是合身的齐膝束腰外衣和齐足的裤子，这可能是历史上发现的最早的完全的衣袖和分腿的裤子。巴比伦—亚述帝国时期服装样式也大多

图3-21 穿坎迪斯的
波斯男子

为波斯男子所继承。波斯人有一种被称为坎迪斯的长衣，袖子呈喇叭状，在后肘处做出许多褶裥，形成了下垂造型（图3-21），对欧洲后来的服饰设计有一定的影响。

（三）古希腊服饰

古希腊文明一直被推为西方文明的发祥地。它悠久的历史，灿烂的文化，是影响和推动欧洲社会发展的重要精神支柱。在高度发展的古代文明的背景下，古希腊服装独具风采，以其自然、质朴的风格体现出人类服装发展依赖自然的、真实的美。希腊女神形象的深入人心，白色成为希腊服装的代表色。事实上，古希腊服装中最常出现的还有紫色、绿色和灰色。古希腊服饰整体感觉舒适慵懒，凸显上身，不注重腰身，胸线以下多为直筒轮廓。宽松的设计加上褶皱、垂坠和立体花卉的白色也几乎成了希腊式服装的经典搭配。

1.时代特征

约公元前4世纪，世界服装史进入以欧洲希腊为代表的时代，这个时代的希腊人以其涌动不息的创造激情，创造出了服装艺术无比优雅、无比轻松的整体形象，从而被后世树为楷模，称之为古典而完美的形式。后来的罗马文明也深受其影响。

希腊人确实有过人之处，他们怀疑关于神灵的古老传说，宽容待人，乐而不淫，哀而不怨。希腊艺术追求和实现的是健全的感官享受，希腊的服装是单纯的，因为阶级性和象征意义在这里显得微不足道。希腊的女性追求典雅的风格，服装上少有小花纹装饰和缘饰。服装的基本结构只是利用矩形块料横向对折，折合的开口一侧缝合，上边等距搭合两处形成三个开口，用与套穿头和双臂。穿上后，利用块料本身的自然下垂产生柔和、轻松、流畅效果和垂坠感，通过人体的曲线和运动而产生不同的变化，人在这一自由而宽松的感觉中体会其乐趣，同时古典式流畅的衣饰褶纹也在穿着中自然产生了。

2.主要服装

（1）希顿：在希腊服装的历史上，被称为希顿的有两种最常见的款式。这两种款式的希顿都是在前面那种横向对折后缝合套头式希顿的基础上发展起来的，属于希顿的两种变化款式：一种叫多里亚式希顿（Doric Chiton）（图3-22），另一种叫爱奥尼亚式希顿（Ionic Chiton）（图3-23）。

图3-22　多里亚式希顿

图3-23　爱奥尼亚式希

多里亚式希顿用一整块布横向对折制作衣服，不需要裁剪。有一层折返（Turnback），即用布料对折裹住身体后，在上侧再向外折返，然后用长约10cm的尖头别针固定两肩点处。折返的尺寸约为整块布料短边高度的1/4，具体因人而异，一般为肩至腰际位置的尺寸。这一层折返非常实用，看起来像是在裙式贴身长外衣的上面套了一件披肩，增加了服装造型的变化，当需要遮蒙头部时，可用外面的折返包头，如同现代服装的连衣帽。其二是留出折返后，块料要上移，为了达到腰际有一定松度显出垂褶，穿衣系带后还要稍向上提拉，拉出一部分的余量，形成展宽垂坠的希腊式腰曲线（Grecian Waistline）的造型。其三是两片对折布料左右对接处不再全部缝合，而是只在腋下缝合，从而更增加了布料自然垂下的垂坠感，走动时开敞的部分时隐时现地看到健美的肌体。多里亚式希顿是原居住在希腊北部平特山区的多里亚人服装，北部气候寒冷，所以面料大多采用较厚实的羊毛面料制成，式样并不那么宽大，衣褶也不多。

爱奥尼亚式希顿的基本结构与多里亚式希顿不同的是：取消了服装上的折返，同时从埃及进口轻薄的有细碎花纹的亚麻材料取代了原来厚重的单色羊毛材料，使服装的整体风格发生了重要变化，显得更加有垂坠感，多褶且柔软。尖头别针由安全别针取代，安全别针呈环形结构与现代别针相仿，但固定的位置也不再限于左、右肩两处，而是从肩到袖口一段一段间隔，有好几处固定结点，固定结点的方法除了用别针，也用细带系结，并利用细带抽褶产生袖子造型变化。穿爱奥尼亚式希顿的妇女不再像穿多里亚式希顿那样在身体两侧留敞开的侧缝，而且将系腰带的位置上移，使整体造型显得更加古典、柔美、优雅。

（2）希马纯：公元前5世纪，波斯发动了两次战争，差点吞并了希腊，接着希腊各城邦间又是战争不断。至公元前3世纪，整个希腊的和平自由环境开始毁灭，人们再也不能穿着轻松、优雅、贴身的希顿漫步于城邦的街头。这个时候，希腊人有了穿外套的习惯。希马纯（Himation）是一种大披巾式裹住全身的长外套，通常为白色。相对于希顿来说，希马纯在穿法上更加自由随意，人们可以利用一块长方形的布料，在身体上进行自由披裹（图3-24）。希马纯所用布料的尺寸通常是根据人的身高确定布料的宽度，布料的长度是宽度的2~3倍，质地柔软，非常适体而且便于做褶或披戴。心灵手巧的妇女利用简单的一块布，可以尽情发挥她们服装结构设计的才能，希马纯可以包裹全身，也可以露出单肩，或者简单地披挂在双肩上。其中传统的一种披法是：先将布搁在身前，一端搭在左肩上松垂及地，然后将下端往上拉，再通过后背从右臂下方向上提起，最后绕回到左肩，有时直接拉过右肩。女子穿希马纯时一般是蒙着头部。希腊塔纳格拉的一些小雕像，显示了翻卷衣袖和形成袖褶的多种方式以及富有情趣的衣袖线条。一些人穿希马纯时，衣身的某些部分显得很紧，以突出显示特意制作的褶线的美感。

（3）克拉米斯：古希腊士兵以及年轻人流行穿者一种叫克拉米斯（Chlamys）的短斗篷式外套。克拉米斯的原意是露肩衣，这种外套用长方形的毛料制成，毛料的幅宽较小，质地厚实，颜色以红色、红褐色、蓝色居多（图3-25）。披法比较自由，可以简单地往身上一挂，在一侧肩上用别针固定，穿在身上可以左右肩任意更移。也可以采用固定穿法，在肩、背及颈等处用别针固定。

图3-24　希马纯

图3-25　克拉米斯

3.装扮与饰品

古希腊年轻姑娘穿的衣服衣身宽松、垂坠、低领口，但很少露胸。她们的胸部以两条带子交叉束缚以托住乳房，然后绕至腰间系结，这种带子叫班德奥（Bandeau），即细窄的胸罩或乳带，它是今天妇女胸衣的前身，年轻姑娘的乳带早晚不离身，直到新婚之夜，由丈夫剪断，从此不再使用。

希腊人注意面部化妆和保护肌肤，男女都在身上擦油和浸膏，并大量使用香水。早期男子的胡须和头发都很长，长发做成波浪卷，在前额上方系带，或编成发辫盘在头上。约在公元前4世纪，男子流行短发，不留胡须。古希腊妇女非常讲究发式，她们将精心护理的金黄色头发梳理得井然有序，不留一丝散发，并把卷曲形的一缕缕头发按照一定的方向和位置在头上摆放好，有的还在颈后挽一个发髻，或从发髻中吹下缕缕卷曲的短发。用于固定发型的，常见的是一根束发带，也有用缎带、串珠、花环、发簪、宝石、金银等首饰装饰头部，显得十分华丽（图3-26）。

（四）古罗马服装

古罗马发祥于狭长的三面环海的一个靴形半岛——意大利半岛，这里气候温和，雨量充沛，东部多山，适于畜牧，西部有肥沃的平原，北部有阿尔卑斯山脉，但未形成完全阻挡的形势。但意大利半岛较少良港，因此其航海事业远不如古希腊发达。自

图3-26　古希腊女子的发式

屋大维时代起（公元前27年）后200年间，帝国维持了比较稳定的统治，奴隶制经济得到进一步发展，达到极盛期。在这个时期，罗马继续向外扩张，版图达到最大规模。古埃及、古西亚的一部分、古希腊等古代文明发祥地尽归罗马帝国的疆域。古罗马征服了马其顿人的希腊化帝国，十分崇尚希腊文化，学习和继承了希腊文化，并且将它传播于全世界，拥有了与希腊共同成为"古典文化"源头的权利。

1. 服装风格

罗马帝国兴起后，罗马成为希腊之后的西方政治、文化的中心。当公元前1世纪它征服了希腊，称霸地中海时，罗马人虽然在武力上征服了希腊，但在文化方面却拜倒在希腊人的脚下，在服装上几乎没有什么创新。但与希腊不同的是，罗马是贵族专制的共和国，是古代最有秩序的阶级社会，因而罗马服饰作为表示穿着者身份的标志和象征发挥着重要作用。古代罗马的服装总体上和希腊的服装一样有同样的悬垂效果和设计，但发生了很多重要的变化。首先，常穿的服装是缝制而不是用别针连接的，而且两边都封闭。其次，用绣花布做成的装饰几乎没有了，服装大胆的造型也不复存在。他们的服装有托加（Toga）、丘尼卡（Tunica）、斯托拉（Stola）、帕拉（Palla）等。面料有轻柔的羊毛织物和亚麻布，后期还从东方引进了丝织物。颜色主要有深红色、紫色和紫罗兰色。

古罗马时期女性主要穿丝多拉和帕拉。托加是古罗马时期男性普遍穿着的外袍，其作用与古希腊的希马纯相同，只是形状不同，呈半圆状。而且较大、较重，也较为复杂。普通人穿白色托加，官员、神职人员及上层社会16岁以上的人穿带有紫色镶边的托加，绣金紫袍则是官员将军的礼服，也是帝王的传统服装。

2.主要服饰

（1）托加：是罗马服装中最有代表性的服装，也是世界上最大的服装，其作为罗马的象征是罗马人向世界夸耀的东西之一。托加一般为白色毛织物，最初直接裹在筒裙的外面，后来裹在丘尼卡的外面，形状为椭圆形。其穿法是：先把椭圆形布以长轴为中心对折；再把直线的一边作为内侧，把全长的1/3留在前面，其余的2/3经左肩披向身后；然后把身后的布松松地由右腋下绕回到前面来；再把布搭在左肩上，使剩余部分垂在身后；最后把最初从左肩垂在前面的布在胸前提出来一些，适当地形成松坦舒适的衣褶。在初期帝政时代，托加还只有希腊的斗篷——克拉米斯那样大小，且男女都穿。后逐渐变大，到共和制时代，托加成为男子的衣服，形状接近圆形。公元前5世纪初的托加为椭圆形，长轴约15英尺（约4.57米），短轴约6英尺（约1.83米）。圆形的布边有滚边装饰。公元7~8世纪消失。

（2）丘尼卡：这是种宽大的睡袍一样的袋状套头衣。丘尼卡的构成很单纯，用两片织物留出领口和袖口，在两侧和肩上缝合，一般为白色。由于外衣托加过于庞大，日常穿用极不方便，因而许多人平常就以丘尼卡作为外衣穿用，必要时把托加套在外面。

（3）斯托拉：是一种模仿雅典女性的爱奥尼亚式的服装。斯托拉用比丘尼卡宽得多的面料做成，在肩臂处用别针固定，初为毛织物，后用麻织物和棉织物，上层阶级还用中国丝绸来做，斯托拉主要是已婚女子和有罗马市民权的女子穿用，通常穿在丘尼卡外面，腰里系一条带子，有时在乳下和低腰处各系一条带子。这种装束，罗马女子整整用了一千年。

（4）帕拉：是一种模仿希马纯的外衣，帕拉与希马纯形状一样，是一块长方形的毛织物或麻织物，缠裹方法也同希马纯，缠裹在丘尼卡或斯托拉外面，色彩有紫、红、蓝、黄、绿等，帕拉还可以打开包头兼用作面纱。

3.装扮与形象

古罗马人对美的关注与希腊人一样，比起服装的外在美，更加注重肉体本身的魅力。因此，在重视锻炼健美的肉体的同时，他们在发型、化妆术和各种服饰品的开发上很下工夫。

（1）发型：公元前2世纪，罗马出现了理发店，一般市民均在理发店里理发，

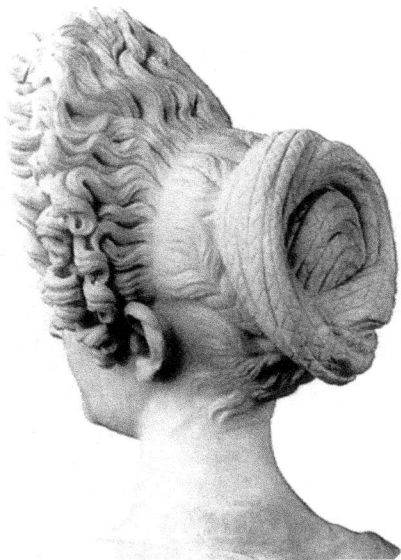

图3-27　罗马女子的发型

而上流阶级则拥有专职美容的奴隶。男子发型主要是烫成卷的短发，而且不论武士还是运动员，都时兴用香水。秃头被视为残疾，为了加以掩饰，秃头者常戴帽子或假发，而罗马人使用的假发是用糨糊之类的东西把头发粘在头皮上的。除一些哲学家外，一般男子不留胡须，但未成年之前是不剃须的。罗马男子不仅剃须，而且还拔须。女子发型更为讲究，共和制初期流行把发辫盘在头上，共和制后期，发型开始向优美和复杂方向发展（图3-27）。据说当时罗马贵妇们还专门养着做发型的奴隶，每天为自己设计新的发型，做一个发型要好几个奴隶做很长时间。

（2）化妆：罗马人很注重化妆，开发了很多供女性用的化妆品，有时男性也用。现代化妆品中的润肤剂、洗面奶、增白剂等，在古罗马均被开发和研究。罗马女人用蜡或石膏拔除汗毛，用黑色眉粉描眉。

（3）佩饰：同服装一样，罗马人的服饰品最初也非常简朴，但到后来就变得较为张扬。其中宝石的使用量很大，这是罗马人夸耀富有和身份的重要标志。女性常用的有各种大型的耳环、沉重的金项链、绳纹和蛇形的金手镯，还有一些动物头型的装饰物，其中用钻石、红宝石、蓝宝石、翡翠、珍珠等镶嵌。在各种服饰品中，最受青睐的是戒指，罗马人的戒指是五个手指都戴的，甚至连脚趾上也带宝石戒指。男性常用带印章的戒指，结婚戒指就是罗马人创造的，而且是罗马人喜用的饰品之一。

（4）鞋履：罗马人穿鞋的意义与希腊不同，希腊人把鞋看做服装的附属品，在室内裸足，外出时才穿鞋。而罗马人则把鞋和其他衣类同等看待，造型和配色都具有一定的社会意义。

二、中世纪服饰

罗马后期到文艺复兴以前这几个世纪的欧洲历史被称为西方历史上的黑暗时期——中世纪。中世纪的历史漫长而又复杂，封建制度的建立，宗教的兴起与纷争，频繁而残酷的战争中此起彼伏的大大小小的独立城邦和民族国家的出现与演变，比起在罗马帝国的和平时期，欧洲中世纪的生活是双重性的，既定居又游牧。中世纪艺术的历史因素极为丰富，它把希腊罗马文化、蛮族文化以及东方文化等因素融合在了一起。

中世纪分为5~10世纪的"文化黑暗期"、11~12世纪的"罗马式时期"、13~14世纪的"哥特式时期"。受基督教文化的强烈影响，中世纪的西欧人苦恼于精神与肉体、理性与情感、理想与现实的矛盾冲突中，服装上出现了否定肉体（掩盖身体）和肯定肉体（显露身体）的矛盾现象。

从服装形态上看，中世纪从古罗马南方型宽衣文化经拜占庭文化的润色和变形，再经"罗马式时期"和"哥特式时期"的过渡，最后落脚到以日耳曼人为代表的窄衣文化。从此，西洋服装脱离古代服装那平面性的单纯结构，进入追求三位空间的立体构成时代。现代与古代、西洋与东洋，服装文化以"哥特式时期"为交点分道扬镳。

（一）拜占庭时代的服饰

拜占庭文化是希腊、罗马的古典理念、东方的神秘主义、新兴基督教文化这三种异质文化的混合物。拜占庭服装是和其三种异质文化相融合的特殊性相联系的，希腊罗马的古典风格、东方文化的神秘色彩、宗教文化的禁欲精神在服装中得以体现。拜占庭染织业发达，中国的"丝绸之路"对拜占庭丝绸业起到了重要的作用。拜占庭帝国在千年的历史中，纺织品兼容并蓄，博采众长。拜占庭织物的特色是具有绚丽丰富的色彩。

1.服装风格

初期拜占庭服装沿用罗马帝国末期样式，后受基督教文化影响由自然、朴素、单纯，变得呆板、僵硬、色彩绚丽、华美，流苏、滚边、宝石装饰非常普遍，表现重点转移到衣料的质地、色彩、表面装饰上，充满东方文化的特征。人们穿衣是为了包藏和掩盖身体，服饰成了"别等威显贵贱"的工具。

2.主要衣物

（1）达尔玛提卡：没有性别区分的平常服，构成单纯、朴素，是把布料裁成十字形，中间挖洞，在袖下和体侧缝合的宽松式贯头衣，从肩到下摆装饰着两条红紫色的条饰——克拉比。克拉比作为基督血的象征，纯粹是一种宗教色彩的装饰，可以随便使用。公元4世纪后，女子的达尔玛提卡袖口变宽，胸部多余的量被裁掉，逐渐显出身体的自然形态；男子的袖子则是变窄。这是从裁剪方法上使衣服合体的第一步，使向开始追求裁剪技法的中世纪服装迈进的先兆性举动，暗示着衣服脱离了古代，进入一个新的发展时期。

（2）贝尔（Veil）：即面纱，是一块长方形的布。

（3）帕留姆和罗鲁姆：帕留姆是女子用的帕拉在罗马末期逐渐变窄而来，只是把自左肩垂在前面的部分折叠成两三层。到拜占庭时代，帕留姆演变为表面有刺绣或宝石装饰的带状物，称为罗鲁姆。

（4）帕鲁达门托姆：是拜占庭时代最具代表性的外衣，是一种方形大斗篷。罗马时代披在左肩，右肩固定。拜占庭时代衣长变长，方形变为梯形，胸前缝一块四边形的装饰布。

（5）丘尼卡：是臀围线以下侧缝开衩的白色丘尼卡，从开衩处到下摆饰有刺绣纹样，两肩装饰徽章样的纹样，称为塞葛门太（Segmentae，即片段、局部、缘饰），是拜占庭时期特有的装饰，为绣完纹样后剪下缝到衣服上的。

另外，拜占庭贵族的衣服中最突出的是下半身的裤子，有紧身和宽松两种。

（二）日耳曼人的服饰文化

为了御寒，形成了封闭式、窄小紧身、四肢分别包装的体形型样式，是上衣和下衣的两部式结构，需要裁剪。

女子上身穿短小紧身的丘尼克，筒袖长及肘部，裙子为筒形，用带穗的带子系扎。男子上身穿无袖的皮制丘尼克，下穿长裤，膝下系着绑腿。受罗马文化影响，男子在丘尼克和长裤外穿上了罗马式萨古姆（斗篷）。女子沿用了罗马末期的达尔玛提卡，卡拉比变成沿领围一圈后中心一条的形状，为了御寒，常将两件达尔玛提卡重叠穿用，内层窄袖口的紧身长袖，外层为宽松的半袖或喇叭状的长袖，袖口装饰带状刺绣纹样，系腰带，头包长及下摆、披肩似包住双肩的贝尔，贵族妇女在贝尔外戴冠。

（三）罗马式时代的服饰（公元11~12世纪）

1. 罗马式风格

罗马式在建筑上表现为：半圆形拱顶、十字形交叉拱顶，厚实的墙壁，狭小的窗户，雕塑造型抽象、超自然，形成一种宏伟的、超世的神秘感觉。

2. 罗马式时代的服饰

一方面，形式上继承了古罗马和拜占庭的宽衣、斗篷、风帽、面纱，宗教服和礼仪服原封不动地继承拜占庭样式；另一方面，保留了日耳曼系腰带的丘尼克和长裤等紧身窄样式。这个时期，是西洋服装从古代宽衣向近代窄衣过渡徘徊于两者之间的阶段。表现在服装上，即不显露体形，从头上垂下面纱，把全身掩盖起来，罗马式后期，女服出现收紧腰身、显露体形曲线的举动，这是显示性差的前兆，预示着明朗造型的哥特式来临。

3.罗马式时代的服饰特征

除了男子穿裤子外，男女同形，几乎没有性差。品种有：内衣——鲜兹，外衣——布里奥，斗篷——曼特。

（1）鲜兹：鲜兹和布里奥都是长长的筒形丘尼克式衣服。鲜兹有窄长的紧身袖子，袖口装饰刺绣和带子，领口有滚边缘饰，衣长及地。

（2）布里奥：从达尔玛提卡演变来的这个时代特有的外衣。领口、袖口、下摆都有滚边或缘饰；衣长较鲜兹短，及膝或小腿肚；袖子有七分袖、八分袖，袖口呈喇叭状，袖子变化很多，是这个时期服装中最具特色、最精彩的部分。布里奥着装特征是长长的腰带，12世纪后半叶，布里奥开始收腰身，只从两侧收，并非立体性构成，仍是平面的直线型裁剪，缺点是出现难看的横褶，于是在两侧开口用带子系起来，裙子部分接上三角形的布，使下摆量增大。十字军东征后，布里奥出现纵向的褶，女子外穿紧身背心一样的胸衣——科尔萨基，领口滚边，背后开口，穿时用绳或细带系合。

（3）布莱和肖斯：男子下半身有裤子布莱和袜子肖斯。14世纪中叶，长筒袜肖斯越来越长变成紧身长裤，布莱变成短裤。女子只穿肖斯。男子的鞋出现了鞋尖很尖的样式。

（四）哥特式时代的服饰

从12世纪中期开始，欧洲进入中世纪的第二大国际性时代——哥特式时代（Gothic，法语称Gothique）。十字军东征以后，随着东、西方贸易的加强，欧洲在大量进口东方的丝织物及其他奢侈品的同时，手工业得以发展。12~13世纪，手工业开始与农业分离，并且成立了各种行会。应社会日益增长的各种需求，工种被细分化，如服饰业就被细分为裁剪、缝制、做裘皮、滚边、刺绣、做皮带扣、做首饰、染色、揉制皮革、制鞋、做手套及做发型等许多工种和独立的作坊。特别是纺织技术和染色技术的发展，使当时的衣料大为改观。

1.服装风格

"哥特式"一词源于中世纪的建筑，它包含对中世纪艺术样式的总称。哥特式建筑采用线条轻快的尖形拱券，教堂建筑有高耸挺秀的尖塔、轻盈通透的飞扶壁、修筑的立柱以及彩色玻璃镶嵌的花窗，给人向上升华、天国神秘的幻觉。垂直线和锐角的强调是其特征。中世纪的教堂建筑是把基督教的思想和艺术构思融为一体的杰出体现。哥特时期的服装显得样式复杂，种类繁多。受哥特建筑风格的影响，哥特服装风格主要体现为高高的冠戴、尖头的鞋，衣襟下端呈尖形和锯齿等锐角的感觉。而织物或服装表现出来的富于光泽和鲜明的色调是与哥特式教堂内彩色玻璃的效果一脉相通的。

2.主要服装

（1）科特：科特仍是男女同形的筒形衣服。女服收腰，强调曲线美，袖子是宽松的日耳曼式连袖；男子科特原是日耳曼人穿的丘尼克，13世纪变长。

（2）修尔科：是贯头式筒形外衣。男子修尔科在腋下开口，胳膊可从中伸出来，女子系一条腰带，修尔科前摆夹在腰带里。

（3）希克拉斯：是无袖宽松筒形外套，前后衣片一样，两侧一直到臀部都不缝合，礼用衣长拖地，底摆装饰流苏。

（4）科塔尔迪：是14世纪出现的外衣，起源于意大利，从腰到臀非常合体，在前中央或腋下用扣子固定或用绳系合，领口大得袒露双肩，臀围往下插入很多三角形布，裙长及地，袖子为紧身半袖，袖肘处下垂装饰着很长的别色布，称"蒂佩特"，臀围线装饰的腰带是合体的上半身和宽敞的下半身的分界线。男子的科塔尔迪是紧身合体的丘尼克型衣服，衣长在臀围线上下，一般为前开，用扣子系合，袖口开得很大，可以及地。

（5）萨科特：罩在科塔尔迪外的无袖长袍，这是14世纪女服中修尔科的发展（是有开口的修尔科，是没有腋下部分的长袍），袖窿开得很深，前片比后片挖得更多。

（6）普尔波万和肖斯：14世纪中叶，男子服出现了普尔波万、肖斯组合的二部式，使男服与女服在穿着形式上分离，衣服的性别区分在造型上明确下来。普尔波万是"布纳起来，绗缝的衣服"，紧身，前面用扣子固定，胸部填充，腰部收细，袖子为紧身长袖，从肘到袖口用一排扣子固定，无领或立领，绗缝是其特点、也是装饰，左右对称。扣子固定是普尔波万的又一大特点。从此，纽扣正式进入欧洲历史。肖斯英语称为霍兹，是与普尔波万组合穿的下衣，在中世纪初期男女皆用的袜子，这时随着男子上衣的缩短，向上伸长到腰部，依然左右分开、无裆，很像紧身裤，有的保持了袜子状，有的进化为裤子状，左右不同状。布莱变为短内裤，穿在肖斯里面。

　　3.装扮与饰物

　　（1）波兰那：男子尖头鞋。鞋很窄，材料为柔软的皮革，鞋尖用鲸须和其他填充物支撑。

　　（2）帽子：汉宁帽为圆锥形的高帽子，是哥特式尖塔的直接反映；夏普仑帽子的帽尖呈细而长的管状，披在肩上或垂于脑后，最长可达地面（图3-28）。

图3-28　哥特时期的帽子

　　（3）饰物：14~15世纪法国男女流行在脖子或皮带上挂各种奇特的小银铃，佩戴的链带又大又重。女子的金、银、宝石项链、手镯和戒指也很令人注目。14世纪女子时兴戴无指手套，以紫罗兰香水手套最为时髦。15世纪男子时兴用手杖。扇子由东方传入后已成为妇女的必备品，有象牙柄或金柄，饰有鸵鸟、鹦鹉和孔雀毛，还镶有宝石。14世纪威尼斯已有制镜行业，时髦男女把小镜子装在小绸袋随身携带。

三、文艺复兴时期服饰

　　文艺复兴是指14~16世纪的欧洲新兴资产阶级思想文化运动。文艺复兴时期，人们追求个性，反对宗教对人的束缚。文艺复兴的核心是肯定人、注重人性，要求把人、人性从宗教束缚中解放出来，在服饰上表现为人体的造型美和曲线美。文艺复兴时期的服饰为了追求个人意识而日趋夸张和奢华，在设计和制作中也有意借鉴科学与技术中的透视、黄金比例等作为审美依据。由于十字军东征开阔了欧洲人的眼界，他们在意大利的威尼斯、佛罗伦萨、米兰等城市都建有高度发达的织物工场，生产了大量天鹅绒、织锦缎及织进金银线的织金锦等华贵面料，满足了服装面料方面的需求。

文艺复兴时期服饰的性别特征极端分化，形成性别对立的格局。男装通过雄大的上半身和紧贴肉体的下半身之对比，表现男子的性感和魁伟；女装则通过上半身胸口的袒露和紧身胸衣的使用，与下半身膨大的裙子形成对比，表现胸、腰、臀三位一体的女子性感特征。男装呈上重下轻的倒三角形，富有动感；女装呈上轻下重的正三角形，属于静态。

由于文艺复兴运动经历了一个多世纪，它对服装的影响也在不同时期和国家存在不同的表现，通常划分为三个阶段：意大利风、德意志风和西班牙风。

（一）意大利风时代的服饰

意大利服装的特色是从面料开始的，面料华贵，服装具有开放、明朗、优雅的风格。男女向横宽方向发展，男装变得雄大，女装变得浑圆。在关节处留出缝隙用绳或细带连接，出现了可以摘卸的袖子，袖子开始独立剪裁，独立制作。

1.男装

男装仍为普尔波万和肖斯的组合，内衣修米兹变短，英语称为夏次（Shirt）。普尔波万衣长及臀底，系腰带，有圆领、鸡心领、立领、高立领。衣身向横宽发展，肖斯很紧身，穿半长靴，外穿大翻领嘎翁和曼特，装饰有假袖子和毛边装饰。

2.女装

女装在腰部有接缝的连衣裙，称罗布，领口很大，胸口袒露很多，高腰身，衣长及地，袖子有紧身筒袖和莲藕似的袖子，在肘部、上臂部、前臂部有许多裂口，露出修米兹。裁剪上上下分离，是把整件服装分成若干个部分构成的基本构想。女子外衣是曼特，色彩明快，高腰身，托裾，有装饰性袖子，曼特领子很大。

（二）德意志风时代的服饰

德意志风服装的主要特色是斯拉修装饰。斯拉修是裂口、切口的意思，指流行于15~17世纪的服装上的裂口装饰。这种来自军服上的裂口装饰逐渐被一般人采用，首先在德国发展和流行，并很快传遍欧洲各国，成为文艺复兴时期男女服装上很具时代特色的一种装饰。

1.男装

德国男装中，普尔波万与哥特式时代在构成上基本相似，有普利兹褶，立领、内衣领很高，有细小褶饰，这是大褶饰领的先兆。普尔波万此时称达布里特，外穿裙身茄肯，最外穿夏吾贝（法语的曼特），衣长及膝或踝，衣身、袖子很宽松有毛皮里子或毛皮边饰，大翻领，有假袖子。

布里齐兹是男子下半身穿膨臌起来的短裤，中间用一块楔形布（科多佩斯）遮挡住裆部，后来发展成小口袋，装饰有斯拉修，有填充物。

2.女装

德国女装初期模仿意大利，方形低领口，装饰着带立领的小披肩——科拉（Koller），后变成高领，科拉变成有碎褶的小领饰，是后来大领饰的先兆。最初袖子很大，后领口变小，袖子变瘦，袖子有斯拉修装饰。裙子用很多普利兹褶或穿好几层衬裙使体量增大，再罩上有普利兹褶的围裙。女装腰节较高，窄肩、细腰、丰臀大裙子，腹部尤其宽大。

（三）西班牙风时代的服饰

西班牙风时代被称为填充式时代，服装的外观特征：威严、正统、沉着的单色，特别是黑色中洋溢着天主教的神秘主义和禁欲色彩。男子上衣、短裤，男女装袖子上施加填充物，表面装饰斯拉修；独立制作、独立使用的褶饰领拉夫非常流行；女服中裙撑法勤盖尔的发明和使用式女装下半身膨大化称为定型；与下半身膨大化相对，女子上半身盛行使用紧身胸衣苛尔·佩凯。

1.填充物的使用

西班牙男服的最大特点是大量使用填充物，在男装的肩部、胸部、腹部、袖子都使用填充物。袖子出现三种造型：泡泡袖、羊腿袖、藕节袖。填充物还用在短裤布里齐兹上，使其膨起来（图3-29）。

2.拉夫领的流行

拉夫领是独立于衣服之外的一种褶饰花边的领饰，是文艺复兴时期又一个独具特色的服饰部件（图3-30）。拉夫领呈车轮状，又厚又硬，围住颈部后头无法自由活动，人们强制性表现出高傲自大、不可一世的姿态。后来，下颏处空出一个三角形的拉夫领。拉夫领制作难度大，穿戴也很困难。拉夫领产生后，很快传遍欧洲各国，后出现了前边打开，后颈处高耸的扇形"伊丽莎白领"。

图3-29 腹部填充成豆夹形的普尔波万

图3-30 拉夫领

3.法勤盖尔的发明

16世纪后半叶，西班牙贵族创造了法勤盖尔，呈吊钟型或圆锥型，以鲸鱼须、藤条、棕榈或金属丝做轮骨。20年后，法国人创造了法式法勤盖尔，是用马尾织物做成的像轮胎一样的东西，里面有填充物，用铁丝定型，穿在修米兹或衬裙外面，前面略低一些，外罩裙子，形成由腰部向四周伸展出去，然后向下垂下来的独特外形。由于使用起来更加方便，法勤盖尔很快风行开来。英国人主要用法国式法勤盖尔，在外面罩上一个圆形的盖，盖的外沿用金属丝或鲸须等撑圆，这样向四周平伸的更大，外沿的轮廓更加清晰，在英国称为威尔·法勤盖尔（Wheel Farthingale）。罩在外面的裙子在腰部出现两层，上面一层自腰部向四周放射地折很多规则的褶饰。

4.紧身胸衣与女装二部式构成

西班牙风女装用束腰的紧身胸衣巴斯克依奴（Basquine，嵌有鲸须的无袖紧身胸衣）整形，呈倒三角形。后来出现了铁制的紧身胸衣，由前后、左右四片构成，前中央和两侧以合页连接，后背中心用螺栓紧固。也有以前后两片构成的，一侧装有合页，另一侧用钩扣固定。1577年后，出现了紧身胸衣科尔·佩凯，用几层布纳在一起，在前、侧、后纵向地嵌入鲸须，前中央下面的尖端用硬木或金属做成，开口在前或后中央，用绳或细带系紧。苛尔·佩凯的下缘内侧有钩扣或细带连接下面的法勤盖尔，外侧有垂下的饰布。佩埃斯·戴斯托玛是掩盖苛尔·佩凯的装饰性胸布。

当时妇女的着装顺序是：修米兹→紧身胸衣→法勤盖尔→衬裙→罗布。罗布为了收腰，以腰围线为界上下分别裁制，上体部与裙子在腰线上缝合或用细带连接，这种上下分开构成的连衣裙形式是近代合理的二部式衣服之基础，但这时虽然在裁、制构成上是二部式，但在观念上仍处于一部式阶段。

西班牙风时代，黑色十分流行。16世纪后半叶，出现男装女性化、女装男性化现象，男女内衣很接近，女性内衣增加裤子这个品种。

四、巴洛克时期服饰

巴洛克（Baroque）一词源于葡萄牙语Barroco，本意是有瑕疵的珍珠，引申为畸形的、不合常规的事物，在艺术史上却代表一种风格。

这种风格的特点是气势雄伟，有动态感，注重光影效果，营造紧张气氛，表现各种强烈的感情。巴洛克艺术追求强烈的感官刺激，在形式上表现出怪异与荒诞、豪华与矫饰的现象。在音乐、雕刻、绘画与服饰上都以华美的色彩和众多的曲线增加世俗感和人情味，一反以前灰暗而直板的艺术风格，把关注的目光从人体移到人与自然的联系上。巴洛克艺术改变了文艺复兴时期的艺术形式和表现手法，很快形成17世纪的风尚。

巴洛克时期的服饰具有虚华、矫饰的风格，尤其在男装上极尽夸张雕琢之能事。将这一时期划分为两个阶段，前阶段以荷兰风格为主，在整体上注重肥大松散的造型，服色以暗色调为主体，配白色花边和袖口，以求醒目。男装采用无力的垂领，肥大短裤，水桶形靴，衣领、袖口、上衣和裤的缘边，帽子以及靴的内侧露出很多缎带和花边。后期以法国宫廷风格为主，盛行欧洲。短上衣与裙裤组成套装，袖口露出衬衫，裤腰、下摆及其他连接处饰以缎带，在宽幅褶子的帽上装有羽毛。而女子服装先有重叠裙，后有敞胸服，并饰花边，体现出女性的纤细与优美。

（一）荷兰风时代的服饰

由于三十年战争的影响，使便于活动的骑士服装成为一种时髦，促使男装先于女装向实用化方向发展，荷兰男子服装中的填充物被取消，宽松的造型释放了被束缚的身体。荷兰风格时代注重长发（Long look）、蕾丝（Lace）、皮革（Leather）的使用，故有"3L"时代之称。

1.男装

荷兰时期特征主要是领子。在实用与节约观念的指导下，男装的填充物被去掉，毫无使用价值的拉夫领被抛弃，荷兰盛行大披在肩上带花边的方形领子，称为拉巴特（Rabat）。这个时期男子的外套是繁多装饰性强的排扣，同时裤长至膝盖，裤腿包裹着大腿，下着长袜。1640年出现了长及腿肚子的筒形长裤，这是西洋服装史上首次出现的长裤，一般有边饰。长筒靴像水桶，靴口很大，装饰有蕾丝边饰，向外翻或口朝上，很富有装饰性。

2.女装

女装方面，摆脱了过于人为夸张的特点，丢弃了宽大的裙撑，腰线上移，收腰不太明显，使女子外形变得平缓、柔和和圆浑。上衣有的是齐脖子的花边大领，有的完全袒露到胸口。袖子也很有特点，一节节地箍起来，有一层层的装饰花边。

（二）法国风时代的服装

17世纪中叶，波旁王朝专制下兴盛起来的法国取代了荷兰作为欧洲商业中心的地位。尤其是路易十四（1661～1715年）推行重商政策，鼓励对外贸易，积极发展工业，把丽丝、哥白林双面挂毯及其他织物产业作为国家企业加以保护和奖励，形成法国服装产业的基础，调整国家税收，改善交通，扩大殖民地，等等，使法国在政治、经济、军事上得到发展。服装最主要的特点就是大量的缎带和大量的花边的应用。历史上没有一个时期的男人像这个时候一样妩媚。

1.男装

男装最大的特点就是大袖子花边，带马刺的靴子也成为时髦，还有羽毛大帽子和佩剑。巴洛克后期开始时兴领饰，把一块细布打褶围在脖子上，用花边缎带扣住，这就是领带的前身。

（1）朗葛拉布：裙裤朗葛拉布在此时出现，长及膝，基本型是宽松的半截裤。

（2）三件套组合：上衣称为鸠斯特科尔，紧身合体；维斯特（Vest）背心；裤子。

2.女装

法国风格女装的特点是大量褶皱和花边，领口边缘用花边镶嵌，或是系小段丝绸打上花结。衬衫肥大，袖子有长有短，都镶着大量花边，有时候袖子打成很多段，每段都镶嵌花边，非常华丽。

裙子仍然时兴蓬松的，不过不是用支架撑起来而是用多穿裙子的方法。因为在腰间打褶所以显得膨大。最外层的裙子从腰开衩向外翻，和里面的衬裙用不同颜色和质料产生漂亮的对照，有时还用花结或是扣子系起来，好像窗帘一样。外裙一般颜色较衬裙深，衬裙有大量刺绣图案。路易十四时期，也就是巴洛克风格最盛行时期，流行最为华丽的大团花饰和果实图案。

3.装饰与饰物

（1）发型：荷兰风格时期，男子盛行披肩长发；到法国风格时期，则盛行假发。与男子假发相呼应的女子发型是高发髻。17世纪末，路易十四的宠妃芳坦鸠发明的一种奇特的女子发型，称作芳坦鸠高发髻，形状有二十多种。

（2）面部贴痣：女子在面部贴痣，以增加容貌的魅力成为时尚。

（3）手套：手臂裸露使长手套得以流行，长及肘部的手套成为女子重要的随身物品，此外还有皮手筒，用于冬天保暖。

五、洛可可时期服饰

洛可可（Rococo）一词源于法语Rocaille，意为石子堆或岩状砌石，即用贝壳、石块等建造的岩状砌石。作为艺术风格，起先是指从中国传入的园林设计中常用贝壳和石头堆砌的人工假山和岩洞等，后指具有贝壳曲线纹样的装饰风格。

洛可可风格排除了古典主义严肃的理性和巴洛克喧嚣的恣肆。它不但富有流畅而优雅的曲线美和温和滋润的色光美，充满着清新大胆的自然感，而且还富有生命力，体现着人对自然和自由生活的向往。

洛可可在服装方面的表现是通过工业革命带动了纺织业的飞速发展而得以实现的。工业革命后纺织业快速发展，从而使服装面料有了更多的选择，花样也更加繁多起来，蕾丝（Lace）、花朵（Flowers）、蝴蝶结（Bow）、缎带（Ribbon）、堆褶（Puffed up）等装饰艺术大量运用到女装和男装设计中。这种花样繁多的装饰物在服饰上的大量运用就是洛可可时期典型的服饰特点。其装饰效果突出了女性的妩媚、娇柔和男性的细腻、精致。至此，大量装饰物的使用表现出以男性特征为主的巴洛克风格时期到以女性特征为主的洛可可风格时期的转变。

18世纪中后期以后，洛可可女装造型上最醒目的特征是由裙撑托起的向两侧突出膨大的臀部，腰部以下呈长方形；由紧身胸衣将躯干在腰部以上束裹成平挺的圆锥体，正视呈倒三角形，有丰富装饰的肚兜强化了倒三角形的轮廓。这种视觉上像圆弧形穹顶一样的整体造型就是洛可可时期人们相互追捧的夸张的造型。蓬巴杜夫人是洛可可女装最华丽的代表。其服装特别注重额外的装饰，以无数花边、缎带花结、人造花饰物和烦琐复杂的褶皱装饰缀满全身，内裙和外裙上下都装饰着弯弯曲曲的花边、蕾丝，整个服装上上下下如花似锦，美丽富贵。

（一）男装（向近代男装发展）

洛可可时期的男装大致分为两个阶段，1750年前，服装呈女性化繁缛；1750年后，趋向简洁和流畅。

1.阿比、贝斯特、克尤罗特三件套样式

17世纪形成的男子三件套装到18世纪在款式造型上逐渐向近代的男装发展。18世纪初鸠斯特科尔改称阿比，造型同前者，收腰，下摆向外张，呈波浪状，为了使臀部身外张，在衣摆里面加进马尾衬和硬麻布或鲸须。前门襟仍有一排纽扣，其材料、大小、造型以及纽扣上嵌入的图案变化无穷，最喜用的材料是各种宝石。1715年以后，阿比的用料和色调比以前柔和多了，大量使用浅色的缎子，门襟上的装饰也省略了。由于阿比变得朴素，穿在里面的贝斯特就装饰得豪华起来，用料有织锦、丝绸及毛织物，上面有金线或金缏子的刺绣，衣长一般比阿比短两英寸左右。衬衣袖口装饰有蕾丝或细布做的飞边褶饰，从阿比的袖口露出来。下半身的克尤罗特采用斜丝裁剪，十分紧身，据说紧得连腿部的肌肉都清晰可见，不用系腰带，也不用吊裤带。1715年以后，多用亮色的缎子，长度仍到膝部稍下一点，裤口用三四粒纽扣固定。

2.夫拉克（燕尾服、晨礼服的始祖）

18世纪中叶，英国产业革命使许多人进入工厂，工作的要求使他们的服装趋向简洁、实用这带来了男装的变革。上衣去除多余的量，衣摆不外张了，更加实用，这种上衣被称为夫拉克，它最大特点是门襟自腰围线起斜着裁向后下方。有立领或翻领，后开衩；衣身自袖窿起有公主线，不扣纽扣；袖子为两片构成，袖长及手腕，袖口露出衬衫的褶饰，袖克夫消失。但袖克夫的装饰扣保留至今，现代男西服的缝制技术已基本形成。

（二）女装

1.洛可可黎明期（1715~1730年）

巴洛克向洛可可的过渡期，服装上一方面残留着巴洛克的影子，一方面向纤弱柔和的女性趣味发展，这十五年间出现了一种称为瓦托式罗布的流行服，又称Robe Wolante。服装的领口很大，露出酥胸，背部为密密的箱型普利兹褶，又宽又长的拖裙曳地（图3-31）。

2.洛可可鼎盛期（1730~1770年）

巴洛克时期消失的裙撑又重新流行起来，名称改为帕尼埃（Pannier）。到1740

年以后逐渐变成前后扁平而左右加宽的椭圆形。帕尼埃外面先罩一条衬裙，再穿一件罗布，罗布一般前开衩，上面露出倒三角形的胸衣，下面呈A形张开，露出衬裙。全身装饰了各种各样蝴蝶结、花边等，被称为"行走的花园"（图3-32）。和裙撑配套的仍旧是紧身胸衣，称为苛尔巴莱耐（Corps Baleine），衬入衣身内。乳房上部横嵌一根，背后则是竖嵌一排，使背部挺直。胸衣在背后系扎，勒紧腰部，以使胸部显得丰满。

图3-31　法式裙撑

图3-32　有华丽刺绣的（贝斯特）
背心和朴素的阿比（西服）

3.洛可可衰落期（1770~1790年）

这时服装上出现了许多转变和改良，自1770年后，洛可可风格逐渐削减，新古典主义兴起，服装出现转换。出现了波兰式罗布，由双层呢和两根腰线组成，使着衣者显得颀长。裙子在后面分成两片向上提起，形成三个膨起的圆和下边的弧线，提起的细绳安装在腰后的扣子上，经裙摆向上束起，也有用带环来处理的。1780年，开始使用臀垫（Busk），又称"巴黎臀"。这种臀垫，目的是让女性的后臀部显得突出。

（三）装饰与饰物

1.男子发型

洛可可初期，男子继续流行白色假发，较路易十四时代小。到路易十五时代，流行灰色假发，向后梳，在脑后梳成辫子或做发髻，发髻装在丝绸袋里，系上黑

图3-33 头饰

缎带。

2.高发髻

在服装如此精美、奇特而且款式多变的形势下，妇女的头饰异军突起。18世纪70年代，喜爱时髦装束的妇女开始对别出心裁、标新立异的发型和头饰穷追不舍。假发在18世纪进入了全盛期，被称为"假发时代"。高发髻用马毛做垫或用金属丝做撑，然后在上面覆盖自己的头发或加上假发，并挖空心思地做出许多特制的装饰物，如山水盆景、田园风光和扬帆行驶的三桅海军战舰等（图3-33）。

3.路易高跟

女士高跟鞋，造型十分优美，跟从后边曲线状地被置于脚心位置鞋头很尖，鞋面用带结或带扣固定。

1789年法国大革命标志着法国的封建体制结束，从此进入了资本主义社会。两次工业革命对西方服装的发展带来了深刻的影响及变化，其中最突出的是机器代替手工，大批量生产的观念形成，服装模式上的不同层次逐渐分明。在此基础上成衣的概念应运而生，成衣成为人类服装模式的主流，也直接影响了服装流行的速度以及普及程度，并出现了高级时装店与服装设计师，这种产销模式对服装的发展具有重要的意义。

第三节　中外服装的比较

古今中外，人们的服装穿着状态、行为及其演变和发展都受服装穿着观念的支配。服装的穿着观念又是一个比较复杂的问题，是由服装个体或群体的主客观多重因素的综合而形成的。包括自然和生活条件、生活方式、伦理道德、文化传统观念、时尚价值观念以及审美观念等。不同的个人、不同的民族、不同的时代可以形成不同的服装穿着观念，产生不同的服装文化。

一、文化比较

东、西方艺术由于不同的历史条件、不同的民族心理与性格及不同的美学思想，形成了巨大差别，从总体来看，东方艺术偏重于装饰趣味，更着重主观世界的表现，遵循天人合一的思想，不论艺术的主题、手法、艺术趣味都有这个特点。西方艺术比较侧重于客观的再现，比较写实，受古希腊善美合一思想的影响。正如费尔巴哈指出："东方人见到统一而忽略了差异，西方人则看到差异而遗忘了统一。前者把自己永恒的一致性所抱的一视同仁的态度推进到白痴的麻痹状态，后者则把自己对于差异性和多样性的感受扩张到无边幻想的狂热地步。"

当然，随着技术的革命和文明的进展，西方艺术朝着突破传统和更加多元化方向发展。

（一）艺术比较

西方古典艺术偏重于再现，而东方古典艺术（尤其是我国）则偏重于表现。我国艺术和西方艺术都是以和谐的美作为美的理想，在哲学上两者都强调对立中的联系、平衡、和谐，强调矛盾对立双方的相辅相成。具体的表现形式上，西方艺术注重形式的和谐，而我国的艺术讲求内容的和谐。我国与西方在艺术上均强调类型性的典型化原则。

西方由于再现艺术的发展，相应地发展了艺术的典型理论；我国由于表现艺术的繁荣，相应地创造了艺术的意境理论。

（二）绘画比较

中国绘画多从哲学的、文学的、人与自然合一、主观的、重精神的、静的考虑，关注画外之画；西方绘画多从科学的、现象的、人与自然的对立、客观的、重物质的、动的考虑，关注于画内之画。

当然，历史发展到今天，情况变得越来越复杂了，东西方艺术都经历着巨大的变化，特别是东西文化的交流与直接对话日益频繁，世界艺术发展的多元化正在进一步扩展。

二、服装比较
（一）服装的穿着

在中国的穿着观念中，服装一向是被看做穿着者权力和地位的象征，同时中国又是一个礼仪之邦，非常崇尚传统礼教。孔子曾说："君子不可以不饰，不饰无貌，不貌无敬，不敬无礼，无礼不立。"因此必须"正其衣冠，尊其瞻视"。可以说，中国人对服装穿着是为了表现礼仪观念，中国人是用"观念"去穿服装的，所以是用一块"精神的布"把身体遮蔽起来。

西方的穿着观念与中国截然不同，西方有崇尚人体的传统，要求服装穿着者能更好地表现和反映人体美。西方的穿着观念是服装穿着必须是为人体服务，通过服装穿着能使人体显长掩短，装点得更美，形成这种穿着观念是有着复杂的历史原因。例如，古希腊和古罗马文化，受雕塑、绘画等造型艺术和审美观的影响，又因为地中海沿岸温暖优越的自然条件，形成人们的服装不必紧裹人体，而显得衣单适体线条流畅。在这些古代西方民族的眼里，人体是最纯洁、最优美、最雄伟的形象。他们认为，男体刚劲雄健，充满勇士的气魄；女体温柔纤细，富有典雅的迷人魅力。因此，就要求服装的造型和服装的穿着能够充分地、完美地反映人体的优美体态，并认为这是人类为什么需要穿着衣服的最直接的缘由和动机。

（二）服装的态度

中国人对服装的穿着一向以自尊、自爱为主，对服装的穿着行为往往是在调节新旧观念的冲突以及与外界观感的反省中寻求新的和谐，讲究穿着搭配上的协调、渐进与含蓄之美，非常愿意克制自己穿着个性的外露。在中国长期封建社会的万世一系，以不变应万变的保守思想统治之下，服装从秦汉到明代，虽有小的发展，但总的变化不大，直到清朝，才有所突破。这种突破也仅仅是在民族压迫之下，以这一民族的服装代替或改造另一民族的服装，从其思想上看仍然是封建的和保守的。

与中国人的服装穿着观念恰恰相反的西方人，对服装穿着的动机是着重"自我表现"，他们穿着服装是为自己而穿，所以敢于标新立异，我行我素，非常讲究穿着个性的表露，在街头几乎找不到有两个人穿着完全同样的服装，即使男性也是如此，不是服装的式样不同，就是色彩不同，或是衣料的纹样不同。他们认为，服装穿着必须讲究个性，穿着与众不同的服装，是为了表示自己在社会中的存在以及自身存在的社会价值。

（三）装饰与造型

中国人对服装穿着价值的认识，不是在于直接地显示人体的美，而是在于以服装本身的美来代替和掩盖人体的美，并有着想通过服装的穿着，来显示人的社会地位的强烈倾向和愿望。因此，中国人对服装美的理解，并不是着重式样造型或结构组合方面，而是非常注意在平面的衣片上面，比如，如何作图案的铺陈和各类装饰工艺的点缀。早在商周时期的深衣制时，我们的祖先就在冕服上用彩绘或绣制的形式，施以日、月、星、火、龙、山、华虫等十二章花纹，一是为了显示其社会地位，作为权力的象征；二是对服装的装饰，作为反映服装美的一种最直接的表现。我国的传统服装，不论是什么朝代都不厌其烦地"描龙绣凤"，着眼于服装的开襟、衣领、袖边等部位的装饰，或在服装的长短宽窄之间做细小变化，而很少从式样造型结构方面去考虑它的改革和创新。

西方人则认为服装的造型必须为显示人体美而服务，服装是以人体为依附而显示其造型，他们所重视的是服装造型结构的组合之美，服装造型富有变化，经常更新。所以，西式服装的造型大都能适身合体，能符合人体高低起伏曲线变化的需要，能起到充分显露人体美的功能，还能扬长避短，修饰某些人体不足之处的特殊效果。在今天，西式立体造型服装所以能受到普遍欢迎，富有时代精神，成为时代潮流的象征，这与西方的服装穿着观念包含有一定的科学性与合理性有关。在西方服装史中，受绘画艺术和建筑艺术的影响，西方哥特时期的建筑、洛可可时期的艺术等对西式服装构成的立体造型有着直接的催化作用。欧洲中世纪的民族大迁移，又融合了日耳曼文化，日耳曼民族讲求服装的实用方便，奠定了欧洲近代服装造型的基础。在西洋服装史上，从13世纪初就确定了服装的立体裁剪法。

（四）服装的结构

中式、西式服装在进行结构设计时，由于选取人体的姿态不同，故形成服装的结构也就不同。中式服装的结构是按照人体站立时的静态姿势设计的。我国传统的中式服装从古代深衣制时就采用了人体两臂平展、两腿稍劈站立姿态的结构形式，因此，裁制成的服装是直线状、整片式、平面型的，穿在身上平直宽松、朴素简便、利于劳动。穿着中式服装，举手抬腿、蹲坐跨步都很方便，不受拘束。

西式服装强调符合体型，因而服装的结构较为复杂。它以人体结构的躯干、上肢、下肢的各个局部，分别设计出领子、衣身、袖子，裤筒等各个主要部位，并加上一些附属部件而构成整件衣和裤。而各个主要部件，也是按照人体外形轮廓的长、短、大小、粗细，构成不规则的筒状、管状等形式。如由较粗大的胸围、臀围及较细小的腰围、更小的领围构成不规则筒状的衣身、圈状的衣领；按臀、腿的外形构成上粗、下细的袖管、裤筒。

（五）服装的造型

有人称服装的造型为服装的式样或款式，实际上造型和式样之间既有联系又有区别。传统的中式服装造型历来都是要求把人体严严实实地包裹起来，紧扣的衣领，宽大的衣身，长长的衣袖和裤、裙，似乎像一只口袋，把人体装在里面，显得极为封闭、保守、呆板。几千年来，不是上下分离的"衣裳制"，就是上下相连的"深衣制"，不论是男子穿着的袍服，或是女子穿着的襦裙，总是腿裹行藤，衣长曳地，并且里外衣服重叠。

由于西方社会的穿着观念崇尚显露人体之美，注重自我表现，是为了炫耀自身之美和为自己而穿服装。因此，反映在服装的式样方面就显得开放、显露而富有变化。各类袒露、开放的造型仍是西式服装的造型主流，形形色色的大坦领、V字领、短包袖、马甲袖等，被频繁地在交替使用着。

（六）服装的材料

中国曾经以"丝绸王国"著称于世，所以裁制传统的中式服装以丝绸为主。利用丝绸裁制服装，柔软滑爽，透气性好，夏季穿着凉快舒适，冬季穿着轻盈保暖。按照不同的穿着用途，丝绸有着多种多样的品种，既有薄如蝉衣般的纱类织物和纺类织物，也有厚实硬挺的缎类织物和锦类织物；有平似镜面的纺类织物和绸类织物，也有布面高低起伏的绉类织物和棱类织物；有布面排孔的纱罗组织，也有表面毛茸的起绒织物。而且丝绸衣料色彩鲜艳，纹样图案精致细腻。选用丝绸面料制作服装，富有民族特色，可缀以镶、嵌、滚、绣等各项工艺装饰，穿着以后给人以雍容高贵、窈窕妩媚的感觉。

西方国家，在过去大都是以狩猎为主并以游牧为主的游牧民族，所以在原始社会时期，他们就懂得用兽毛皮来制作衣物，以保护自己和装饰。中世纪以后，西方国家的毛纺和毛织工艺得到迅速发展，特别是英国、意大利等国的毛纺工艺更为精湛，毛呢衣料的穿着日趋普遍。在当时，西方国家的男子服饰大都是用毛呢衣料制作的。

第四章　服装流行与近现代服装的发展

法国著名设计师克里斯汀·迪奥说过："流行是按一种愿望展开的，当你对它厌倦时就会去改变它。厌倦会使你很快抛弃先前曾十分喜爱的东西。流行，是不能以理性去揣度的。不过，它具有自己的生命和存在的理由，它的存在理由就是为人们所爱好，希望吸引人这样一种愿望，故，流行不会产生于懒惰之母的统一。"

第一节　关于流行

一、流行的概念

流行又称为时尚，是指一个时期内社会上或某一群体中广为流传的生活方式。流行广泛涉及人们生活的各种领域，既可以发生在一些日常生活中最普通领域，如衣着、服饰等方面，也可以发生在社会的接触和活动上。

服装领域中，流行可以解释为：在一定时间、一定空间范围内，某种服饰在一个群体中所形成的主导穿着倾向。由于服装流行是在不同时代、不同环境条件下对某一服装式样特征的充分反映，因此，某一新创作的式样，能不能进入另一地的流行圈，很大程度上取决于穿着者的审美情趣、风俗习惯、文化素质等方面。

二、流行的发生

根据马洛斯的需求层次理论，人类行为动机大致可分为八大类：优越感、快乐、自尊、被重视、防范（安全感）、自我表现、归属意识、差别感。当流行趋势满足其中任意一类之后，就极易参与并产生活动，其过程如图4-1所示。

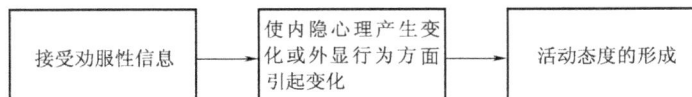

图4-1　德福勒心理动力学模式

人类生理及心理观念上的需求变化产生了流行，人类社会性模仿与自我表现的行为上追求促进了流行。

（一）流行的成因

1.求异心理

服装流行的产生首先是个性追求的结果，是人们求新、求异心理的反映。在个人心理机能方面，一般来讲，每个人在社会中都是通过不同的方法和途径来表现自己的个性特征，总是希望在他人心目中形成"自我"。求新、求异心理正是个性的显示，这是一种追求商品的新颖、奇特和趋于时尚的心理。在服装流行中，那些最先身着"奇装异服"的人，实际上表达了他们借助于服装、借助于社会公认和许可的审美手段，在社会认可的准则范围内突出自己形态优势的愿望。这种流行中个性追求的自我实现是流行的个人机能。这主要表现在两方面：一方面，试图通过追求标新立异、与众不同来提高身价，表现自我，超然于不如己的人；另一方面，流行又是一种自我保护，试图用出众来避开和弥补自己的不足。

2.从众心理

从众是一种比较普遍的社会心理和行为现象，通俗地解释就是"人云亦云"、"随大流"。从众心理是人们在社会群体或社会环境的压力下，改变自己的知觉、意见、判断和信念，在行为上顺从与服从群体多数与周围环境的心理反应。一种新的服装样式的出现，周围的人开始追随这种新的样式，便会产生暗示性。如果不接受这种新样式，便会被讥笑为"土气"、"保守"。由此，对一些人便形成一种无形压力，造成心理上的不安，为了消除这不安感，迫使他们放弃旧的样式，而产生追随心理，加入流行的行列。随着接受新样式的人数增加，压力感也在增加，最终形成新的服装流行潮流。服装流行中的从众心理，一方面反映了人们企求与优越于己的人在行为上和外表上一致，使自己获得某种精神上的满足，从而表现出模仿消费与攀比消费。另一方面，也反映了人们的归属意识。这是由人们具有寻求社会认同感和社会安全感的需要而决定的。当一个人的思想现实行为偏离了所依存的群体或违背了群体规范，便会受到指责或孤立，从而造成心理上的恐惧。为了避免这种结果，人们总是趋于服从。在归属意识的支配下，人们就会随从群体中大多数人的行为，即"随大流"、"赶时髦"。

3.模仿心理

人们之所以会形成在一段时期内追求同一形式的美感的社会潮流，这是因为少数人的求变心理引起了人们广泛的模仿，而模仿又形成了被追求的色彩、款式等形式的普遍流行。

模仿是人的一种自然倾向，是对别人行为的重复。人之所以异于禽兽，就是善于模仿。模仿是从儿童开始的，而且人类借助于模仿获得自己最初的认识，并能使人得到某种满足。模仿是服装流行的动力之一。从历史上看，无论西方还是东方，帝王、宫廷贵族等统治阶级在拥有绝对的政治特权的同时，也掌握着流行的领导权。高傲的英国女王伊丽莎白一世为遮掩颈部后边的伤疤，使扇形的高耸于后领的伊丽莎白领风行一时；法国国王路易十三用假发掩盖其秃头，使男子戴假发流行了一个多世纪。

服装的流行往往表现为先被少数人接收，后被多数人理解、适应、参与、采纳，从而形成流行。在流行的产生阶段，仅少数流行革新者采用新的样式。在流行的发展阶段，更多的人开始接受流行样式，他们对流行进入盛行阶段起着推波助澜的作用。在流行的盛行阶段，众多的追随者开始接受流行，使流行样式随处可见。当流行达到顶峰时，流行开始衰退。

（二）流行的特征

1.新颖性

新颖是流行最为显著的特点。流行的产生基于消费者寻求变化的心理和追求"新"的表达。人们希望对传统的突破，期待对新生的肯定。这一点在服装上主要表现为款式、面料、色彩这三个要素的变化上。

2.短时性

"时装"一定不会长期流行；长期流行的一定不是"时装"。一种服装款式如果为众人接受，便否定了服装原有的"新颖性"特点，这样，人们便会开始新的"猎奇"。如果流行的款式被大多数人放弃的话，那么该款式时装便进入了衰退期。

3.普及性

一种服装款式只有为大多数目标顾客接受了，才能形成真正的流行。追随、模仿是流行的两个行为特点。如果只有少数人采用，无论如何是掀不起流行趋势的。

4.周期性

由于服装的样式或种类不同，有些样式最终被淘汰消失，而有些样式却在一定程度上被人们接受，有些服装样式消失后，过一段时间还会以新的面目重新出现。

这就是流行的循环周期。所谓循环周期，是指某种样式的服装两次流行之间所经历的时间。

三、服装流行的传播过程

流行的传播过程可以从个人、群体、社会三个不同层次进行分析。其中流行的个人到群体的过程属于流行的微观过程，流行的社会过程属于流行的宏观过程。

（一）流行的个人采用过程

流行的个人采用过程指个人对流行的知晓、关心、评价、采用，确认效果的心理及行为过程（图4-2）。

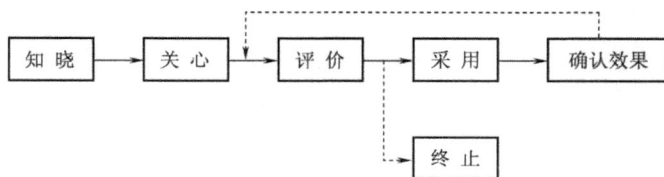

```
知 晓 → 关 心 → 评 价 → 采 用 → 确认效果

                      终 止
```

图4-2 流行的个人采用过程

（二）流行的群体传播过程

通常认为流行的群体传播有三种基本模式，即上传下模式、下传上模式和水平传播模式。

1.上传下模式

上传下模式也称滴下过程，是指某种新的样式或穿着方式首先产生于社会上层，社会下层的人通过模仿社会上层人的行为举止、衣着服饰而形成流行。例如，在18世纪的欧洲，宫廷里的贵族服饰就是依靠一种制作精美的"玩偶"，将流行从上层向下层进行传播。

2.下传上模式

下传上模式是一种逆向传播，即有些样式首先产生于社会下层，在社会下层流行传播，以后逐渐为社会上层所接受而产生的流行。例如，牛仔裤最早是美国西部矿工的工装裤，后来受到年轻人的欢迎，并逐渐为社会上层所认可和接受。

3.水平传播模式

水平传播模式是现代社会流行传播的重要方式。随着现代社会等级观念的淡薄，生活水平的提高，服装已不再作为地位的象征。有关流行的大量信息通过发达的宣传媒介向社会各个阶层同时传播，因此，人们已不再单纯地模仿某一社会阶层的衣着服饰，也不必盲目追随权贵或富有者，而是选择适合自身特点的穿着方式（图4-3）。

上传下模式　　　　下传上模式　　　　水平传播

图4-3　流行的群体传播模式

以上三种流行模式，与各自的流行环境有着密切的关系，但无论是哪种模式，其过程都是渐变的。正如前面所述，一种新样式的服装首先在流行革新者中产生，他们是流行的创造者或最早采用流行的人，之后通过流行指导者的传播和扩散，被流行追随者模仿和接受，将流行推向高潮，当大多数人开始放弃流行样式时，流行迟滞者才开始采用。

第二节　近现代服装的发展

只有认真地学习和了解历史，才能更好地把握今天的服装发展之动向。以下我们按服装编年史的形式归纳出对当今服装的流行影响较为深远的近现代服装。

一、1901~1910年，现代服装的发端

20世纪初期流行的服装与19世纪相差无几。1901~1905年左右，基本上是一个承上启下的阶段，当时女性时装一个突出的特点是贴身。紧身胸衣（Corset）是从19世纪沿用下来的，材料是用松紧带等，紧紧束缚着胸、腰、臀部，就像字母S一样。它把人体夸张到了摧残健康的地步，对妇女内脏的正常发育是有妨碍的。日装高领，不露脖子，服装紧贴紧身胸衣之外，晚礼服也要衬用紧身胸衣，只是手臂、脖子及胸部可以暴露。廓型是S型的，帽子特大，帽上饰品有鸵鸟毛、玫瑰花球等。

总之，这个时期的服装烦琐矫饰，累赘不堪。这时颜色较为淡雅，其颜色多采用浅蓝色、淡绿色、粉红色、奶油色等。在1901~1910年这十年间，科技突飞

图4-4　1890年查尔斯·弗雷德里克·沃斯
（Charles Frederick Worth）

猛进，生产力发展，对生活影响很大。妇女要求解放，要求走向社会参加工作，所以也要求服装改革。顺应这一变革潮流的设计师中，有一位名叫保尔·布瓦列特（Paul Poiret）的法国人。20世纪初，他曾在巴黎两家非常著名的服装店Doucet和Worth工作过。他打破了紧身胸衣的"一统天下"，这是他的一大功绩。1908年他的作品在伦敦首次展出，这件女服完全取消了紧身胸衣，再现了人体的天然姿态（图4-4）。衣料选用轻柔的丝绸，露出颈部、胸部，在胸前松散地挽了一个结，完全解除了服装对人体的束缚。在晚礼服上，布瓦列特大量采用具有东方情调的丝绸束发带。布瓦列特设计服装常常采用较鲜明的颜色，为年轻女性所喜爱。20世纪前十年变化不大，最值得注意的是布瓦列特所作的革命性突破，而根本性突破要在下一个十年才全面展开。此外，"俄罗斯"衬衫也是这个时期比较流行的款式。

二、1911~1920年，第一次世界大战前后

由于战争的爆发，整个欧洲受到冲击，大批的妇女走向社会。这使布瓦列特在1908年发起的，使妇女服装变得轻松简练、废除紧身胸衣的这场运动得到了普及，深得人心。这个时期的女装有这样几个特点：首先，领口部远比以前低，一种圆领、一种V字领，这在以前是不可想象的；其次，整个上身从胸到腰都较为宽松，使人体的天然形态得到有个性的自然表露，裙子较为紧凑合体，在设计中，将女性腿部线条作为整个人体美的一个重要部分来加以考虑，加以表现，这是一个重要变化（图4-5）。出现了造型和过去相反的"陀螺裙"，上大下小，短齐踝部（Peg Top Skirt），后来被演化为极端的款式——"鱼尾裙"（Fishtail Skirt）。这时已经有装着化妆品的手袋，帽子依然较大。有些妇女留长发，像古希腊、古埃及时代的女子那样，简单地把头发挽成一个松散的结，显得轻松、利索。稍晚些时候，有人剪成了男孩的发型，对后来影响较大。

对这一阶段的时装产生重要影响的一个因素是舞蹈，俄罗斯的芭蕾舞在欧洲

图4-5　保尔·布瓦列特设计的服装

备受欢迎。剧中的裙子，尤其是俄国的女上衣和绣有鲜艳图案的镶边裙子，很受欢迎。随着交际舞等舞蹈的流行，舞蹈服装也随之不胫而走，如美国职业舞蹈家伊伦·卡斯尔（Casthes）夫妇的服装自由、宽松、无拘无束，具有明显的阿拉伯风格。

　　由于战争，女帽也产生相应变化。帽边缩窄，附加饰品少到几乎没有，人称"牧羊女帽"。女用军装也越来越普及了，开了现代女装制服化、男性化的先河，一直影响至今。这十年中最负盛名的设计师是一位名叫夏奈尔（Chanel）的法国妇女，是与布瓦列特齐名的早期设计师。她与布瓦列特有些共同点——反对紧身胸衣，要求服装符合人体的自然形态，而不是扭曲人体去受制于服装。但她与布瓦列特也有区别：布瓦列特的设计中，异国情调的影响较多，古埃及、古波斯、中东、远东等地的风格在他的作品中常有流露。夏奈尔则注重对服装本身的考虑，较多地发展自己的个人风格，而很少借助外来影响。她的服装很有特点：非常简洁，束腰带运用较多，外衣有些类似现代化的雨衣，帽子柔软、较深，衬衫领口开得较低，不加装饰。她不喜欢过于装饰，追求童稚的天真气息。正是这种童真气使得六十多年后还有人追寻和模仿她的风格。她是现代时装设计中一位重要的带头人，她的成就比布瓦列特更大。

童装没有多少变化，基本上是成人服装的缩小型。

这个时期，电影明星成为影响服装的重要因素。例如，美国被称为"世纪夫人"的玛丽·皮格福特（Mary Pickford）装束华丽，成为影迷偶像，有不少模仿者。在服装方面追求暴露、妖冶的西达·巴尔（Theda barr）穿着过分暴露，没人敢效仿，但对日后的时装也有相当的影响。

总之，布瓦列特关于取消胸衣、使时装变得比较简洁的主张已经实现，女性时装已着重表现包括腿部曲线在内的人体自然线条美。夏奈尔是这股潮流中的重要人物。在战争和军队的影响下，男女服装都发生了功能性的转化，出现了卡其布军装等高度讲求功能的制服，这对后世的服装有很深远的影响。

三、1921~1930年，咆哮的十年

1921~1930年是欧洲最动乱的十年，被称为"咆哮的十年"。垄断资本家为了掠夺世界，转嫁危机，扶植法西斯主义反动势力，走上了军国主义的道路。总的来说，在西方资本主义世界里，这十年是贫富差别越来越悬殊的十年，这种资本主义在战后疯狂发展，都是导致第二次世界大战爆发的重要的直接原因。

这个时期服装的特点：当时的女士们通常戴着像一口倒扣的锅似的盔式帽；裙子或外衣的腰部都做得低于自然腰的位置，降至小腹部的上方——这是当时服装的一种流行处理手法；不再穿紧身胸衣，胸部已不再成为强调的部位，整套服装松散流畅，表现出自然人体的线条美。此外还有一个突出的特点——多样化。

造成多样化现象的一个重要原因是，当时的时装设计师们很注意广泛汲取不同时期、不同地方的民族特色。当时的服装受到了文艺复兴时代及其他各个历史时代的民族风格、地方风格的重要影响，形成"中世纪服装"、"文艺复兴时期服装"、"维多利亚时期服装"等流派。

到了20世纪20年代，著名的法国时装设计师夏奈尔设计了一些新式服装，基本上改变了1920年以来低腰长裙的面目。裙子较短，在膝盖附近；下摆不再是宽松多褶了，变成只有几个大褶的、较紧窄的筒裙，上身配穿女式短上衣或套衫；帽子形似小桶，戴得很低。与前几年服装的相同处是：腰部位置仍较低，且不强调胸部。夏奈尔在20年代中期设计的这种筒裙，是20世纪以来除了迷你裙之外暴露得最多的一种，以后裙子慢慢加长了。直到60年代时裙子才又变得很短，即超短裙，这时才

暴露得更多一些。此外，这些服装还有一个值得注意的特点，便是并不强调女性身体的外轮廓线条，不仅不强调胸部，肩、臀部也不强调，外轮廓基本上是直线。这是当时服装在外观上的一个重要特征，在后来很长的一个时期内，服装设计师们对此是采取否定的态度。为了适应服装越来越短、越来越简洁紧凑的趋向，女子发型也变得越发简单，如小男孩发式。

20世纪20年代以来，尤其是20年代中期，妇女使用化妆品已经越来越普遍。当时化妆较粗糙，脸上的脂粉涂得很厚，在面颊和眼眉处过于雕饰，眼眉画得很重而且很细，嘴唇涂得红红的。嘴型刻意画得小巧精致，即所谓"玫瑰花瓣小嘴"。当时化妆水平较低，妇女们只用化妆品把自己认为应该突出的部位强调一下。

此时妇女不仅就业工作，而且更多地参加体育活动，所以对新的浴衣、泳装、滑雪服的需求量越来越大了。这些服装（消夏装）明显地受夏奈尔设计风格的影响：简单的露膝短裙，上套腰部较低的外衣，外轮廓线较平直，等等。同时，可以看出这些服装已开始考虑到沙滩装的功能。当时妇女的游泳衣和现代的游泳衣已较为接近了。遮盖部虽然仍然较多，但剪裁很合身，并有束腰，四肢露于外。妇女滑雪服完全是功能主义的，帽子仍是盔形帽，但戴得很紧；衣服开始用拉链，手套、靴子、腰带等都有明显的保暖功能，且运动方便。20年代中晚期出现的这种女装滑雪服开创了现代无性别化服装的先河，男女款式几乎一样，突出强调功能是这些服装的一大特点。

在女性时装中一个重要的现象是"时髦"的出现，时髦这个词（法文中是Chic）成为了上层妇女的口头语，是否时髦成为评价服装的重要标准，追求时髦则成为风气。时装逐渐在所有服装中独树一帜，变化越来越多、越来越快。上层社会的名流妇女充当了时界界领袖，她们的服装成了时髦的象征，电影界和舞蹈界名噪一时的多丽姊妹（Dolly Sisters），另外有克拉拉·鲍和琼·克劳福德都是仿效的对象。总之，崇拜明星，模仿她们的穿着打扮、动作、风度已成为一种时髦。中上层妇女都认为模仿明星能使她们在社交场中增色不少。

在这个阶段中，流行穿着夏奈尔的服装，在外观轮廓上追求平直的效果。于是，一些发育丰满、身体健康的妇女为了赶时髦，希望自己显得平、直一些，重新穿上了紧身衣（类似中国古代妇女使用的束胸）。1901~1910年的紧身胸衣是为了人为地在外轮廓上制造更多的起伏，刻意夸张女性的胸、腰、臀之曲线；而1921~1930年却是为了使妇女变得平、直，没有起伏。但这些都是形式主义的产物，以形式压倒功能，使妇女受到束缚，这是不可取的。

夏奈尔以及另外两位巴黎时装设计师莫利纽克斯（Molyneux）（图4-6）和让·巴杜（Jean Patou）是这十年中时装界的重要人物，其中地位特别重要的是夏奈尔。20世纪初，夏奈尔逐渐成为世界范围内很有声望的时装设计师。她的设计活动始于1911~1920这个阶段，而在20年代里她的影响和作用都变得越来越重要了。她完全把握住了这个十年中的基本风格，左右了这个阶段中时装设计的潮流。夏奈尔认为，服装首先应讲求功能性，主张在服装设计中突出功能第一原则，她的这个主张与美国建筑设计上芝加哥学派的代表人物路易斯·沙利文1907年提出的"形式追随功能"的基本思想不谋而合。夏奈尔设计的服装紧凑简练，突出功能。此外，她认为不应用人为的夸张去突出强调人体的某些部位，而应注意随意、简洁。至于某些人用紧身胸衣来压平自己，这并不是夏奈尔所要求的，只是她们喜欢夏奈尔的设计而把自己弄平罢了。

图4-6　莫利纽克斯设计的女装

夏奈尔在服装设计方面还有许多成就，突出的一点是她对多种材料的合理使用。她不赞成强求使用单一的材料，而主张根据服装的不同使用功能来选用不同的材料。不同的服装可采用不同的材料，同一件服装的不同部位也可以采用不同的材料。她开始混合使用不同的纺织品来制造服装，在服装面料上更多地考虑了肌理上的变化。在她以前，很少有人用针织物为主要面料，而她很重视针织物。英国的羊毛花格呢绒一开始流行，夏奈尔就大胆地应用到她的设计中，但她并不像英国人那样非常规整刻板、有棱有角，而是剪裁随意、合体，仍然为功能服务。

另外，两位较为重要的设计师——莫利纽克斯和让·巴杜的设计特点也十分简洁，多选用颜色素净、花纹简洁的面料，尤其喜欢米色、灰色、海军蓝等色调，在色彩上比夏奈尔更加简朴。他们在服装设计中都不赞成佩用大量首饰，不论耳环、项链还是其他首饰，他们都认为不宜滥用，在首饰的使用上也开创了一种清新的风格。

由于妇女服装变得日益紧凑短小，使一些原来并不为人注意的产品（如手套、鞋、帽、袜）变得重要了。当时的帽（如盔形帽）压得很低，连眉毛都遮住了，这种遮到眉毛的深盔形帽子是这几年中的时尚，直到20世纪20年代末期都一直很流行，占主导地位。

就整体而言，这时的服装发展总的趋势是变得简单、紧凑，剪裁和缝制都比较容易。这就使许多妇女买面料自己裁制，这样不少人便掌握了服装的设计、剪裁、缝制技艺，替顾客加工来养家活口，于是，许多新的设计和剪裁便异军突起，这是一个意料不到的结果。

到20世纪20年代末，女性时装有了新的变化，与20年代中期相比，裙子加长了，腰回复到自然位置，但整个廓型依然相当平直，不强调特别部位，露出长及膝盖的衬裙，这是一种新的短与长相对比的组合方式。这时，晚礼服变化就更大了。虽然仍然较为直线化，不强调特别部位，以胸平臀窄为美，但裙子已变得很长，几乎垂及地面，裙摆处做了很多褶。多褶裙子是1929年左右女性时装的一个特征。另一个特点是上肢暴露较多，背部也有相当部位裸露着，追求一种修长的感觉。女性时装在这十年内经历了一系列的变化，开始铺平了向新的十年发展的道路。

与女装的变化趋势相仿，童装也开始变得简单，更易于穿脱。虽然这十年童装仍是成人装的翻版，但比之前有所缩小、改短，使小孩们有了较多的活动自由。当然，确切意义上的专门为孩子们设计的童装尚未出现。

这十年内男装保持着以往的西服套装的基本风格，没有本质的变化。只是在年轻学生中，尤其是1924~1925年左右在英国牛津大学的学生中时兴过一种裤腿很宽大的裤子，它被戏称为"牛津袋子"（Oxford Bags），这种肥腿裤子与20世纪60年代的嬉皮士服装类似，但并不是所有男士都乐于接受，主要在青年学生中流行。

当时许多男子从事商业贸易等活动，他们深感整齐刻板的西装不太适用。尤其是在外面奔波的时候，于是他们便加上一双羊毛长袜子，套在西装裤外，像绑腿一样。这种设计是从第一次世界大战中军用绑带得到启发的。这样显得更利索、神气，这是当时非正式服装的一个重要特征。为了防暑通风，人们采用白色亚麻等较轻薄爽透的料子，戴白色软木帽子，穿西装。

20世纪20年代结束时是非常阴郁的，1929年爆发了席卷整个西方世界的经济危机，大批企业商店关门倒闭。

四、1931~1940年，时装史上重要的十年

20世纪30年代的服装非常有特点，对现代服装业一直有着重要影响，从50年代以后，国际时装界曾多次兴起过对30年代时装的复兴（确切地说是一种怀念）。当代许多时装设计大师都特别留恋和喜欢30年代的一些服装，这个时期的服装为现代服装设计奠定了很多重要的基础和原则。30年代的确是很值得研究的时期。

30年代初期，女装设计上曾有过一个反映危机的短暂过程。当时正处在经济危机之中，沮丧茫然的气氛笼罩着整个西方世界，这种情绪在女性服装中也有所反映。妇女的帽子是下垂的，发式、外套以至丝绸衬衫也都给人沉重向下的感觉，黑色的面料更增加了这种沉闷的气氛。这个阶段不很长，1933年以后，危机逐渐得到缓解，经济复苏，服装业就随之出现了新的气象。

30年代的女装典雅、美观、大方，为现代的时装设计奠定了一个十分坚实的基础。女装从20年代那种短小紧凑的基本式样又逐渐加长，最后达到及地长裙的程度。这种趋势最早在1929年秋季巴黎时装展上开始露头，1930年开始在法国和其他国家的时装中出现，直到1933年以后才广泛流行。这时出现了一个有趣的情况：很多妇女原先做了20年代流行的夏奈尔式的较短小的服装，但为了赶时髦，又得做长长的衣裙，于是她们便采取变通的办法，方法之一是在原来较短的衣裙边接上一截不同的面料，并且镶边。这种接长的办法后来成为30年代时装设计中一种常用手法，即用两种不同材料拼接做成长裙。进入30年代不久，长裙又占主导地位。但与1910年以前不同，30年代初突出的风格是服装变得柔软、松散，强调向下的流动感和下坠感。同时，头发也相应地留长一些，遮住耳朵，这种较为松散、仅在发梢处略加卷烫的发式在30年代初很流行。帽子则偏戴在头上一侧。

这个阶段服装的颜色仍是比较保守的，广泛地使用黑色、灰色、海军蓝色等作为日装的基本色调。晚礼服也以黑色或粉红色、淡绿色、浅灰色、米黄色等纯度较

低的柔和颜色为主。为了表现出服装的下坠感，多采用较柔软的材料，如优质羊毛、丝绸、绫缎等。材料的选择是根据服装式样的设计和剪裁要求来确定的。

这个时期的晚礼服背部暴露较多。裙子很长，拖到地上，整个体态苗条秀气，背部几乎完全裸露，是这种服装的特点。这个阶段的时装主要向长的方向发展，追求苗条、修长的效果。对胸、腰、臀女性特征部位并不强调，通过服装表现出来的人体轮廓线基本上仍是平直的，这一点与20年代的服装相类似。

随着经济好转，夜生活又得以恢复，夜晚的社交、娱乐活动又重频繁起来。在这些场合下，形式的美感具有特殊的意义，妇女们希望自己在晚会上更妩媚、更有女性特征，于是重又穿起长及地面的晚礼服。日间衣裙虽然也有加长的趋向，但最长也只齐及踝部。这样一来，日装和晚礼服在长度上就有了明确的区分。至于上衣方面，日装遮盖较多，晚礼服则较为暴露，这恰与20年代形成了鲜明的对照。第一次世界大战对服装的影响之一，是使女装日装与晚礼服的裙长基本趋于一致，主要是考虑到行动方便。

一般来说，晚礼服的功能性较差，特别强调的是形式上漂亮、华贵，具有强烈的戏剧化效果。完全裸露背部的曳地长裙，苗条修长的身姿等，都是30年代晚礼服最典型的特征。法国时装设计师莫利纽克斯设计过许多这一类的晚礼服，明星、名人都穿这类服装，更加使之风靡一时。即使是白天穿的衣裙，装饰性也比以前加强了，不像20年代夏奈尔设计的服装那么简朴。

妇女和男子一样也有了上下全白的专门网球服，裙子比通常在白天穿着的长及小腿的裙子要短得多，在膝盖以上，有点类似后来的迷你裙。这种设计主要是考虑到运动时的方便和凉爽，形成了新一代妇女运动服装的雏形。当时的女泳衣风格与此时露背晚礼服是一致的。后来不仅袒胸露背，而且分成了上下两段。上面是乳罩，下面是短裤，这是现代流行的两段式女泳衣的最早模式。考虑到当时的穿着习惯，在乳罩和短裤之间还用一个环和几根带子连了起来，在视觉上造成一种整体感。此后，泳衣演变成了两段式，逐渐演变成现代的比基尼泳装。女子健身运动日益兴盛，女装中对功能、运动风格的要求也日益提高。一些女子认为男式服装能满足要求，从而喜穿男式衬衫、西装短裤。

1931~1933年间，服装的主要特征是：宽松的富有下坠感的长裙，较紧身的上衣，整套服装让人感到松软、下坠（Droopy）。可是到了1933~1934年间，这种Droopy趋势起了变化，变得紧凑起来。夏柏瑞丽（Schiaparelli），一位在30年代中最负盛名的时装设计师，在1934年设计的两款女时装，在时装史上占有重要地位。

她使30年代初以来的Droopy服装发生了根本性的变化，服装变得更加贴身、适体、紧凑，下摆不再强调宽松和下坠感，而是变得在外观上更能反映人体的自然线条。这些对于30年代后半期的时装设计师很有影响。

首先，比较强调女装肩部的线条。20世纪前十年中女装肩部多是根据人体肩型而自然下垂的，此时则加用垫肩，使肩部也变成一个重要的装饰部位。这是从20世纪初以来第一次对女性服装肩部的宽度给予相当的重视。袖子的剪裁则很适合人体，较贴身。变化最大的是领子，30年代初期的衣领都是下垂的，所以虽然服装的上衣做得较紧身，却仍有一种下垂的视觉感受。而这种的服装领子则较挺拔，多是向上的立领，略有军队风格。裘皮服装在这个阶段中很时髦，当时大量用皮毛做服装的镶边等装饰。其中，用得最多的是波斯种的小绵羊皮毛，常用来滚边、镶领口；其次便是银狐皮，除了用来镶边或做帽子外，更有人用整张银狐皮做披肩、围巾等附属饰物，或绕于手臂，或搭在肩头。当然，这对于大多数妇女而言，是十分奢侈昂贵的。

夏柏瑞丽与夏奈尔、莫利纽克斯等人有所区别，她并不太重视服装细部的剪裁，而是更加着眼于服装整体的大效果，也就是通过剪裁和设计造成的人体轮廓远观效果，她可称得上是服装设计上的大写意派（图4-7）。夏柏瑞丽出生于意大利，在那里生活了较长一段时间。她对意大利的民族传统有很深的感受，尤其是意大利文艺复兴时代的服装令她印象深刻。她是最早把女性服装肩部的线条作为重要对象来进行研究的，她设计的许多服装都采用了垫肩，与男性服装相仿，使妇女平添一股"大丈夫"的英武气派。她对于色彩的运用相当明快，一反欧洲那种用色精细微妙的传统，显得有生气、有特色。比如她在服装设计中，把翡翠绿色、鲜蓝色或非常明快的粉红色与海军蓝色、黑色搭配在一起，使整件服装显得鲜艳夺目，这和意大利民族服装的用色特点是一致的。到目前为止，意大利的丝绸印染、服装设计中仍可显示出这一点来。在服装设计大量使用刺绣品，尤其是在女性外衣和连衣裙上突出地采用刺绣或丝织绦带作为装饰，是夏柏瑞丽在设计中的一个特点，这是来源于20世纪20~30年代流行的"超现实主义"艺术对她的影响。现代艺术对于她的设计风格一直具有极大影响，例如，她设计的不少服装都明显地具有戏剧化色彩。

图4-7　1939年夏柏瑞丽设计的女装

夏柏瑞丽的设计长期以来一直受到广泛欢迎，直到50~60年代仍有不少人研究她的设计思想及作品，从中汲取营养。夏柏瑞丽的服装在30年代后期很有代表性。女性服装对整个体态的外形轮廓相当重视，腰、臀、胸部的剪裁都很明确；肩部加上垫肩，显得较宽；裙子收窄缩短，仍具修长感；帽子也变得多样化，不再是千篇一律的盔式帽子，给人一种清新的感觉。

一些优秀设计师对晚礼服做过大量的研究和尝试。让·巴杜的晚礼服，仍具有以往晚礼服的一般特点：长裙及地，较为宽松；袖口和肩部已做了些新的处理，变化成大灯笼似的半截袖；领边也改成竖立的，不再朝下了；同时，还采用了不同颜色的面料拼镶等装饰方式。

此时，妇女们穿着的大部分时髦服装还是通过量体裁衣的方式来加工的。但已有一种新的情况出现，在美国和欧洲一些地方，出现了一些大买主，他们从主要时装产地购回服装，然后再转手批发、零售。当时世界女装中心在巴黎，男装中心在伦敦，大批买主每年都要两度光顾，参观时装表演，定购新式时装。当时的时装表演当然还没有现在这么频繁，在信息方面也没有现在这么敏感，但毕竟已成为一种为买主提供第一手资料的商业性活动。买主们不仅通过参观表演来看时装、订购时装，也要从中了解时装变化的新趋势，可以说：从20世纪30年代开始，时装设计的风格和销售方式就比较现代化了。

电影对服装的作用也比较大。电影的发展在20世纪30年代中期和晚期处于高峰，电影业非常发达。艾德里安（Adrian）是30年代好莱坞一位十分著名的电影服装设计师。虽然他的设计要服从影片的需要，受到一定限制，但他设计的服装仍然和时髦的巴黎时装一样，新颖独到，颇具创造性。他经常为当年十分卖座的女影星琼·克劳福德（Joan Crawford）设计服装。琼的臀部被认为过于丰满，艾德里安为她设计的服装则强调肩部线条，把肩部垫宽，而使她显得匀称、苗条。这种对垫肩的妙用很快就被其他妇女所接受，一直流传至今。

影片《欲望》中扮演女主角的玛琳·迪特里希（Marlen Dietrich），这是一位在20世纪30年代红极一时的超级影星，她的名字简直成了"魅力"的同义词（图4-8）。她总是穿着剪裁得非常合体的衣服，戴着用羽毛或面纱装饰起来的帽子，肩上搭一条名贵的狐皮。裙子虽然很长，但她总是恰到好处地从长裙的开口处露出腿部漂亮的线条。这种装束很快便被争相模仿，流传开来，影响非常大。瑞典出生的美国著名影星格里塔·嘉宝（Greta Garbo）与迪特里希齐名，风靡世界。她穿着的服装、梳理的发式，在妇女界中很有影响。她常戴的一款软边女帽后来就被称为

图4-8　玛琳·迪特里希

"嘉宝帽"。直到现在，西方还有不少妇女喜欢她当年的打扮——身穿束腰大衣，戴墨镜，头发长短适中，一派落落大方，不落俗套的风度。擅长在轻歌剧中扮演角色、表演歌舞的演员——弗雷德·阿斯泰尔（Fred Astaire）和金格·罗杰斯（Ginger Rogers），阿斯泰尔穿的仍是比较标准的燕尾服；罗杰斯则穿典型的30年代前半期流行的晚礼服，背部完全袒露，肩部有些翼状的装饰，长裙上紧下松，有很多褶，这也是当年很受欢迎的一种装束。

20世纪30年代中期以来，女性的化妆变得十分艳丽：指甲修长，涂上红色的蔻丹；眼眉画得又细又弯，双眼都安上假睫毛；嘴唇的轮廓涂得丰满，清晰，十分强调，这和以往那种"玫瑰花瓣"式的小嘴大不一样了。30年代中晚期女子发式有所加长，比较强调大效果，多在发尾上烫出一些小波纹，然后分成向上和向下两大类。晚期较为流行"长波式"，波浪长而大，齐及肩部，发梢略向内卷，今天仍有不少妇女喜欢这种发式；另一类型，头发全部往上倒梳，在头顶烫些小鬈，再用发夹卡住，这种发型被称为"爱德华式"。女鞋变化在跟部，鞋跟不再是路易斯跟了，而变成了一个小圆台。

20世纪30年代后两年，战争乌云已密布欧洲。这时以巴黎为中心，在女装设计方面出现了一些复旧的趋向。1938年新时装，沙漏型的裙子把人们带回到爱德华时代。颜色上则比较沉着稳健，黑色、灰色居多，同时也沿袭了30年代中期女装的一些特点：肩部做得方正，强调腰和臀部的轮廓以及腿部线条等。1939年9月1日（第二次世界大战爆发的前夜）推出的新服装，对于整个40年代的女装设计都很有影响，被称为"新维多利亚式"，是由19世纪的维多利亚风格演变而来的：胸部圆浑、饱满，这与S形服装对胸部的强调类似；腰部收紧，这与紧身胸衣的特点也有些相似。当然，这时并不穿用紧身胸衣，只是在剪裁上下工夫，使服装特别合身。但它也不完全是旧式维多利亚服装的翻版，肩和袖的式样以及发型的配合都颇具新意。"药盒子帽"在30年代很流行。帽子较小，但加用大的饰物（羽毛、绸带等），并向前倾斜，和S形服装时的头饰有某种类似，有的妇女开始采用发网把较长的鬈发兜起来了。

20世纪30年代男装仍以西服套装、燕尾服式的晚礼服为主。前身的翻领也做得较大，在视觉上突出横向效果，裤子也宽大，基本保持上大下小的形状，晚会上穿着礼服时，里面衬衫则仍是立领、有褶的那种，通常配以领结，以黑色、白色为主。男士们发型一般较短。

当时一位影星蒂龙·鲍尔（Tyrone Power），他的打扮成了男性时髦的偶像。脸上刮得干干净净，不留胡须；头发剪得很短；衣服很整洁，露出洁白的袖口；佩戴礼帽、领带。这种衣冠楚楚的风度是30年代所有男性所崇尚的，这成为男性服装的一种传统。

30年代童装有了新的发展，突出的是与成人拉开距离，成为服装中独立的一支，适合儿童活泼好动的天性。

1939年爆发的第二次世界大战使兴旺发展的时装业受到极大的打击。

五、1941~1950年，大战风云

这十年中前五年为大战时期，后五年为战后的复苏阶段。大战时以简朴、功能化的服装为主，便服、礼服、婚礼装都非常简朴，没有装饰。在此时期，美国开始组织力量对军用品进行较系统的研究。在服装的卫生性、保护性功能，人对服装的适应性，服装尺寸的标准化、系列化、服装标志等方面特别做了大量的研究工作。这一阶段中服装在标准化、功能化方面有很大的发展。

20世纪40年代，十多岁的少年服装开始在美国变得越来越重要。这个年龄层的服装成为当代时装中一个重要的分支。十岁左右的小姑娘有两种趋向：女性味十足的少女装，或无拘无束略带"野气"的男孩子式打扮。男孩式发型通常是把长发梳到脑后束成把，或在头的两侧分成两股。长而过分宽大的绒线衫被戏称为"邋遢鬼"，在少年中很热门。此外，直身裙、长裤（尤其是卷起腿边的蓝斜纹牛仔裤）、白色短袜、球鞋都是典型服装，此种被称为"Tom Boy"，意思是"假小子似的顽皮姑娘"。战时童装方面没有什么进展。在英国，空军飞行员们最受崇拜，他们被称为"美男子"（Glamour Boys）。皇家空军飞行员身穿飞行夹克，围着各自喜爱的丝绸围巾，足蹬飞行靴，留着八字胡，成为一种风尚。

战争结束后，世界面临一个新的发展阶段——急切追求新的生活和新的文化，服装设计也因而取得了很多有意义的突破。这时，人们普遍有这样的想法：战时穿了那么长时间的简单制服，现在该讲究穿了，这种急剧增加的对较好服装的需求，造成了1945~1950年战后最初阶段中服装发展变化的新动向，引出了"新风貌"

服装（New Look）潮流的兴起。1944年欧洲战场即将结束时，英国《时装》杂志（*Vogue*）记者访问了当时声望很高的时装设计师哈迪·艾米斯（Hardy Amiss）和时装史专家詹姆斯·拉弗（James Laver），征询两位专家对战后服装发展趋势的看法。哈迪·艾米斯认为，妇女在战后对服装的主要要求将会是合身，并要求服装设计的线条能表现人体本身的线条美。他认为长裙会时兴，在式样方面会出现维多利亚和爱德华这两位君主执政时那种女性的趋势，强调女性特征。詹姆斯·拉弗总结了历史上历次大革命、大战争以后妇女服装变化的情况，他指出，战后妇女喜留短发，穿较紧身的衣服，腰线会偏离自然位置，或上或下。他们两人都认为，由于妇女们在战争时穿男性化的服装，所以战后她们会希望能够充分表现出自己温柔妩媚的性格特点，女性化趋势会成为战后女装的重要特征。

1945年在战后初期，法国巴黎的时装设计师们急于从战争的创伤中恢复过来，重振巴黎世界时装中心的雄风，他们推出了一些非常女性化的春、夏时装。这些服装款式棱角较少，整体感觉比较圆浑，胸、腰、臀等部位很强调，很有女性特征，避免产生男性化的感觉，肩部很少用垫肩。新款服装吸引了许多欣赏赞叹的目光，但销售情况不佳。

美国本土没有受到战火破坏，而且经济方面发展迅速，所以当时服装的主要市场在美国，尽量针对美国消费者的需求进行设计。

1947年春，巴黎的迪奥（Dior）公司，推出了"新风貌"服装（图4-9），这种服装从头到脚完全改变了过去时装的基本处理手法，在整个时装发展史中占有重要的地位。"新风貌"的肩部很圆，使用了垫肩，强调肩部线条不是水平的，而是略为向下的斜线，袖子长度通常只到小臂中间，即3/4袖，里面衬以长手套。这种较短袖子和长手套的搭配，使女性特征格外明显。对胸部的处理非常强调，可以说这是继20世纪初的S形服装以来最突出女装胸部的设计。但与爱德华时代强调大而圆浑的胸部轮廓不同，新面貌装的胸部强调向前上方很硬朗地挺起。上装很紧身，有人戏称之为"女人的第二层皮肤"。腰部很细，上衣较短，臀部很翘。裙子有两种：一种是包得紧紧的；另一种则是稍宽松的百褶喇叭裙。白天穿的裙子长至小腿，甚至及踝关节，颜色多为烟灰色。鞋则是很简单的高跟鞋，有时用根细皮带环绕踝关节扣住，有点类似现在的时装鞋。可以明显看出肩斜、胸挺、腰窄、臀大、裙长而宽松等特点，而且在服装的特征部位上加用了少许衬垫。"新风貌"推出后，巴黎重新变成了世界时装中心。但是由于经济、购买力等问题，"新风貌"服装刚推出之际还是受到许多人的反对和批评。

图4-9　1947年"新风貌"服装

　　第二次世界大战以后，美国男孩子们的服装对现代的男装有一定影响。战后男青年喜穿无领的圆领衫（Jea Shirt）以及颜色鲜艳印有图案的运动衫，这类运动型服装的广泛穿用在20世纪70~80年代形成热潮。还有不少小伙子喜欢显示自己的男子汉和军人气质风度，所以偏爱一些类似军装的衣服，这种军队风格在70年代男性服装中重新有所抬头。

　　战后初期，世界人口出生率急剧上升。许多服装设计师和服装商都敏感地意识到，他们将要面对一个充满活力的青年人市场。所以，他们很重视对少年服装、青年服装的研究，其中一个成功的例子便是英国在40年代末推出的一款露罗克斯装（Horro-ckses）。这种服装的面料采用纯棉布，印上一些花纹，再配一件夹克装作为外套，简单价廉，充满活力，女孩特别喜欢。在夏天，她们可以穿着这种服装在各种不同的场合下活动，很有弹性；穿上夹克，可以出席正式集会；脱去外套，则可以去沙滩晒太阳；就连出席舞会也可以穿这种服装，只要稍微配上一点首饰，换双高跟鞋就可以了。

　　游泳装在战后有很大变化，分成了两段——乳罩加短裤，虽然短裤还较长，但就整体而言，已经很简洁了，遮蔽部分较少，后来的比基尼——三点式就是由此发展而来的。

继"新风貌"后，1948年秋，巴黎推出一套"营式装"（Tube Look），肩较圆且斜，腰部比较紧，裙子很窄，从臀到大腿完全是紧紧裹起来的，与"新风貌"宽松的喇叭裙很不相同。到1949年秋，先后有"几何线"（Geometric Line）、"女外套装"（Broust Look）等出现，但均未超越"新风貌"的高度。众多的求变革新的尝试对促进时装业的发展都起到了推进作用。

1949年以后，几乎到1960年，强调眼睛一直是面部化妆的主要方向。女性把眼睛画得格外突出，称为"母鹿的眼睛"，类似杏眼。

这个阶段，戴手套的风气重又兴起。袖子越缩越短，流行的首饰也有了些变化。由于头发剪得短，衣服的肩部剪裁又比较斜，所以，脖子显得修长而纤细。于是，用人造珍珠镶成的悬垂式耳环和很长的珍珠项链就流行起来了，常常与黑色晚礼服相配。鞋子越来越精巧，黑色的不加装饰的皮制高跟鞋成为最主要样式，鞋尖通常较圆。运动鞋和便鞋也做得比以前考究了。鸡尾酒会或晚宴上所穿的鞋，形状特别优雅。绑带鞋、平底鞋、跟部扣带的高跟鞋也很常见，而且脚尖有个小开口。

这个时期服装批量化生产开始出现。当时最主要的批量化生产服装中心是美国。美国的服装企业为全世界提供大量批量化生产的时装。大批美国买主每年都到巴黎选购服装，这样就产生了一种新的时装生产销售结构。后来，设计的新装被美国厂家大批量生产出来，使妇女赶上新潮流。他们既购买成衣，还购买设计的专利权。

六、1951~1960年，丰裕的年代

进入20世纪50年代以来，社会经济得到了新的发展，人们的生活水平有了较快的提高。同时，人们对服装的需求越来越大了。

这个时期服装有很多变化，最重要的一点是：大批妇女开始穿着较随意、无拘无束的服装，而不像战前那么正儿八经、衣冠楚楚了。其次，便是越来越多的妇女以穿著名的时装设计师的时装为荣。战前设计师被当做是缝衣匠，而战后设计师则成为引导潮流的重要人物。巴黎已无可争议地又成为世界时装的中心，大量的服装批发商、生产商云集巴黎。

20世纪50年代初期，迪奥公司主要设计一些特别强调女性特征，被称为"超女性化"的服装，高度强调胸、腰、臀等部位和形状，裙子很大，基本上是从40年代后期"新风貌"发展来的，如强调丰满的胸、小巧的腰等，但整个剪裁方面已经趋向简单化，用料也较为节省，他们的设计对身材高挑的漂亮女子尤为合适。50年代中还有一

种较有影响的服装，即"鞘式服装"（Sheath Dress）。上身简洁，无领无袖，远看像一把刀鞘，这款服装也是迪奥公司推出的。1952~1953年间，公司感到"新风貌"已为人们所熟悉，势头有所下降，因而在其基础上推出"鞘式服装"，仍然突出胸、腰、臀的处理，因无袖便设计了长手套。这款服装很受欢迎，销售情况不错。

另一位引导潮流的大师巴伦夏加（Balenciaga），出生于西班牙，西班牙内战间在伦敦住过较短的时期，后定居巴黎。20世纪30年代末期他开设一间自己的缝纫店，量体缝制时装，很快就以思路开放的设计而著称（图4-10）。1947~1948年间，由于迪奥公司推出"新风貌"引起了很大震动，巴伦夏加的名声而黯淡了。在50年代初期，他又重新打开了局面，所得成就并不逊于迪奥。1951年，巴伦夏加开始制作一款新时装，它不像"新风貌"那么紧身，那么夸张，但也具女性韵味。它在前身的胸、腰部加以强调，但后身从肩起几乎是直线式地下垂，因而称为"半台身装"（Semi-Fitted Look）。在比较重视设计细节、讲求易于穿脱方面，巴伦夏加与夏奈尔比较一致，但与夏奈尔追求那种线条柔软、轻若羽毛的感觉不同，巴伦夏加突出的是明显的线条和雕塑般硬挺的外观。他设计的服装一般都具有较

图4-10　巴伦夏加
设计的女装

直、挺、硬的线条，缝制成型后，能赋予穿着者某种预想的廓型。他设计的外套和大衣给人一种"很合身的军队制服"的印象，领型也是有棱有角的。巴伦夏加的这种服装与迪奥的"新风貌"在整个50年代中影响都很大。

由于服装强调胸、腰、臀等特征的部位，因而用松紧材料制成的紧身胸衣又重新风行起来，而且式样繁多。有些仅是胸罩，有些则加上束腰，有些是半身连裤，有些在裤脚处还装有吊袜带。这使人的动作不能完全自如，重新把妇女投入一种束缚之中，但许多妇女为了获得"标准的"体型美，却穿用它。当时一位著名的模特雪莉·沃辛顿（Shirley Worthington）在时装表演前贴身穿着一件紧身衣，把腰部束得很细，胸部托得很高，套上外面的时装就可表现出预想的效果来。

20世纪50年代中期，妇女发式较为简洁，生硬的鬈发被视为老派或土气，30~40年代影星们的长发型仍受欢迎。10~12岁的少女则爱用缎带把头发在后脑处扎成一束，再让它自然地垂下，这种马尾辫是50年代的一大特色。50年代以来，戴

帽的人减少了，但女帽仍是时装中重要的组成部分。这时最时髦的是一种用平纹织物缝制而成的无檐帽。帽子把头发全部纳入，便于炫耀项链、耳环。扣状耳环在50年代初期很风行。发型简单，帽子小巧，"母鹿眼睛"，鞋跟细高呈酒杯型，鞋身修长，鞋头很尖，奠定了现代正式场合穿用的基本模式。

设计师哈迪·阿米斯在1954年设计的一款名为"海百合"的晚礼服很引人注意。美国影星格雷斯·凯莉（Grace Kelly）穿的是这样一套：上身是一件丝绸衫，用腰带束起，下身穿半截裤。1957年推出一款女式大衣——"袋装"（Sack Dress）。它的特点是裙摆较短，长及膝盖以下，袖子也不太长，在1957~1960年间较流行。这个时期的运动衣越来越注意功能性。

可以说，在整个20世纪50年代中，尤其是中晚期以后，妇女服装的总趋势是朝着突出功能、崇尚简练的方向发展的。

量体裁衣的时装店仍是当时妇女购买时髦服装的主要去处，这些店铺大都在裁剪、手工方面各具特色，设计师个人风格表现得很突出，这是批量生产服装所不及的。当时久负盛名的有玛丽·匡特（Marry Quant）和她丈夫开设的"巴扎"小店，英国的玛克斯（Marks）、斯宾塞（Spencer）两家服装店在服装制作和销售方面都有很好的声望。

第二次世界大战以前最有声望的设计师夏奈尔在50年代中期重新开设了她的时装店。她对当时风行的窄衫细裙、尤其是紧身胸衣进行了直率的批判，认为这是一种倒退，根本不能适合现代生活。她很快就重上轨道，设计出宽松自如的款式，广受欢迎，一直到60年代仍非常流行，夏奈尔又在时装界成为重要人物。

这个时期，时装模特开始变成一项引人瞩目的职业。法国的巴蒂娜（Battina）、美国的苏茜·派克（Susie Parker）、英国的巴巴拉·戈兰（Barbara Goalan）（图4-11）和菲奥娜·坎贝尔—华尔特（Fiona Campbell-Walter）都非常有名气，成为人们的偶像。时装表演规模越来越大，越来越普遍，英国、意大利与法国一样，定期举行时装表演会。

图4-11　巴巴拉·戈兰

在引领流行潮流方面，除了著名设计师

迪奥、巴伦夏加等人，电影明星在服装、化妆、发型方面，都颇有号召力。如美国影星玛丽莲·梦露（Marilyn Monroe），她的一头金发烫成松散的大鬈，很受妇女喜欢，化妆则是嘴大、唇红，很性感，她常用内加垫的方法来强调体型。影星奥黛丽·赫本（Audrey Hepburn）的打扮以优雅、漂亮著称，发式以不太整齐的刘海为特色，对眼和眉的化妆都很强调。20世纪50年代后期，对欧洲妇女最有影响的影星是享有国际声望的法国女演员布里吉特·巴多特（Brigitte Bardot）。她的头发故意梳得很散乱，好像刚刚醒来似的，额前的头发向后梳，松松地堆起来，两侧和脑后的头发则烫成小波浪，瀑布似的披散到肩上，在化妆方面突出眼睛，唇色淡红且唇画得较大。

20世纪50年代，正式的男士服装变化不大，保持典雅风格，配上领带、礼帽、手杖，一副爱德华时代的绅士风度。英国设计师在男装方面影响很大。

这个时期，摇滚乐歌星成为新的公众偶像。其中埃尔维斯·普雷斯利（Elvis Presley）是最负盛名的，他经常便装上台，甚至上穿西部风格的外套，花哨的衬衣上缀着色彩鲜艳的镶边或流苏，扎着宽皮带，穿着瘦腿裤，脚下是一双蓝色的仿麂皮生胶底鞋。年轻小伙从银幕上一些英雄好汉那里模仿强悍和简朴的打扮。如马龙·白兰度、詹姆斯·迪安等著名硬派影星们的风度、仪表及服装都给年轻人留下极为深刻的印象。

50年代，时装设计师的培养和训练已在高等艺术院校中引起广泛重视。英国皇家艺术学院也开设了服装学院。1956年，珍妮·艾恩赛德（Janey Ironside）担任服装学院院长，她一直十分注意发挥学生自己的风格。60年代许多著名的设计师都是该院毕业生。

在50年代，时装发展中特别应提到的是，过去一直限于模仿、复制巴黎时装的意大利，一跃成为新的世界时装中心，每年两次在佛罗伦萨的比蒂宫（Pitti Palace）举行女时装及便装表演。著名的意大利时装设计师有西蒙塔（Simonetta）和她的丈夫法比亚尼（Fabiani），以及艾琳·加兰兹恩（Irene Galatzine），以他们优雅的个人风格很快就赢得了广泛的国际声誉。

50年代中晚期，意大利设计师在男装上下了很多工夫，与爱德华风格的英国西装大不相同，他们设计的男式西装肩部较宽（但并不像美式橄榄球服那样垫得方方正正），袖子的剪裁使肩线得以延长，直身，比通常的男装短几英寸，将臀部的裤袋露出，尖头皮鞋也从此时开始在男青年中得到流行。这些服装显得年轻化，时代感强，且较少阶级意识，这是战后首次真正为男士们设计的现代款式，意大利风格很快就成为男装中新的国际潮流。

七、1961~1970年，动荡的60年代

"动荡的60年代"是20世纪最有特色的十年之一。战后科技的突飞猛进，1945年以后出生的小孩儿——"战后婴儿"到20世纪60年代已进入青春期，开始长大成年了，对社会、对生活都有许多更富挑战性的要求。他们对社会的影响比以往任何一个时代的青年更大，尤其在流行音乐、舞蹈及服装时尚等方面令人瞩目。

在60年代，物质生活极大丰富，美国在近十年内一直没有出现过经济危机，这在战后是绝无仅有的。1963年，美国卷入印度支那战争，美国国内的民权运动风起云涌，有主张利用武装行动从帝国主义手里夺取政权的激进派别、法国的校园暴动等。60年代给人的总印象是骚动不安、变幻无穷。

由于社会、经济因素的直接影响，社会动荡，年轻人开始对传统文化不满。他们开始向传统习俗、甚至传统服装提出批评和挑战，晚些时候出现的嬉皮士运动，就是反传统、反文化趋势的产物。服装生产的发展过程可分成三个阶段：量体裁衣、小批量生产和大批量生产阶段。大批量生产便是从60年代开始的，对于服装行业有极重大的意义。总之，60年代是很值得研究的十年。

20世纪50年代末，服装设计虽然开始出现年轻化趋向，但总体来看，仍是很正规的。60年代初期的服装基本上保持了这些特点，与后来几年相比，此时的服装显得成熟、典雅，略带保守。1966年左右，崇尚把头发梳得高高的。60年代初期，一名著名的时装模特儿琼·施林普顿（Jean Shrimpton），她的披肩发型影响力很大，甚至一直影响到现在的许多年轻人。这个阶段，可以随时更换的便装在青年女性中越来越流行。粗花呢或羊毛质地的外套和大衣则在很大程度上受到50年代末巴伦夏加典雅风格的影响。这些服装通常选用不贴身的竖领，采用直身式或半合身装的轮廓外形，钉上三四颗珍珠、金属或绉纱做成的纽扣，十分醒目。很窄的锥型筒裙仍有人穿着，但直身裙或镶边的半腰裙被看做更加斯文的式样。

夏奈尔于50年代东山再起，到60年代初，她设计出一些新的服装，又获得很高的声誉。她的设计除了简洁适体之外，还有一个独到之处，便是可以适合不同年龄的妇女穿着：年轻妇女穿上不显得老气横秋，中老年妇女穿上也很大方得体，因而广受欢迎。这种新式套装常用毛料缝制，内穿丝绸女式衬衫，领子较柔软，打成一个领结，整套服装有时用不同颜色的布料镶边。从整体大效果来看，身体两侧的线条强调平直，对腰部和胸部并不过于突出，与50年代的服装相比，这是一个很大的变化。另一点便是袋式的变化，不是如以往那样开在两侧，而是开在前襟。夏奈尔设计的外套常常是敞胸式的，有的甚至从上到下不钉一粒纽扣，而只用一枚胸针扣

住，有时则用丝缎带在领口处松松地打一个蝶形结。为了达到统一的整体效果，夏奈尔对手提袋、鞋等配件的设计也很讲究。她设计了一种用小链子做包带的手提包，这种款式在60年代、70年代甚至80年代中都颇有影响。她设计的鞋是黑色的，式样简洁，有时也在鞋尖部分贴成丝绸做装饰，还有一些则是鞋帮用麂皮制成，用小皮带套在脚踝处。与夏奈尔套装相配的发型往往剪出松散的刘海，并采用黑色平纹的丝绸束发带。夏奈尔的设计成为当时最有影响的服装式样。

20世纪60年代服装重新趋于松散，松身衣裙越来越为人们所爱，50年代以喇叭裙为主，也有锥形裙（如袋装）。到了60年代则以直身裙为主了。摇摆舞的狂热出现于60年代，多用黑色面料，对服装的要求是活动自如，适宜舞蹈，因此松散款式流行。

这个时期，所有起领导作用的服装店及服装设计师的影响都不如以往那么重要了。没有人再能一家"独霸天下"、一统潮流，服装的发展出现一派多元化的纷呈面貌，并开始进入大批量生产的新阶段。这时的服装也不再要求十分合身，松身式样较为时兴，讲究舒适、随意，对服装细节也不那么重视了。因为过于强调细节的设计会影响批量化生产，而且年轻人也不喜欢那些烦琐的东西。60年代是服装设计朝年轻化发展的年代，青春装、童装、宇宙装和激进装等款式的先后出现，都是服装年轻化的象征。

真正代表60年代的服装是从1963年开始出现的，一批专门从事批量化生产的法国时装设计师开始崭露头角，他们的设计趋向越来越随意，而且有弹性功能。这些服装可以适用于多种场合，而不是只为某种特定场合而设计的。以往的晚礼服要在正式舞会或社交场合下穿着，而办公、上班或下午茶时间内又要换其他服装。到60年代，这种风气已有改变。外衣、裙子都可以在不同场合下穿用，区分已不再那么严格了。他们的设计重点在领口形状的变化上。通常采用一些不常用的特别颜色和特别材料，来取得一些特别的视觉效果。同时，对全套服装的穿着搭配也较重视。那时流行柔软的圆领或下垂的尖领，袖子则多为灯笼袖——裁剪宽松，然后在袖口处打褶收紧，再装上袖头；也有一些是任袖口张开而后飞边的上方安装橡皮筋略为束紧的。小小的珍珠或珠饰纽扣起到很好的装饰作用。

1963年以后出现的各种新服装，从总体来看，在设计中追求的是让年轻人更富于青春气息，更能表现出朝气与活力。此时，长裤和与长裤搭配的套装流行更广，长裤并不拘泥于某一固定的款式之中。年轻人喜欢扎上各种宽窄不同的皮带，闪闪发光的皮带扣也从此开始流行。以往出现的牛仔裤、瘦腿裤仍然流行。但稍有变化：上裆很短，裤腰仅略高于臀部，远低于自然人体腰线。这样的瘦腿裤常被称为"希普斯特"（Hipster，意为爵士乐迷）（图4-12），多用纯棉斜纹布做面料制作，再配上一件粗棉布衬衫，构成一套"西部装"（Western Look），牛仔风格的"西部装"常常在许多时装杂志上出现，受到年轻人包括许多女孩在内的普遍欢迎。较为齐备的"西部装"常由粗布衬衫、瘦腿裤、小背心、披肩领巾、阔边牛仔礼帽、皮靴等组成。在以后20年里，这股西部风格的狂热成了时装中一大潮流一再兴起。

图4-12　爵士乐迷的装束

　　由于年轻人常在周末、假期里出外度假，度假装越来越重要了。在法国南部有个海滨城市叫圣·特洛佩兹（St.Tropez）。这个小城当时成了青年人感兴趣的热门服装发源地，尤其是度假休闲的服装。"圣·特洛佩兹装"成为时装行业中一支突起的新军。圣·特洛佩兹在30年代的早期和中期一直对欧洲（尤其是在地中海区域）的时装界很有影响，它成了世界假期度假服装的中心。

　　从1963年开始，出现了一种套在比基尼泳装外面的长及大腿的短衣裙。女孩们可以穿着这种服装去吃午饭，或在傍晚到海边散步，领略海风的清凉。除了与在30年代出现的网球裙有点相似之外，这种短裙作为非运动服出现还是头一次，它对年轻人很有吸引力，很快就流传开来了。这种短裙腿部暴露较多，短小紧凑，充满活力，很富现代感。这是60年代中风行一时的"迷你服装"，是迷你裙的先声。

以玛丽·匡特（Marry Quant）为首的一批英国青年时装设计师迅速成长起来。匡特的设计富有独特性，无拘无束，形成了她的个人风格。伦敦成为世界各地的买主在他们每年两次赶欧洲采购时装行程中的必经之地。伦敦的服装具备一种特有的青春气息，价格也较便宜。很多设计师经过不断的努力和探索，成长为最优秀的设计师，其中以琼·米尔（Jean Muir）、贾尼斯·温赖特（Janice Wainwright）和约瀚·巴特斯（John Bates）成就较大。

20世纪60年代，尤其是1963年以后，西方青年中兴起一种新的风气：不论男女都穿同样的衬衫、同样的裤子，材料和颜色都一样，当时的报刊称之为"无性别化趋向"（Unisex）。无性别趋向是80年代服装演变的一个重要主题。

1963年出现的另一种女装设计潮流是儿童化趋向，年轻妇女喜欢穿那些看起来像小姑娘的服装，这种趋向在60年代中晚期（尤其是中期），对姑娘们的影响特别大。当时一位很著名的英国模特——特威姬（Twiggy），她的衣裙、发式、化妆都追求一种儿童的风貌。儿童化是这个阶段中女装的一大特征。

巴黎作为世界时装中心依然保持它的地位，但完全置身于英国的潮流之外，仍然设计一些美丽、典雅的服装款式，并仍然采用上等的面料。由于年轻人运动的影响，巴黎的服装设计已经不能控制世界服装的潮流了。此外，巴黎时装设计界中真正对世界产生影响的已不是那些传统大师，而是一位新人——安德烈·柯列节斯（Andre Courreges），他在60年代初期曾师从巴伦夏加。柯列节斯推出了一套非常现代、很刺激的服装，与过去的时装大相径庭，看上去像是对未来的想象与憧憬，从而引起广泛重视（图4-13）。成为继1947年迪奥推出"新风貌"以后，在巴黎最引起轰动的服装，柯列节斯在一间纯白色的展览厅里展示了这套新装。他挑选的模特儿全是肤色晒得黧黑的白人姑娘或是热情洋溢的黑人姑娘，个子很高，有运动员风度，给人留下深刻印象。为了使这套服装具有雕塑感，柯列节斯采用了较厚的绉呢华达呢做面料，并选用纯白、鲜红或浓绿

图4-13　安德烈·柯列节斯的设计

等富于戏剧性效果的颜色。这套服装中的帽子像一顶头盔，帽顶既高且圆，可以直接扣在头顶，也可以将光滑的蝶形帽放下来系在下巴下。整套服装强调直线效果，肩部剪裁得宽阔、圆浑。肩线、口袋等所有细部，都很注意平衡对称。由于裙子短至膝上几英寸处，所以柯列节斯安排了一双长及小腿的短靴，而不是普通的鞋子。靴子在内侧处安有拉链，鞋尖略呈方形，选用与服装颜色相同的小羊皮制成。这种靴子成为20世纪内销量较大的一种。与此相配的发型则剪得很短，并削得薄薄地贴在脑后。1964年柯列节斯推出的"未来风格"时装，衣、帽、靴子都是纯白色的。由于新兴的宇航事业此时得到飞速发展，取得了重大突破，年轻人在服装、室内布置、家具等方面都追求一种所谓宇宙时代的风格和情调。柯列节斯这套服装反映出这种情绪，因而尤其深受年轻人的喜爱，后经批量生产，大量上市，在各国都引起极大的轰动。柯列节斯因此成为法国时装设计界自迪奥设计"新风貌"以来第二个最重要的人物。柯列节斯把这种超短裙正式介绍到时装界来的第一人。他毫不妥协地断定膝上几英寸正是日装衣裙的最佳长度，开创了60年代时装发展中最重要的"迷你"（Mini，意为超短）运动的先声。

1966年女时装可分两类：第一，男孩子风格的运动风格；第二，洋娃娃打扮。

此时的男装对于稳健派人士而言，变化不大，仍是正规的西装，剪裁设计遵循传统。男青年不再以穿着时髦而害羞了。男式西装或夹克衫仍沿袭着50年代末期的意大利风格。

20世纪60年代下半叶，出现了一种新的年轻人的狂热运动——"嬉皮士"运动。嬉皮士们不仅在社会生活中造成不小影响，他们的装束也对服装业影响很大。他们反对传统的基本服式，而从北美印第安人的图案中寻找自己服装的纹样。嬉皮士们穿着打扮的特点是：蓬松的大胡子；不论男女，头发都乱七八糟地披到肩上；女子常在头上插花戴朵，甚至连脸面都画上装饰花纹；服式常很怪诞，颜色多样。这些嬉皮士们，男男女女都佩戴大量的首饰，有念珠、手镯、各种戒指等。他们的服饰对传统潮流是一个完全的改变。嬉皮士服装并不为一般民众广泛接受，但在时装界却有不小的影响。在1969年秋季的秋冬服装展中，加长的趋势明显，面料重又采用较厚的大方格花呢，保暖功能较好，且具有人情味，十分典雅。表明经过60年代的急剧变化之后，服装重又转向比较稳健、突出功能的方向。

八、1971~1980年，反时装运动

第二次世界大战后出生的婴儿在20世纪60年代里是呼风唤雨的一代，举着反叛

的旗号，进行过多种斗争。而在70年代，他们已步入中年，政治态度转向稳健，在服装上偏重端庄沉稳。

刚从60年代进入70年代时，服装方面尚未发生本质性的变化。虽然"超短"的变化出现，但这仅仅只是向保守方向转化的开始，并不十分彻底。

对于服装设计师、服装商及服装杂志而言，有一个好的教训：除非真正能引起妇女们的兴趣，否则她们绝不会像过去那么容易被花样翻新的设计潮流所左右了。时装对她们的影响作用只是一种建议，而不是一种指导了。服装商已经认识到大批量生产是决定他们成功与否的关键，在推出新的服装之前，他们必须要努力做好市场调查和预测工作。服装设计师"一手遮天"的时代在经历好几年的衰落之后，至此便告彻底结束了。自信心被极大地动摇了的时装界以一种变通的态度来面对70年代：他们不再急于推出新鲜花样，只要顾客继续有兴趣，继续有销路，他们就继续生产下去。同时还意识到，提供多种的选择看来是最保险的成功之道。

中长服装在长外套方面，倒是获得了一定的成功。齐及小腿或长裙曳地的"玛克西"（Maxi）外套，于1969年末及70年代初成为时髦青年的新宠，在英国尤其如此。这种玛克西外套使女士们重新接受了较长的服式，并导致这些较长服装在法国和意大利的销量有了相当的增加，这的确是很不简单的成功，因为法国、意大利妇女把很长的服装视为异端。

除了较长的服装重新出现之外，当时在美国和西欧还兴起了一种新的浪潮——"热裤"（Hot Pants）（图4-14），当年大街上常可见到穿着热裤的女孩。这种紧身短裤与男装西式短裤很类似，但更紧身、更短一些，仅及大腿上部。上身常配做工精巧、花哨漂亮的夹克，领口和袖口的设计均较夸张；或穿着露出肚皮的短上衣；有时则穿件衬衫，但用下摆在腰外打个结，这种穿着在70年代很时兴。

20世纪40年代的时装风格在70年代前半期颇有影响。30年代末特别盛行的狐皮披肩和裘皮外套重新又成为时尚。70年代前半期流行过厚底鞋。70年代初期缎子面料很流行。

图4-14　热裤

不少爱打扮的妇女对裙子的忽长忽短感到厌烦，又不想穿热裤，对40年代风格的艳丽装束也没兴趣，于是她们便在所有场合下皆穿长裤。"圣·劳伦特装"（St. Laurent）便应运而生了。这种服装多用简朴雅致的、男子气很足的条纹或格纹粗呢做面料，以黑色为基调。有时外面再披一件长及膝下的古典式风衣。圣·劳伦特装成为当时备受年轻妇女欢迎的一种国际款式。长裤在女性晚礼服中也常使用，与之相配的上衣有的采用印花丝绸做面料，有的则采用黑色或菘蓝色的绉纱做面料。

20世纪70年代，时髦的长裤款式一般分成两大类：一种是较宽松的"袋装裤"（Bags），它是20~30年代那种前身打褶的灯笼裤演化而来的，但裤裆较适体、紧凑，配上高跟鞋、靴子，便显得腿部修长，风度优雅，比以往那种低垂、累赘的灯笼裤精神多了。另一种则是在70年代前半期风靡世界的喇叭裤（Flares），这种裤子臀部和大腿处都剪裁很贴身，然而从膝盖往下，裤脚便逐渐张开，呈喇叭状，使腿的长度得到强调和夸张。

这十年中"无性别趋向"在女装设计中影响极大，而且一直延续至今。"无性别化"是指女性服装男性化。例如，长裤在剪裁开口上都是相同的，只是在尺寸上稍有差别；女子的西装、毛衣、围巾等也都向男性化服装靠拢。这种趋向出现的一个重要原因是越来越多的职业妇女要求与男性平等，同时，男性服装的功能性又较为完善，因而也很受她们的欢迎。在这股影响极大的潮流中，牛仔裤显得风头十足。而且，用缝制牛仔裤的布料缝制各种服装，如裙子、衬衫、夹克上装、背带装、滑雪裤、雨衣，甚至比基尼泳装、鞋、帽、皮带等也都广为流行，构成一个完整的牛仔装系列。圆领衫也在此时成为最时兴的日常服装。不少青年男女喜爱军装，缀上真真假假的徽章和标志。紧身的卡其牛仔裤或真正的军裤下露出的是胶底鞋或时髦皮靴。

这些穿着随便、功能性很强的服装制作非常简单，销量极好，对面料并无特别的要求，批发商、零售商均有利可图，故市场竞争十分激烈。如何降低成本，提高竞争力呢？在劳动力价格低廉的发展中国家去加工服装便成为一条重要的途径。印度、远东等地的制衣业早在60年代初便已开始兴起，但真正迅速地发展则是随着70年代各种随意的便装之流行才出现的。许多在欧美享有盛名的设计师和服装商纷纷到东方来经营来样加工、来料加工等业务，把自己的大部分产品扩散到中国香港等地。中国香港、日本等地很快便成为世界性的成衣中心，欧洲的服装制造业虽然仍具有相当的权威性，但由于成本较高，不利于竞争，而逐渐衰落下来了。

沃尔斯公司的劳拉·阿什利（Laura Ashley）设计的女装在这股潮流中十分突

出。她利用维多利亚风格的印花做面料，多以色彩柔和的碎花为图案，衬以较深的底色。连衣裙长及脚踝，衣腰部用细褶把宽松的上衣部分缩拢来，并采用一些花边、缎带或英国式刺绣来做装饰。这种长长的充满浪漫风格的衣裙，对于20世纪后期紧张繁忙的生活节奏而言，当然是不够协调的。不过年轻的母亲及她们的小女儿却很喜欢这种娇媚的装束，新娘及女傧相在婚礼上也常常穿它。妇女们都愿意在某些场合下用休闲纤巧的长裙来替换下她们日常所穿的男子气很足的长裤装。

有人认为现代女装可分成两大类型：一是女性化服装，强调女性风韵的柔弱优美；二是无性别化服装，以男性服装或工作服为基本模式发展演变而成的。这种划分不一定很精确，但的确揭示了时装的一些变化趋势。当然，这种划分也不是绝对的、静止的。比如在20世纪80年代以来，许多职业妇女在上班时仍喜欢穿着西服套装等无性别化的服装，但与70年代那种"和男子一模一样"的追求不同，她们常常在领口、袖口、纽扣等细节部位略加装饰，以显示自己的女性特点。

和时装一样，发型也有了相当的变化。妇女们逐步摒弃了那些传统的固定发型，而选择一些现代感强、富有个性的发型，以反映出她们日益增强的自信心。当时的一种流行发式，把头发逐层剪削，依头型略略堆起，吹出一些轻柔的波浪，然后梳向颈后，刚刚盖着衣领。这种发式几乎被所有年龄的人士接受。有一种与此相似的发式"洋葱头装"（Onion Cat），特别为青年人喜爱：削剪成层的头发依头型梳向颈后，然后在肩部约略张开，发梢微卷。男士们对发型的考究也在这十年中达到高潮。

1973年秋季中东战争以后，能源危机笼罩了西方世界。对服装保暖御寒功能的强调就成为此时秋冬服装的一大特点：服装变得厚重，长度增加；头上常戴着毡帽或各种针织帽；宽大的外衣内还穿着套头毛衣和针织背心，有时还加一件松身的夹克；下身穿着厚羊毛呢制成的长及小腿中部，甚至到脚踝的半腰裙；外出时再披上一件连帽的松身外套，搭一条披肩巾或围一条长长的厚围巾，然后戴上编织的厚手套或连指手套，脚下蹬一双软帮的"袋式长靴"（Baggy Borts）。这种装束被恰如其分地称为"多层装"（Lavered Look），连最瘦削的少女穿上这身打扮，看上去也有几分独立战争以前的农民模样。能源危机使得服装重又回到强调功能的方向上来。在随后的两年中，乡村气息的"多层装"依然流行，同时也出现一些变化：保暖性能更好的宽脚裤代替了裙子，必不可少的长靴内加上薄羊毛袜，有些人还在裤腿外面再套上毛线织成的护腿，带有鲜艳夺目的秘鲁民间风格花纹护腿。这种打扮在70年代中期寒冷冬季里非常流行。

鸭绒滑雪装在能源危机之后变得普及，成为冬季最常见的日常服装。毛衣已广泛地作为外套穿用。牛仔裤的式样依然保持，但面料已由劳动布扩展到灯芯绒，这也是当时的一种时尚。这些特点至今对世界时装仍有相当深的影响，并奠定了现代服装功能化外貌的基础。

同时，还有一些设计师对过于追求功能化和现代感的服装提出了批评，他们指责那些服装完全没有人情味，例如60年代的"未来主义"服装，简直和手术室里的工作服差不多。这些人追求富于自然气息、充满人情味的风格，于是从70年代开始，又转向从少数民族或各国的民族服装中寻找设计的灵感。1976年推出一款"少数民族装"（Ethnical），它取材于美国印地安人和南美牧羊人的服装：头戴礼帽，上装类似一条饰有流苏的毡子，上面织着典型的民间纹样，毛裤也织上一些彩色的条纹。整套服装鲜艳夺目，具有强烈的民间风格。此外，受日本风格、西班牙风格、印度和中国风格影响的各种服装，在70~80年代里不断涌现，服装设计界出现了向各国民族风格和地方色彩寻求营养的新局面。这种趋向与整个现代设计的步调是一致的。在工业化社会发展初期，人们首先要求得到功能上的满足，对未来的技术发展十分憧憬，这在包括服装在内的现代设计中处处都得到反映，现在工业化十分发达、经济相当丰裕的今天，人们对纯工业化纯技术的设计已不再满足，转而从自然界、从历史和传统中去寻找人情味和个性。

不论是维多利亚风格印花布的女裙，还是仿南美放牧人的服装，以及印第安民族风格的纹样，都可以表明：经过技术高度发展的阶段之后，越来越多的人想要回复到自然中去，追求温馨细腻的人情味。设计师们除了越来越重视采用丝、棉、麻、毛等纯天然纤维织品做面料之外，也越来越多地从少数民族的、从各国各地区的、从历史的角度去寻求服装设计的灵感，这成为现代时装设计中一个重要的潮流。在这方面，我国有传统的、悠久的历史以及众多的民族，可以为我们的设计界提供丰富的营养。国外对此已相当重视，我们自己更应该珍惜，把现代化和历史、流行和传统很好地结合起来。

嬉皮士运动在20世纪70年代已转向沉寂，但仍有一些人数不多的激进的极端派别存在，这在服装设计方面也有所反映。

70年代初一些年轻人留着凌乱不整齐的长发，在服装方面追求闪烁纷杂的效果，时兴用天鹅绒来做面料，但这股风气持续时间不长。

差不多同一时期内，在英国的一些年轻人中流行一种野蛮粗鲁的装束：一些劳工阶层的男青年，一反嬉皮士的披肩发式，把头发剪得非常短；他们穿着素色的汗衫或是色泽晦涩的衬衫，有时套一件无袖的羊毛衫；牛仔裤常用吊带钩住，吊得很高，露出厚重的绑带工作靴。这种装束的小青年常被称为"小平头"（Skinheads）、"靴子少年"（Boots Boys）或"街斗仔"（Bovaer Boys）。在一段时期里，"小平头"被看做是一种挑衅性的不良青年的标志。当然，有些这样打扮的年轻人只是想以此显示他们粗犷豪放的男子气质。

从70年代末开始，在一些较下层的年轻人中又出现了一个类似嬉皮士的集团——"朋克"（Punk）。他们在服式化妆等方面都很极端：将头发染成红色、蓝色、绿色、黑色；脸颊、眼圈涂上闪闪发光的刺眼颜色，把眼睛画成几何形；在衣衫上印些令人惊悚的图形、字样，如"朋克"（Punk）、"龌龊"（Nasty）、"有毒"（Poison）等。"朋克"风格对70年代的服装设计也有所影响（图4-15）。这种对于离奇、变态、怪诞的追求，反映了部分青年精神上的空虚迷惘，这只能是服装中的一股支流，老百姓并不接受。70年代越来越多的人投入体育运动，在"生命在于运动"的口号下，运动服也进入了时装市场。穿运动服可以去运动场、上课、逛市场、进舞厅，易穿脱、易洗涤、行动自如、存放简便，给人以健康乐观的感觉。

图4-15　朋克装束

1979年以后，世界时装变化很大，可以看到一些传统风格新发展：追求体态的苗条端庄，肩部做得很高，强调方肩，下身是较直的筒裙，反映出女装男性化的趋向；夏装则以简练轻巧取胜，表现出婀娜柔媚的女性风韵；还有些设计则向复古方向发展。

可以说，现代服装正朝着更多元化、更重人情味、更强调功能与形式统一的方向发展。

九、1981~1990年，为成功而穿

20世纪80年代是一个回归的年代，一个从动荡、反叛、挑战回归到平稳、保守和安于现状的年代。60年代被叫做"摇曳的60年代"，70年代则是"狂野的70年代"，80年代却回到正规了。这个时候的人们反对嬉皮士和他们的生活方式，可以说，80年代与60~70年代是两个形成鲜明对比的时期，后者从极端的探索改变为现实的态度，人们重新讲究享受，讲究个人事业成功，讲究物质主义，对比前20年的精神至上、意识形态为主导的文化，80年代的确是一个巨大的转折。

在时装方面，80年代穿着讲究无害，讲究不挑战，60~70年代的那些具有挑衅性的东西，好像朋克鸡冠式的发型，现在都被主流时装设计吸引、归顺了，因此也就不再具有反叛的力量了。在主流社会中，女性开始期望新的保守风格，在高级时装舞台上，朋克装的式样居然成为时髦的方式之一。比如在英国，女性们重新追求服装中的浪漫主义氛围，被称为朋克教母的维维安·韦斯特伍特设计的浪漫的"海盗"系列取得巨大的成功，主要就是因为有这样的社会需求基础。流行歌手乔治男孩和普雷斯利穿着欢娱的天鹅绒外衣，衬衫宽松，套装设计充满了幻想感。1981年，戴安娜嫁给英国王子查尔斯，身穿婚纱的她宛若童话中的公主迷倒了千百万观众，女性们无论老少都希望自己能够有实现这样梦想的一天。70年代，美满婚姻被视为小资产阶级的梦想，到80年代却成为事实，可以想象人们是如何的高兴和欢欣。

"多挣钱，猛花钱"，是这个时期好多年轻人的座右铭。赚了就花，花的比赚的还快，消费主义是社会精神的中心。穿衣服是很关键的，因此，80年代的人实在很讲究穿着，他们的穿着主要是为了自己的工作前途。美国第一夫人南希·里根和英国首相撒切尔夫人给女性树立了榜样。

80年代时髦形式是"雅皮"，雅皮士们穿西装打领带，根本不怕人家说他们穿的像父亲一代。对一些品位优雅的人来说，这个变化自然是从70年代随便穿或者称为"恐怖的随意"中解放出来的好现象。雅皮士喜欢单身，即便同居，也不要小孩；喜欢在证券交易所、律师事务所、传媒公司工作。男性的雅皮士穿着象征权力：双排扣的老式西装，主要品牌是阿玛尼、雨果·波斯或者拉尔夫·劳伦，肩部

有很厚的垫肩，好像电视剧《迈阿密警察》中那些男主角穿的一样。穿的人希望人家觉得他表里如一，显示个人品质保守、讲究和有高品位。

电视连续剧的确是这个时候影响时装的主要因素之一，媒体的影响力如此之大，是以往从来没有过的。电视剧《达拉斯》和《世代》是80年代时装和时尚的集中代表，现在要想了解当时的时尚，仅仅把这两套电视剧拿来看看就可以了。《达拉斯》中的角色，比如尔温、波比、帕米拉、苏·艾伦的服装光鲜时髦，电视剧背景的那个叫"南佛可"的大牧场也是诗情画意，体现的主题是"有钱多么好"，但是这个电视剧中的大家族的变迁兴衰却也同时传递了另外一个信息：金钱买不到幸福。德国流行摇滚乐家里奥·莱塞说："金钱只能够舒缓神经而已。"

但是，这种说法并不是80年代那些雅皮士想听的，在他们看来，什么道德的、意识形态的、政治的问题并不存在，冷战正在结束。戈尔巴乔夫的改革、波兰的团结工会、中国的改革开放政策都展示了一个宽松的时代。整个世界的中心是经济扩张，这一代年轻人既没有经历过战争，也没有经历过苦难，连经济衰退在他们看来也仅仅是教科书中的概念，他们没有反对的对象，也没有意识形态的信仰，赤裸裸的实用主义是他们的信条。经济的成功、事业的成功、丰裕的物质生活，是他们追求的目的。

20世纪80年代的时装设计中的一个重大的转折是开始出现转移到东亚的现象，日本时装设计师异军突起，先声夺人，十分令人瞩目。从山本耀司、三宅一生到川久保玲，日本设计师从这个时期开始，进入世界时装设计的主流，由于设计哲学与西方完全不同，因此十分引人注目，广受欢迎。日本的时装设计使西方时装设计界对过去的所有的设计观念进行了重新定义。西方时装设计着重突出人体的轮廓，而日本时装设计却是以包裹的方式再造外形，可以说与西方的传统时装设计完全走不同的极端。有些时装杂志说："如果我们接受日本的这种把人体包裹得好像袋子一样的时装，那么还需要去健身吗？因为在日本时装的包裹之下，无论身材好坏都无所谓了。"

十、1991~2000年，时装的未来

许多人在总结20世纪90年代的时候都说，这十年是80年代的物质主义狂热之后的冷静时期。其实，这十年在某些方面与80年代有不少相似之处，比如正式的时装设计使不少人感到不安全，因此希望找到另类的出来，寻求服装上的异化在这十年中，计算机的发展是令人震惊的，它完全改变了人们的生活方式，虽然消费主义还

是西方的生活中心，但是到了90年代，越来越多的人开始思考生活的意义了。由于经济的日益发展，越来越多的妇女无论在私人生活还是在工作上都取得了独立和地位。

90年代刚刚开始，世界就出现了一系列巨大变化，首先是柏林墙的倒塌和德国的统一，继而是伊拉克入侵科威特和海湾战争爆发，消费急剧下降，市场萎缩，失业剧增，经济陷入危机，情况简直与20年代的那种经济大衰退相似。

人们开始对时装热进行反省，他们发现自己的衣柜太满了，衣服太多了，讲究服装实用、合适成为新的风气。服装是要穿的，不是光拿来看的，这种观念开始被越来越多的人接受。一些很实用的服装在这个时期重新流行，比如颜色鲜艳的夹克装、连裤装、比较窄的裙子、套头装等，都是很普及的服装，不但在整个90年代成为销售的主流，并且也是时装表演的T台上最经常出现的形式。虽然款式随意和舒适的服装大受欢迎，但是作为时装还是需要有所区别，因此设计师采用了比较讲究的甚至是比较稀有的面料来使时装看起来不一般，在做工上也更加讲究。当然，如果从远处看根本看不出区别，高贵和通俗的区别仅仅在于细节，而不在大处，是这个时期服装的一个突出特点。

这个时期的时尚是从建筑家密斯·凡·德罗的"少则多"的设计哲学中演变出来的，整个90年代的时装趋向使用比较自然的色彩，特别是在时装消费的大国美国如是。当然，在一些色彩丰富的地区，比如意大利和西班牙，情况就不尽如此。

服装设计好像音乐，人们从过去的阴影中找寻教训和灵感，20世纪60年代和70年代的鬼影实在使当代的设计师颤抖，那些时代实在太动荡了、太狂暴了，新的时期需要的是稳定感。但是，还是有些90年代的设计师企图从这些时期的设计中寻找灵感，比如，有少数的喇叭裤出现；60年代的普拉达几何形式的服装和普奇的迷幻剂装也有人穿，但是所有这些都没有能够成为潮流，仅仅是锦上添花的点缀而已，毕竟人已经不同了，时代不同了，对于那些急风暴雨似的新潮探索，社会的包容度越来越低。

快餐文化席卷世界，从吃饭到穿衣服，从娱乐到阅读，从旅游到交友，能快就快，方便就好。美国式的快餐随处可见，对许多青少年来说，"麦当劳"是饮食的代名词。

美国时装设计师在这个时期依托娴熟的全球市场运作取得极大成功，一系列设计师，比如拉尔夫·劳伦、卡尔文·克莱恩不但是美国人喜欢的设计师，也是欧洲妇女喜欢的设计师，他们的设计取得全球性的成功，顺应时代的趋势，加上成功的市场营销政策，是他们成就的主要原因。拉尔夫·劳伦的设计具有不受时间影响的中性特点，为中产阶级妇女设计，有些乡村家庭气息，很受欢迎，其实与夏奈尔和赫米斯的产品有些相似之处，劳伦讲究自己品牌的树立，讲究品牌的权威性，而服装又自由舒适，难怪人们都喜欢它。而克莱恩则是一个非常突出的市场营销专家，他推出的设计是穿着自由、舒适而又青春和有品位，针对年轻人的市场，市场定位非常准确，在这个市场中他有很大的占有率。唐娜·卡兰比较注重欧洲市场，使用比较纯度高的色彩系列，而在设计上更多考虑到欧洲人的习惯，加上美国的市场营销手段，也是非常成功的。美国服装设计注重所谓的"无时间限制"性格，服装不会由于过于讲究某种风格打上时间的烙印，而容易成为过期的设计，这是美国服装与法国服装最大的区别。

1999年末，人们欢欣地庆祝千禧年的来临，世界各地都有狂欢和庆祝，到处是一片欣欣向荣的喜庆。只有在服装方面缺乏千禧年的那种欢乐气氛，人们并没有因为千禧年就穿新的服装，女性们还是喜欢随意和舒适的极减主义装束，并没有多大的改观。不过色彩上倒是有些时代的特点，1999年喜欢粉红色，那种刺眼的粉红色代表人们还是对未来有所期待的。男性更加具有探索精神，愿意穿更加不具传统形式的服装，男性服装在世纪之末变得越来越具有争议，越来越具有探索的特点，也比较不墨守成规了。

安全、个人自由、毫无拘束是新纪元人们对时装的诉求。体育型服装之能够大行其道，原因主要在这里。形式上走运动休闲的方向，材料上更加注重高科技的舒适和安全，是新时装的主流。服装的安全性从来没有像这个时代那样受重视，设计师让·查尔斯·德·卡斯特尔巴加斯在1999年推出的1999/2000系列就叫"危急状态"，包括绗线的夹克装，好像滑雪装一样安全和保暖，而帽子就好像联合国安全部队的帽子一样，设计诉求非常明确。

第五章　服装设计与服装评论

第一节　设计与服装设计

一、设计

（一）设计的概念

　　设计一词有两种概念，根据词典*WEBSTER*的解释，作为动词可以理解为：在头脑中想象、计划；打算、企图；就特别的机能提出设想和方案；为达到既定的目的而创造、计划或计算；用符号、记号来表示；对物体或景色进行速写或写生；对部件的形、配置和构造进行计划。作为名词可以理解为：针对目的，在头脑中描绘出来的计划或蓝图；事先画出来的，将要被实际制作的物体的草图或模型；关于文学、剧本构成要素配列的概念型轮廓或略图；音乐作品的构成骨架；基于艺术性的动机，意义上的线，对部分、外形和细部的视觉性整理和配置；纸型、模型、图案、装饰。

　　与中文的"设计"一词相对应的英文词汇是Design，这个词源于拉丁语；我国的"设计"转译于日本语；日语中的"设计"有"意匠"、"图案"、"计划"等含义。日本服装专家村田金兵卫认为："设计既计划和设想实用的、美的造型，并把其可视性地表现出来，换句话讲，实用的、美的造型计划的可视性表示即设计。"川添登在《什么是设计》一文中指出："所谓设计，是指从选择材料到整个制作过程，以及作品完成和使用之前，根据预先的考虑而进行的表达意图的行为。反过来讲，只有人类心像的物质性或实体性的实现才能称为设计。"英国的布尔斯·阿查对设计下的定义是："有目的地解决问题的行为。"

（二）设计的种类

　　设计大致可以分为视觉传达设计、产品设计、空间环境设计、综合设计四大类（图5-1）。随着时代的进步与变迁，设计的分类方法也发生变化，各门类的视点不同，其分类的侧重点也不尽一致。

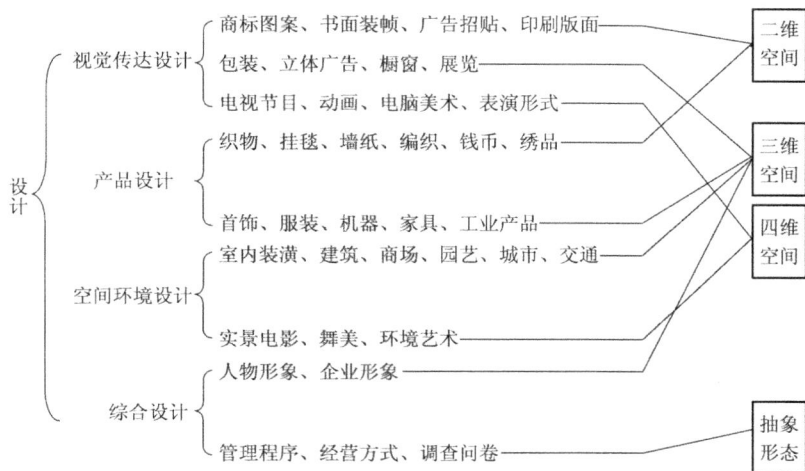

图5-1 的树状分类图：

设计
- 视觉传达设计
  - 商标图案、书面装帧、广告招贴、印刷版面 —— 二维空间
  - 包装、立体广告、橱窗、展览
  - 电视节目、动画、电脑美术、表演形式
- 产品设计
  - 织物、挂毯、墙纸、编织、钱币、绣品 —— 三维空间
  - 首饰、服装、机器、家具、工业产品
- 空间环境设计
  - 室内装潢、建筑、商场、园艺、城市、交通 —— 四维空间
  - 实景电影、舞美、环境艺术
- 综合设计
  - 人物形象、企业形象
  - 管理程序、经营方式、调查问卷 —— 抽象形态

图5-1　设计的种类

由此看出，服装设计属于产品设计的一个分支，是三维空间的设计。

（三）设计进程中的三个重点阶段

1.装饰设计阶段

人们常常将第三次社会大分工以前的设计称为装饰设计。服装真正以其独特的社会文化形态出现，应该说是在自然经济社会的手工艺时代初期。这个时期的服装不仅仅是作为遮身护体这一最基本的需要而存在，而且更多的成为社会等级、权势的象征。

2.生产设计阶段

从18世纪60年代的第一次产业革命开始（19世纪中叶第二次产业革命，19世纪末叶第三次产业革命）到20世纪30年代习惯上称为设计中的第二阶段，德国的包豪斯对设计的影响最为深远。

工业时代的到来，服装开始由贵族阶层及各种沙龙走向街头面向大众，并以前所未有的速度扩展开来，在社会的文化和艺术之间寻找到了一条独具特色的发展道路。由于交通、科技和信息网络的日趋完善，各种纤维材料及纺织、缝纫机械的出现，服装的社会功能发生了根本的变化，服装对于人体的保护和防御已退主而居次。

3. 生活设计阶段

从20世纪中叶以来，社会发展非常迅速，高新技术的崛起，文化艺术思潮空前活跃，这是第三设计阶段，多元化统一。同时，多种不同的社会分工对服装提出了新的服用需求，服装的造型和功能随着社会分工的具体化而步入更为广阔的领域。

二、服装设计

（一）服装设计的概念

服装设计作为一门综合性的交叉学科，是在一定的社会、文化、科技环境中，依据人们的审美需求和物质需求，运用特定的思维形式、审美原理和设计方法，先将设计构想以绘画为手段清晰、准确地表现出来，后选择相应的素材，通过科学的剪裁方法和缝制工艺，使其设计完美地实物化。这样的一个整体的系统工业化运作程序，体现着设计师和企业的综合素质和整体水准。与其他艺术设计学科不同的是，服装设计是为各种不同的人进行包装设计，人的外在生理因素和内在心理因素直接制约着服装的造型特征。服装设计是艺术与科技、物质与文化的综合体现，既是从物质到精神的升华，又是从精神到物质的转化。从企业的角度来讲，服装设计是生产的第一个环节，同时又是贯穿于服装生产过程的最重要的环节，随着现代企业的发展，服装设计已成为企业的灵魂。因此，服装设计师既要有艺术设计的综合素质和实力，又要有较强的科技意识、市场观念、决策能力和应变能力。

（二）服装设计的构成要素

服装是一种综合艺术，体现了材质、款式、色彩、结构和制作工艺等多方面结合的整体美。从设计的角度讲，款式、色彩、面料是服装设计过程中必须考虑的几项重要因素，又称为服装设计的三大要素。

1. 款式

所谓款式即服装的内、外部造型样式。这里的款式是指从造型设计所呈现出构成服装的形式，是服装造型设计的主要内容。服装款式首先与人体结构的外形特点、活动功能及其形态有关，又受到穿着对象与时间、地点、条件诸多因素的制约。款式设计要点包括外轮廓结构设计、内部线条组织和部件设计几方面。外轮廓决定服装造型的主要特征，按其外形特征可以概括为字母型、几何型、物态型几大类。当确定服装外形时应注意其比例、大小、体积等的关系，力求服装的整体造型优美和谐，富有形象性。服装上的线条不但本身要有美感，而且款式设计分布排列要合理、协调，有助于形成或优雅、或潇洒、或活泼、或成熟的服装风格。服装部件是构成服装款式的重要内容，一般包括领型、袖子、口袋、纽扣及其他附件。进行零部件设计时，应注意布局的合理性，既要符合结构原理，又要符合美学原理，以此加强服装的装饰性与功能性，完善服装的艺术格调。

2.色彩

服装的色彩给人以强烈的感觉。皮尔·卡丹说："我创作时，最注重色彩，因为色彩很远就能被人看到，其次才是式样。"织物材料色彩缤纷，不同色彩搭配会带给人不同的视觉和心理感受，从而使人产生不同的联想和美感。色彩具有强烈的性格特征，具有表达各种感情的作用，经过设计的不同配色能表现不同的情调。如晚礼服使用纯白色表示纯洁高雅，使用红色表示热情华丽。设计一套服装或一系列服装时，要根据穿用场合、风俗习惯、季节、配色规律等合理用色，选用什么色彩、什么色调、几种色彩搭配，都要经过反复推敲和比较，力求体现服装的设计内涵，从而达到不同的设计目的，体现不同的设计要求。服装纹样也是服装中色彩变化非常丰富的一部分。服装纹样是指图案在服装上的体现形式，服装上的纹样按工艺分类可分为印染纹样、刺绣纹样、镶拼纹样等；按素材可分为动物纹样、花卉纹样、人物纹样等；按构成形式又可分为单独纹样和连续纹样等；此外，还有按构成空间分类的平面纹样和立体纹样。不同的纹样在服装上有不同的表现形式，是服装上活跃醒目的色彩表现形式之一。在后面的服装设计与服饰图案一部分内容中会涉及不同图案在服装上的应用，在此暂不评述。

3.面料

面料是服装最表层的材料。服装面料是服装设计中最起码的物质基础，任何服装都是通过对面料的选用、裁剪、制作等工艺处理，达到穿着、展示的目的。因此，没有服装面料，就无法体现款式的结构与特色，也无法表现色彩的运用和搭配，更无法反映功能的好坏与完成以及穿着的效果。也就是说，没有服装面料，就无法实现服装的穿着。服装面料的种类、结构、性能等，影响着服装的发展。现代服装对面料的质量尤其是外观要求越来越讲究。服装造型设计，不但要因材制宜，合理运用面料的悬垂性、柔软性、保型性等特点，同时要研究织物表面所呈现的种种肌理效果与美感，使服装的实用性与审美性相结合，提升服装的品质。

（三）服装设计的类型

作为一种社会文化形态和现代艺术设计的重要组成部分，服装设计是精神与物质、审美与实用有机结合的产物，它对创造良好的生活方式、提高人们的生活品质起着重要的促进作用。我们一般将服装设计分为两大类，即成衣（即以实用性为主导的服装）设计和高级时装（即以创意性为主导的服装）设计。

1.成衣设计

成衣设计一般是指市场上出售的适合某一个社会消费层的生活用装或专门为某些机构和团体设计的服装。成衣设计的服用对象常常是某一个阶层的一部分人，这就需要从地区、职业、性别、年龄等方面入手，划分出不同的消费层，在把握国际流行趋势的基础上，深入地进行市场调研，详细地了解消费者的服用特性、审美心理，以及对于服装的款式、色彩、面料的实际要求，并且从消费者的多种需求中找出相对统一的、带有共性的要素，以此作为设计的重要依据。同时，注重其服用功能的合理性和科学性。值得提出的是，随着生活方式的多样化和市场的细分化，成衣的批量越来越小，适应性也越来越强。另外，在消费者的体形特征上，首先要以国家统一的标准号型来选择相应的体形规格，同时，应善于在此基础上根据本地区消费层的体形规格特征加以适度调整。在设计中还应考虑到实施设计的工艺流程的规范性和可操作性，以求在批量生产中降低成本，节约人力物力，提高经济效益。

2.高级时装设计

高级时装设计不同于成衣设计。其主要区别在于成衣的对象是某一个阶层的人，而高级时装的设计其对象往往是某一个具体的人，由于对象的不同，其设计方法和要求也不尽相同。在高级时装设计之前，需要对设计对象的各个方面的情况和影响服装造型的因素有较为全面的了解，诸如家庭环境、社会阅历、文化素质、社会地位、审美情趣、职业特点、体形特征、性格嗜好、经济收入等，以便在设计中满足设计对象的个性需求。

此外，在具体的服装制作过程中，要善于通过有创造性的工艺处理手段来强化设计的艺术效果，如材料的合理搭配、板型的科学程度、工艺的处理技巧、装饰的艺术手段等。实践证明，只有将服装的各种造型因素有序地、科学地、有机地结合起来，才能充分体现其设计的完美性。从这个角度来看，在高级时装设计中，设计师有较为自由地展示才华的空间。因此，设计的成功与否常常取决于设计师自身的艺术品位、综合素质、艺术体验以及巧妙地利用和把握各种造型要素的能力。

（四）服装设计的研究范畴

各个时期的服装理论家对于服装设计研究的范畴并没有形成共识。这种状况的出现一方面反映了不同文化背景下的服装设计理论在其基本理论观点和研究方法上的差异；另一方面也反映了服装设计这门学科有着极强的时效性，可变的因素很多，从这个角度看，其间的诸多造型要素还处于不断完善和发展的阶段，它所研究和涉及的诸学科之间的内在联系还没有充分揭示出来。尽管如此，服装设计的研究范畴已超越了那种直观造型性和单一功能性的研究，而被纳入并成为现代社会的文化体系和艺术设计体系的重要组成部分，从一个全新的、全方位的宏观视角进行深入认识和探讨。

服装设计是一门综合性的、集科学技术与造型艺术于一体的多种学科交融的边缘学科。由于服装设计的这种多元性、交融性和模糊性的特征，它直接和间接地涉及人类学、社会学、宗教学、历史学、哲学、科学、美学、经济学、设计学、心理学、材料学、工艺学、市场学、营销学等学科。

1.服装的性质

从服装设计的社会意向和社会功能的角度来讲，需要研究的内容有以下几点：

（1）地域性：地球上分布有热带、寒带、亚热带等，不同的地理位置和自然气候决定着服装的整体风貌，从而各自有着不同的服装造型特征和结构特征。

（2）季节性：四季气候的温差明显的地带，其服装的造型变化较大，反之服装的造型变化较小。

（3）社会制度：社会制度的差异直接影响着服装的运行机制和流通方式。

（4）意识形态：社会的物质存在决定着人们的意识形态，而人们的意识形态又常常左右着服装的主体审美倾向。

（5）传统观念：传统观念制约着服装的发展取向和审美意向。如西方服装文化是外向型的，注重其造型的美；而东方服装文化是内向型的，注重其内涵和装饰的美。

（6）民族风尚：服装的造型风格和特色直接受到民族风尚的制约，是民族文化和民族风情的一种直接反映。

（7）宗教信仰：宗教信仰是影响服装发展的因素之一，并左右着某些特定时期的服装风貌。

（8）生活方式：不同的生活方式有着不同的服装价值取向。如西方人在服装上强化自我表现；而东方人在服装上则追求自我调节。

（9）着装环境：服装是处在一定文化环境之内的，文化环境一旦改变了，服装也会随之而改变。同时，服装与文化环境之间应是一种相依共融的有机整体。

2.服装的自我意向和审美特性

从服装的自我意向和审美特性的角度来讲，需要研究的内容是：

（1）职业特点：着装者的职业不同，对于服装的理解和审美也不尽相同。在职业服装中，充分体现着各种不同职业的人对其服装需求的个性特征。

（2）性格特征：由于性格的差异而在着装上所表现出来的倾向性是显而易见的，如性格外向者常常关注于一些造型新颖、色彩艳丽的服装；而性格内向者则往往喜欢那些造型雅致、色彩含蓄的服装。

（3）艺术素养：良好的艺术素养是体验服装的构成形式美感的前提条件。

（4）生活状态：生活经历和生活状态不同，对于服装的理解和认识有着一定的差异。如大都市的人们以求新求变为主导，而边远地区的人们则以模仿从众为主导。

（5）审美情趣：审美情趣的多种多样，导致了服装造型的丰富多彩。

（6）偏爱嗜好：人们对于服装的各种偏爱和嗜好使服装产生了多种艺术风格。

3.人体特征和服装的整体造型

从人体特征和服装整体造型的角度来讲，需要研究的内容是：

（1）人体特征：服装设计最基本的功能是对各种人体进行包装，因此，人体的整体形态和局部结构对于服装造型有着一定的影响。就人体的整体形态来看，有男人体、女人体、老年人体、童体等；就局部结构来看，有头部、颈部、肩部、胸部、腰部、臀部、四肢等。

（2）运动规律：人体无时无刻不处于运动状态，了解人体各个部位的运动规律以及这种运动与服装造型之间的关系是非常必要的。

（3）款式构成：服装的外部廓型和内部线条分割的差异构成了千变万化的款式特征。服装款式的构成是服装设计的前提，它直接影响着服装的整体特征。

（4）色彩配置：色彩是服装造型的主体要素之一，色彩的搭配是服装造型的第一感觉，它集中体现了服装的整体艺术气氛。

（5）材料搭配：服装的面料、辅料和附件的合理使用与搭配是体现服装造型的直观因素。

（6）样板设计：规范的、标准的服装样板是服装设计成型的重要基础。

（7）工艺流程：科学的、合理的工艺流程体现着服装设计的经济价值和市场效应。

（8）整形定型：服装的整形和定型是服装设计的最后工序，也是服装造型最终效果的体现。

4.服装的类别和实际消费

从服装的类别和实际消费的角度来讲，需要研究某些个性化的服装，诸如区域性服装、民族性服装、艺术性服装、社交性服装、前卫性服装、趣味性服装等；研究某一消费群体的功能性服装，诸如各种成衣、便服、制服、运动服、劳动保护服等。

综上所述，服装设计的研究范畴是多层面、多角度、多方位的系统工程，体现其多学科之间的交叉性、综合性。只有认识到这一点，我们对于服装设计才能有较为全面深入的整体把握和理解。

第二节　服装设计的文化内涵

一、服装设计与社会文化

（一）服装设计与历史

纵观人类文化的发展历程，不难看出，服装文化是人类创造自身和历史的一项重要活动，它既是一种最原始的社会文化形态，又是一种崭新的时代文化形态。说它原始，是指在人类社会的初级阶段，衣生活是人类最早的文化形态之一，随着历史长河的延伸才逐渐分流出众多的文化支系；说它崭新，是指服装文化是时代的象征，它直接地反映着每一个历史时期的物质文明和精神文明的程度，体现着社会的进步和人类创造性的本质力量。

人类服装的历史如同人类文化的历史一样久远，经历了一个曲折而漫长的演变和发展过程。概括地讲，早期的服装是沿着两条主线来进化的，一条是以上层社会宫廷服装为代表的，其主要特征是显示着装者的官阶、尊严和权贵；另一条是以下层社会的民间服装为代表的，其主要特征是以抵御寒暑为主要目的。这两类服装在很长一段时间内都是按照各自的模式进行延续的，而且，这种延续常常是经由手工艺人和个体作坊来完成的。

（二）服装设计与环境

地域环境和自然环境从很大程度上影响着服装的造型特征。撒哈拉大沙漠地带的人们终年穿着长袍和宽松肥大的长裤，身披大的披肩，头上包着大的围巾，这种服饰既可防风沙（当风沙来临时，先卧于地面，后用宽大的长袍将全身包裹起来），又有抗热强、散热快、宽敞清凉的功能。而江南一带的农人身上的蓑衣和斗笠既可防晒又可防雨。这些来自生活的、毫无矫饰的衣饰行为，在漫长的生活实践中不断地顺应新的自然环境和外在条件去变化、去发展，从而构成了服装社会文化的质朴的风貌。

（三）服装设计与文化艺术

在各个历史时期中，服装的文化观念均渗透于社会文化的各个领域。可以说，服装是社会的一面镜子，它浓缩了人类的社会文化观和民族文化风貌，社会的诸多文化形式，诸如建筑、绘画、雕塑、文学、戏剧、电影、舞蹈等，都会间接地通过服装而表现出来。就某一个历史时期来讲，社会、经济、科技、文化、艺术越发达，服装也就越兴盛。以唐代为例，唐代是我国封建社会文化和艺术发展的鼎盛时期，可谓气魄恢宏。这一时期，中外文化交流空前活跃，诗、书、画、音乐等都取得了辉煌的成就，不同风格的艺术形式争奇斗艳，服装文化也随之华丽而开放。唐代服装从初唐至盛唐，其风格经历由窄紧到宽松的演变过程。周澄的《逢邻女》中有"慢束裙腰半露胸"的描写，沈亚之也有"差重锦之华衣，俟终歌而薄祖"的表达，可见当时服装审美观念的开放程度。唐代的服装和服饰一方面受到社会文化的影响；另一方面也受到佛教艺术的影响，人们华美的穿着和装扮都寓意了幸福和吉祥，寄托着人们对于美好生活的向往和憧憬。再如明清时期，随着明清社会文化思潮的变革，在文化和审美倾向上崇尚"自然之为美"，在情感上追求情真、情深、情至，反对"中和之为美"。与此相应，服装造型也一改唐代的雍容华丽的风格，服装和服饰中的一些繁文缛节被弃之不用了，其造型简洁而素雅，服装与服饰配置和谐统一，呈现出一种清新自然的风貌。

当然，在每一个历史时期，无论社会文化如何变迁和发展，都有一些限制和阻碍服装变化的因素在起作用，而另外一些因素却在刺激和加速这种变化，服装的发展和变化就取决于这两种力量作用之间的平衡。

（四）服装设计与传统习俗

传统文化和民族习俗在某种程度上阻碍了服装的发展，对传统文化和民族习俗的尊崇使得人们固守在一定的审美规范和审美模式之中。如日本的和服、印度的莎丽、中国的旗袍及各少数民族的服装等，人们对于这些显示民族精神的服装至今仍依恋不舍。另外，如结婚礼服、法官的法衣、教主的教衣等各种特定礼仪的服装也保持了最初的造型特征。

此外，越是社会经济、科学技术相对落后的地区和民族，其服装文化和审美观念也就越远离国际潮流，服装的造型和穿着方式也很少被现代文明所同化，更多的保留其地域文化特征和民族常规模式。如非洲服装文化、印第安服装文化、吉卜赛服装文化等，都体现了他们对传统服装执著的追求和对民族服装寓意的深入理解。同时，人们由于长期处于同一种文化氛围中，穿着方式也自然地受制于传统文化。

（五）服装设计与社会思潮

服装作为一种社会文化现象，特别是在现代服装设计中，不断受到社会的新思潮、新文化运动、新观念及新流派的冲击，从而使服装的传统意识和原有的社会功能不断地增添新的内涵。服装发达国家的经验告诉我们：只有在社会的经济基础、物质文化需求与生产力相对应时，其服装的社会价值才能充分体现出来。显而易见，由于社会物质文明和精神文明程度的提高，人们的服装文化产生了新的转机，因此，服装设计观念的更新与消费观念的变化如出一辙，共同被纳入到整个文化价值观念的变革之中了。正如法国经济学家杰·波德里亚所说的那样："在现代社会中，消费已不仅仅停留在单纯的购买意义上，它已经逐渐地成为一种社会文化象征，这种象征的意义在于人们在消费的过程中对于商品的选择，从档次到款式色彩，无不体现出他的文化修养、审美情趣乃至社会地位。"

当代社会文化的多元化和生活方式的个性化给服装的发展带来了新的契机，同时，也为服装设计的多样化和个性化提供了前提条件。人们开始习惯于依照自身的实际需求，凭借自我的审美眼光去选择服装，在消费心理上更多地由被动变为主动。讲究服装的造型、面料和色彩配置，注重服装的质量和个性风格，已成为人们的主要消费趋向。并且，人们也越来越多地以不同的方式参与服装的设计活动，对于设计师提供给他们的相对一致的服装模式不再感到满足，而常常是依照各自的理解和审美将其赋予一种新的面貌，这在客观上推动了服装文化的进步，进而维系了现代服装设计在整体和宏观上的繁荣。

回归自然和生态学热是国际服装文化思潮之一。环境污染和自然生态的失衡，重新唤起了处于现代社会激烈竞争和喧嚣中的精神高度紧张的人们对大自然的眷恋和环保意识，人们在心灵深处渴望得到一种安慰和宁静，在情感需求上企盼留有一片温馨的绿洲。于是在服装设计的审美上，设计师通过对自然物态的巧妙地重新组合和塑造来表达内心的无限真情。著名服装设计师伊夫·圣·洛朗在谈到人与自然的关系时曾经说过："人们谈论身体的宁静，同样也可以谈论服装的宁静，当服装与身体融为一体而不再成为一种负担时，那便是服装的宁静。"这种境界正是通过自然素材和造型的艺术处理来体现的。着装效果呈现出当代社会文化和审美的温馨情怀，使我们领悟到"服装的宁静"这一深刻的哲学理念。

从传统文化的形式法则与现代艺术的形式美感的关系来讲，我们不得不认为它们之间是互补而发展的，没有传统文化也就无所谓现代艺术。传统文化的那种至真、至善、至美的情感令现代的人们所向往。传统艺术创作过程及其最初的思维机制对于现代艺术形式的创作有着直接的引导意义。在创作的思维形式上，传统艺术中的若干美学要旨与现代艺术的美学规律如出一辙。我们看到，最具独创性的设计师，他们往往善于从传统文化与现代艺术的交融之中，通过自身的认识和理解寻求其特有的艺术语言和表现手法。

吸收优秀的民族民间艺术的精华，是现代服装设计的又一新的思潮，诸如非洲文化、俄罗斯文化、西班牙文化、印第安文化等。其中非洲各部族文化、民俗、图腾等已成为现代服装设计师所热衷的设计主题：其宽松、缠绕的服装式样，强烈而醒目的色彩配置，独特的天然纤维织物及夸张的图案构成，粗犷、豪放的装饰风格，等等，都引起设计师的极大的兴趣。

（六）服装设计与社会文化的关系

由于现代社会文化的空前发展和服装设计新思潮的影响，今天的服装文化更加绚烂多彩，服装设计的风格也日趋纯真与自然。显而易见，现代服装设计已不再一味追求奢华和炫耀，取而代之的是讲究实用、贴近生活。同时，随着现代服装文化的深化，世界各民族文化之间均在不断吸取彼此的精华，以充实和丰富自己的文化体系。令我们振奋的是，在当代的国际服装界正在掀起的东方文化热潮愈演愈烈，以中华民族文化为代表的东方文化备受关注。这种文化景观的产生其原因大致有两个方面：其一，当西方服装文化在经历了一个多世纪的领先的地位之后，已逐渐呈现出停滞状态和亟待调整状态。20世纪初期和中期的一些著名的服装设计师、服装理论家、美学家和教育家共同建立的以西方为代表的服装文化体系已达到相当的高度，于是，他们开始用一种新的姿态和眼光重新认识和领悟东方文化的内涵，以寻找一种新的服装文化发展动力和服装设计语言。其二，由于新世纪的到来和社会文化的发展，许多服装设计师和服装理论家在东方文化中看到了他们寻求已久的、同时又是西方文化中所缺少的东西，因此，他们纷纷将视角转向东方文化，特别是中华民族的优秀文化。于是，东方服装文化中的诸多因素，如服装造型、构成形式、表现手法、装饰手段等均成为世界所关注的热点。这对于进行东西方服装文化之间的实质性的交流、提高我们的服装文化与服装设计的水平以及建立新世纪的服装文化体系是一个极好的开端。

二、服装设计的审美特征

人类对于服装的审美意识是伴随着社会生产实践有了较为充分的发展之后才逐渐形成的。众所周知，在人类生存的过程中，无论是对于自然界还是对于其他任何事物都存在着一些普遍的关系，有的是直接利用的关系，有的是间接使用的关系，有的是欣赏和审美的关系，有的是被欣赏和被审美的关系。

（一）服装设计的特殊性

服装设计作为艺术设计的一个方向，有着自身的设计规律和艺术语言。它是以人作为造型的对象、以物质材料作为主要表现手段的艺术形式。在设计的过程中，设计师借助于丰富的想象力和创造性思维活动，以其独特的构想，通过具体的和个别的形式，表达出一般的和典型的内容，体现其思维的极为宽泛的、多种多样的可能性。服装设计从这个角度来看，不仅与传统的艺术形式没有什么不同，同时也与其他艺术设计没有什么不同。设计师通过服装的造型来抒发内在的情感和审美感受，不仅仅是反映人体的美，更重要的是创造人体的美。

然而，服装设计就其本质的功能来看，它既不同于文学艺术形式，也不同于绘画艺术形式。正因为它是以具体的人作为设计对象的，所以，服装的款式、色彩及面料的艺术处理都应从属于具体的人的实际需要，这是服装设计区别于其他艺术形式的实质所在。设计师应善于在服装的审美高度和技术质量上做文章，从服装的功能中发现和创造美的形式，寻求服装设计的审美和实用之间的内在统一性和协调性。"衣必常暖然后求丽"虽为传统的设计观，但它却是服装设计的永恒的准则。同时，服装既是视觉性的，又是感觉性的，它存在于一定的环境中和一定的时间内，是具有时空性的艺术形式，它在特定的社会文化氛围中形成产品而导入市场。在构成服装的整体美感的过程中，服装的造型固然是主要因素，但是，只有当造型和着装者的形体、气质相协调时，服装设计的审美价值才可能完整地体现出来。可以这样说，服装设计美感的最终体现应该是由设计师和着装者共同创造而完成的。我们经常有这样的体验：一套优秀的设计作品，假如由一个外在形体和内在气质欠佳的人穿着，往往产生不了应有的美感；相反，一个外在形体和内在气质俱佳的人则能给一套平淡无奇的服装增添色彩。这也正如有关专家所指出的那样，仅仅是服装设计的美是不够的，只有经过着装者的再创造，使两者高度协调、整体统一时，才是服装设计所追求的最高境界。简而言之，服装设计的美是以突出和强化人的形体特征和个性特征为主要目的，设计师正是通过这种艺术设计手段，既表达了自身的思想情感，又再现了时代的文化和精神风貌。

（二）服装设计的综合性

服装设计能够创造性地任意表达人体美，并不是仅有设计师的设计就能够完成的，同时还需要通过诸如量体、制板、剪裁、缝制及相应的各个环节的有机结合来实现的。从这角度上来讲，它很像电影艺术的创造过程，剧作家的剧本需要通过导演、摄影师、音乐师、灯光师以及后期剪辑制作等一系列的工序的配合才能完成。假如说剧本是一流的，而导演、演员等却是二三流的，那么势必会影响作品的艺术水准。服装设计也是这个道理，一套高档的服装设计，其中面料选择的适新性、量体尺寸的准确性、样板制定的科学性、工艺制作的合理性、服饰配件的协调性等，都会影响到服装的整体艺术效果的充分体现。因此，在服装设计的成型过程中，各个工序之间应该是一种环环相扣、相辅相成的密切关系。当然，这其中需要掌握一个艺术上的分寸感和"度"（指适度、恰到好处）的问题。设计实践告诉我们：一套服装设计其艺术格调的高低，在很大程度上取决于设计师如何把握服装设计和服装成型的各个工序的分寸感，取决于如何掌握整体造型与各个工序之间的"度"上。显而易见，服装设计是一门综合性极强的艺术设计门类，需要各个工序之间的相互衔接和相互配合，缺一不可。从这个意义上讲，服装设计师和服装工艺师之间应该是一种密切合作的关系，以求设计与工艺的和谐统一。

正因为服装设计是一项综合性的、时效性的学科，所以需要设计师具备综合性知识结构，具备较强的合作和协调能力。从设计实践中我们可以体会到，要使自己的作品产生良好的市场效应，离不开通达的社会渠道和相关网络，如设计的信息、材料的来源、工艺的改良、作品的宣传、市场的促销等，都需要有关方面的默契协作和有序的组合。由此可见，设计师的综合素质和能力是提高现代服装设计水准的重要因素。

在西方的一些高级时装设计店中，每一位著名的设计师后面都会有一批相对固定的、与之配合默契的制板师和工艺制作师，他们在与设计师多年的密切合作中，每每能够准确无误地理解和把握设计师的设计意图，从而充分而完美地体现出设计的最佳艺术效果。这正是一名服装设计师取得成功而立于不败之地的重要因素之一。当然作为设计师本身，首先应该考虑的是服装的艺术性及其表现力，其次才是服装的成型，很好地制作一套服装并不等于能成功地设计服装。

（三）服装设计的民族性

时代的发展不断地给服装设计提出新的要求，人们生活品位的提高不断地向服装设计师提出新的挑战，迫使服装设计师探索相应的表现手法和表现形式，以便再现时代的精神面貌和引导服装消费市场。从这个意义上讲，时间的推移，文化艺术、科学技术的进步，人们情感和审美观念的深化，是服装设计语言逐渐深入的主体要素，需要设计师不断地有相应的设计题材出现。诚然，艺术设计中的题材往往会重复再现的，但是每一次再现，设计师都会赋予这些题材一些新的元素，提出新的问题。

越是民族的，就越是世界的，这是不变的辩证美学思想。民族艺术具有独特的风格，丰富着世界文化宝库，民族艺术作为设计的元素而幻化出各种新颖的现代服装设计作品。森英慧将东方的幻想与西方的奔放融为一体；巴伦夏加的设计将法国的高贵优雅与西班牙的浪漫自信完美地结合起来。可见，民族文化和艺术既有继承性，也有演变性，这种演变性是受社会文化思潮和人们审美意识所制约的，也是受国际文化思潮和流行趋势所左右的。因此，现代服装设计中的民族性其根本要求应该是更深刻地反映其民族文化的精髓，表达人们心底的真实情感和愿望，体现时代脉搏的跳动。当然，民族文化和民族服装造型本身也混合着高雅和低俗、严肃和诙谐、活泼和呆板的冲突，设计师在继承和发展传统文化的同时，不可抱残守缺，而要去其糟粕，取其精华；不应模仿现实，而应创造现实。可以肯定地讲，我们今天的服装设计追寻的原则是：既不可生搬硬套地复古和怀有狭隘的民族主义思想，也不能盲目效仿西方和采取毫无选择的拿来主义。而应以传统文化为根基，继承民族服饰艺术中的合乎现代生活需要的相关因素，将民族风格与时代精神有机地融为一体，用新的内容突破原有的形式，丰富和弘扬民族服饰文化的内涵。

（四）服装设计的材料美

在服装设计成型的过程中，材料起到一种决定性的作用，对于材料的认识和把握是设计师的直觉使然。一般来讲，在设计时我们可能遇到两种情况：一种是面料在先，根据现有的面料进行针对性的构思设计；另一种是设计先行，根据设计构想去选择相应的面料。但是，无论是哪一种情况，设计师对于面料的外观肌理、物理性能、可塑性等因素的深入理解都是至关重要的。

现代科学技术的进步和新型纺织材料的开发，是服装设计领域内的一个重要因素，推动着服装设计表达手段的不断更新。特别是近期以来，科学与艺术的互动已成为服装设计的重要研究课题，设计的着眼点由单纯的服装款式结构、色彩配置等逐渐向设计理念和材料的性能转变。作为服装设计师，不仅要关注于服装的直接造型因素的研究，也应注重于服装的间接造型因素的探讨，社会文化的深化，科学技术的进步，从根本上改变服装设计的造型语言，同时也为服装设计提供了无限发展的可能性。

设计实践告诉我们，当代的服装设计单纯从款式结构上进行突破已显得力不从心了，于是，设计师们将更多的精力投入到对于新纤维材料的开发和拓展方面来。在这种倾向的影响下，服装舞台上出现了多种造型风格的、多姿多彩的服装，相继伴随着流行传播而遍及服装市场之中。

1.对现代新型材料的开发

通过对于新型纺织材料的物理性能、肌理效应及悬垂感、可塑性等因素的研究，将材料的个性特征与服装的款式结构有机地融为一体，并且在服装成型的过程中采取一些恰当的方法去解决两者之间的内在协调性和统一性。

2.多种材料的综合组合

在现代服装设计中，服装的造型越来越倾向于简洁和质朴，设计师们的想象力和他们对于服装深层次的理解在面料的选择中得到了最好的发挥。将几种不同类别的、不同质感的材料经过创造性的思考，从中寻求到一种结合点而进行有机组构和处理，使几种不同的要素统一在一套或一系列服装中，打破常规和固有的款式，体现其服装的独特的设计语言和造型风格。

3.传统材料的重新塑造

将一些传统的、民族的、民间的、原始的服装材料，以现代文化观念和设计观念进行再思考和再塑造，赋予这些材料以新的面貌，重新找到传统材料在现代服装中应有的位置。诸如古朴的怀表、旧式的烟斗和眼镜、古典的装饰品、礼帽、手杖等，它们再度拥有了一种穿越时空的深邃的魅力，进而成为难以抑制的流行。从这个意义上讲，我国作为一个历史悠久和多民族的国家，在各个民族的服饰文化中都有可以挖掘材料资源，寻求其中与现代设计思潮相适应的因素用于服装造型之中，使服装既具民族特色又具时代风貌。值得我们注意的问题是，作为当代的服装设计，对于服装材料的选择和开拓应立足于本国的材料市场，而不能一味地盯着进口材料。一个国家的服装文化的成熟的标志应体现在包括服装设计、服装材料、服装加工和服装市场的整体水平上，而这种整体水平又是建立在民族文化和国民经济的基础之上的。

当代的服装设计已越来越注重于开拓新材料的性能和特色肌理，以此来体现服装的时代风格。材料本身也是服装的形象，那种单纯地将现有材料的加工制作认为是设计的体现已是远远不够了。设计师在对于新材料的选择和运用的过程中，应以最新颖、最独特的思考方法，对材料进行多种艺术处理和再塑造。从这个角度来讲，设计师对于新材料的理解和驾驭能力已成为现代服装设计的重要标志。正如音乐创作一样，音乐家首先需要对各种乐器的特性和局限性进行整体的和全面的把握，除了熟练地运用音乐创作思维和独特语言之外，更应注重挖掘每一种乐器的独特表现力，力求使每一种乐器的表现力都发挥到极致，充分地将主题完美地表达出来。同时，从材料自身的特性中求得服装的艺术效果，要求设计师着力于研究材料对人所产生的生理效应和心理效应，研究主体材料与配饰材料之间的有序组合以及材料与工艺之间的有机统一关系。由此可见，巧妙地、科学地、有创意地开拓服装材料的特性和潜力，是现代服装设计的有力手段，也是现代服装设计的又一新的飞跃。

（五）服装设计的简洁性

社会经济的发展，工作效率的加快，使得服装造型越来越倾向于简洁，以集中表现人们的个性特征，突出和强化人的个性审美需求。然而在服装舞台和服装市场上，不少服装还是在外观上作琐碎的装饰和点缀，为了弥补设计灵感的匮乏，将一些多余的线条和色彩强加于服装造型。这种现象的存在大致取决于两种原因：其一是少数资历不深的设计师由于对服装设计语言缺乏足够的认识和理解，往往陶醉于自我欣赏而画蛇添足；其二是无视流行趋向和市场需求，去迎合一些低俗的审美情趣。我们应该意识到，当面料被剪裁成各种各样的几何形，服装获得了独立的生命之后，这其中不仅体现和代表着设计师的初衷和对美的追求，更重要的是将受到社会和消费者的认可，因为服装能够启迪人，同时也能够误导人。

在现代的服装文化中，服装设计早已摒弃了17世纪象征新兴资产阶级贵族意识的巴洛克风格和18世纪代表法国宫廷艺术的洛可可风格。工业革命前的那种不厌其烦的重彩满绣、烦琐堆砌的服装已作为历史遗产封存在博物馆内。现代美学家鲁道夫·阿恩海姆说过："在艺术领域内的节省律，则要求艺术家所使用的东西不能超出要达到一个特定目的所应该需求的东西，只有这个意义上的节省律，才能创造出审美效果。"著名服装设计师皮尔·巴尔曼在他的自传《我的年年季季》中这样写道："一件真正的高级服装，不会在作品中添加任何附加物，即使是一条不必要的线条，也要完全舍弃。"懂得舍弃便懂得艺术创造。从美学角度来看，简洁就是丰富，而不等于简单。简是浓缩，是升华。服装设计中的减法比加法包含着更为深刻的、更为本质的美。简洁就是用较少的形式组成多变的有序结构，实现追求丰富的艺术节省律。在这方面，很多著名服装设计师的经典作品已为我们提供了艺术参照。在简洁中求丰富，在简洁中求高雅，这是现代服装设计师的智慧所在，也是现代服装审美的内涵所在。

（六）服装设计的实用性和审美性

就服装设计的本质功能来讲，它是在满足人们物质需求的同时满足其精神需求，服装的这种特征通常被称为服装的实用性和审美性。一般来讲，服装设计的实用性和审美性有着双层的含义：一种是狭义上的具体到某一具体服装的实用性和审美性；另一种是广义的指整体的服装文化发展中的实用性和审美性。在不同造型的服装中，其实用性和审美性的侧重是有差别的。例如，在日常便装的设计中，其实用性是占主导地位的，审美性是占第二位的；而在一些特定场合的高级礼服的设计中，其审美性是占第一位的，实用性则是居第二位的。我们经常看到，在一些生活服装的设计中，设计师由于过分追求其个性风格和艺术品位，使服装的造型显得不伦不类而导致设计的失败。其主要原因就是没有把握好不同意义上的服装造型在这两种特征上的关系。

在整体的服装文化发展中，实用性服装和审美性服装是其发展过程中缺一不可的两个方面。例如，各种服装市场中所出售的服装绝大部分属于实用性服装。实用性的服装以满足人们的物质需求为主要目的，是服装文化发展的基础和根本。而审美性的服装其主要作用是引导服装市场的消费导向，推动服装的流行浪潮，弘扬和传播服装文化。我们经常看到的时装发布会中的作品即属于此类服装。有的消费者常常抱怨一些时装发布会中的服装只能看而不能穿，这不免曲解了服装设计师的初衷。已故日本服装设计师君岛一郎先生对上述问题说过这样的话："时装发布会上的服装就如西方人在用正餐之前喝的葡萄酒，其功能是用于开胃而不是充饥的。"君岛一郎先生形象而生动地阐明了审美性服装的功利目的。值得注意的是，实用性服装和审美性服装在不同的国家和地区、不同物质需求和经济基础上，需要有不同程度的总体体现。设计者应善于根据服装的使用场所和使用范围去准确把握其设计的实用性和审美性的尺度。

第三节　服装造型设计

一、服装造型设计的基本概念

首先，促成服装形成有线条、色彩、衣料、穿着者这四个基本条件，其中所说的线条就是通常所说的款式，也就是造型。通俗地说，服装造型就是服装的款式。但是，如果从专业的角度来说，服装造型设计是采取一定的艺术手段按照运用美学理论和形式美的法则对纺织材料加以处理、组织和构造而成，并以人为最终目标的立体着装效果与服装形象。

服装造型设计、服装色彩设计与服装结构工艺设计一起成为设计中的三大要素，并在服装设计中占首要的地位。排除穿着方式、年龄、行业等类别而言，一般服装造型设计可分为两个大面，即外形造型设计（内、外空间的占据，外形线、线形、轮廓）和内部造型设计（内分割、领、袖、袋、腰、摆等细节造型设计）。

另外，尤其值得注意的是服装设计乃是一种艺术工作，而艺术是建立在技术修养之上的。要实现服装设计的实际概念，则是在服装进入了生产设计阶段之后，才被确立的。

二、服装造型设计的目的及条件

（一）服装造型设计的目的

法国著名设计师让·巴杜曾指出："最佳设计就是指能够把穿着者的天生丽质烘托出来的衣服，以衣服本身引人注目的最是要不得。"此语道出了设计之目的。由于服装是穿在人体上的，因此，它是以人为服务对象，是根据人们对服饰的具体要求而决定的。例如，普通人体的比例结构、身高、体态等各方面的因素，以及特殊的时间、地点、场合的需要（日常、表演、保护等），这都需要通过服饰来达到装饰和美化的作用。所以说服装造型设计是以装扮人体为最终目的，并满足人们的各种需要。

（二）服装造型设计的条件

服装所具有的实用功能与审美功能要求设计者首先要明确设计的目的，要根据穿着的对象、环境、场合、时间等基本条件去进行创造性的设想，寻求人、环境、服装的高度和谐，作为服装设计的条件就是我们常说的"5W"。

1.什么人穿（Who）

设计之前，首先要弄清楚自己设计的服装是给谁穿的。如职业、性格、年龄、社会地位、收入、文化程度、体格等，这也是服装设计定位的一个因素。

2.什么时候穿（When）

服装的时间性、空间性都很强，在时空变化中，服装的选用往往是首当其冲的。时间性表现在春夏秋冬四季以及一天中的气温变化，空间则表现在室内外的空间等方面。

3.什么地方穿（Where）

这就是环境因素，也是设计师必须考虑的因素。第一，是自然条件下的地域差的大环境；第二，是人文条件下风俗和历史背景；第三，是在社会活动场合中的各种小环境。

4.穿什么服装（What）

这是一个如何选择具体服装和如何组合搭配的问题，与个人的身材、时尚、个人喜好、审美观念等有关。

5.为了什么穿（Why）

人们穿着服装不仅仅出于机能上的保护目的，而且它有一定的象征性、审美性、时代性、民族性、道德次序等目的和动机。

（三）多次设计的概念（设计分工）

服装造型设计是从无到有的完整设计过程，它是通过多次设计而最终完成的，其中各部分之间是不能割裂的。在实际工作中服装设计有较具体分工，见下表。

多次设计分工

分工名称	地位与作用	工作特点	表达方式
款式设计	整个设计的先导环节，确定造型、色彩、面料的预选方案	艺术性形象思维，借助绘画形式	服装效果图
结构设计	整个设计的过渡环节（或实施环节），是款式设计成败的关键	工程性逻辑思维，借助工程制图或实物试验	平面裁剪（打板），立体裁剪
工艺设计	整个设计实物环节（处理环节），指导生产，制订技术指标、保证品质的手段	工程性逻辑思维，工艺流程制订	文字、符号、图表、标准、检测

此外，服装设计的任务不仅仅是对品种设计，而且是对整个着装状态的设计，从大类上讲也就有二次设计的问题。二次设计就是品种与具体的人组合搭配的效果，与形象设计有相似之处，通常称为"试穿"。如果设计者在设计中将此类问题考虑进去，那么，为服装的销售与占领市场也有不小的导向作用。

三、服装造型的构成要素

服装是一种由三维空间所表现的物体，可以从空间上下、左右、前后任何一个角度观察它的立体形态，研究它的美感，因此，服装造型属于立体构成范畴。服装构成的造型要素主要包括点、线、面、体四大要素。服装构成主要是通过点、线、面、体的基本形式进行分割、组合、积聚、排列，从而产生形态各异的服装造型。就构成理论而言，点的移动轨迹形成线，线的移动轨迹形成面，面的回转与结构组合形成体。当然，服装的点、线、面、体的构成远不止几何定义这样简单的形式。服装设计就是运用形式美的法则将这些要素组合而成一种完美的造型。

四、各造型要素在服装中的应用

点、线、面是一切造型艺术的基础，它也是服装构成的重要的要素。服装造型的丰富多彩，就产生于点、线、面的相互有机的结合与呼应中。例如，运用纽扣、胸花起画龙点睛、突出重点的作用；运用分割线的疏密组合，可以增强形体轮廓的特点，增强其运动感；运用块面的拼接和装饰变化，可以增加层次感、对比和形态美感等。因此，服装造型设计就是应用美的形式法则，将这些要素（点线面）组合而形成一种完美的造型。

（一）点在服装中的应用

1.点的形状

（1）几何形的点：是由直线、弧线这类几何线分别构成或组合构成的。它给人以明快、规范之感，装饰味比较浓。

（2）任意形的点：其轮廓是由任意形的弧线或曲线构成的。这种点没有一定的形状，给人以亲切活泼之感，人情味自然味较浓。

2.点的位置

（1）局部造型的点：在服装中会起到画龙点睛的作用，具有比较跳跃、灵活的特点。

（2）大面积造型的点：在服装中比较有艺术表现力，通常会是一件服装的设计重点或特色。

3.点的厚度

（1）平面的点：是指在服装造型中比较平的、厚度不大的点，这类点看上去比较规整、平贴、秀气。

（2）立体的点：是指厚度较大、有一定体积感的点，立体的点在制作时通常会使用扭曲、翻折、褶裥、层层粘贴或者加填充物等手法做出很多造型（图5-2）。

4.点的虚实

服装设计中点的虚实包括两方面：其一，当许多条线并列放置时，每一条线都在中间断开，由此形成虚点的集合。其二，由于点的材质和制作方式不同形成点的虚实变化（图5-3）。

图5-2　立体的点

图5-3　服装中点的虚实的体现

5.点的大小

在服装设计中，不同大小的点组合会给人千差万别的心理感觉。

6.点的数量

（1）单点：使人视线集中。例如，深色晚礼服只有胸前有精美的珠花装饰，暗门襟上衣在领口加一粒漂亮的纽扣，都具有突出、扩张、引导视线的作用。

（2）两点：位于中心位置，能产生上下、左右、前后平衡的静感；而胸袋、下摆衣袋上的纽扣暗示一条斜线，产生不稳定的均衡动感。

（3）多点：三点或三点以上可引导视线的流动和面积感。三点有三角形的联想，多点密集排列可形成线与面的感觉。例如，裙子前门襟钉密集的纽扣有线条感；点形图案的面料；将大小、形状、颜色不同的纽扣装饰在服装上，形成一定布局的图案效果，这时就给人以面的感觉，具有层次感。

7.点的间距

点的间距指点在服装上排列的远近疏密，点的排列疏密结合可以增加服装的形式美感。

8.点的表现形式

（1）辅料表现的点：纽扣、珠片、线迹、绳头等都属于辅料类的点的应用，这类点兼具功能性和装饰性。

（2）饰品表现的点：小手袋、胸花、丝巾扣、人造花等属于饰品类的点。

（3）工艺表现的点：刺绣、图案、花纹等属于工艺点的要素。

（二）线在服装中的运用

服装是由外形线、内部分割线和各种装饰线相结合构成的，因此，线在造型中的作用十分重要，长度和形态为其基本属性。服装平面的线，体现为结构线、明缉线、腰带、项链、花边以及二方连续纹样等，形态为线形的都属于服装平面上的线。

线有软、硬、曲、直之分，服装上的直、硬等线都是相对的。随着人体动态的变化，直线会有曲感，硬线也会软化。例如，百褶裙静时线硬，动时裙子散开，线也随之动起来变软；门襟静态时直，而动态时曲。所以设计服装时，不仅要考虑静态情况下服装的造型，还应考虑到穿着时，动态中服装线条的多种变化。事物都是一分为二的，有时服装上强调直线是较为重要的，如西服、制服、牛仔装等。因为直线可以使人物形象显得高大、挺拔、精干。总之，线的感觉是窄而长的形状。过于短粗的线给人面的感觉，线的等距排列也会形成面的感觉（图5-4）。

服装设计的线条，必须当"活"东西去运用。一旦脱离了色彩和素材，线条就荡然无存。设计上的线条与几何学上的线条性质完全不一样，几何学的线条只求精确，却不是活的。

图5-4 线的形状与服装

1.外形线体现服装的风格和流行

服装的四大廓型A型、T型、X型、H型，都是外形线的变化，外形线在体现服装的大效果的同时，也体现了服装的风格。例如，职业装强调合体，端庄、严谨；休闲装比较宽松、随意，这就是两种不同的服装风格。法国著名设计师迪奥从1947~1957年，接连设计出"8"字型（即新风貌）、郁金香型、H型、Y型、A型、箭型和纺锤型等一系列独到的服装廓型，对服装的发展至今影响犹存。

除此之外，外形线也是流行趋势的一种体现。例如，20世纪50年代的帐篷型，60年代的酒杯型，70年代的倒三角形，80年代初的长方形，80年代末圆滑的倒三角形等。

可以看出，时装流行的特点就是廓型的变化。了解这一点，设计师可以从外形线的变化，分析服装演变发展的规律，并可预测未来的流行趋势。总之，外形线的变化有助于完美体现服装的设计风格。

2.分割线

（1）结构分割线：结构分割线的设计是为了满足功能性的设计，为了使服装能服帖于人的曲线，功能性分割线往往包含一部分省道在分割线中，因此结构线必须以人体为依据，为满足人体舒适与运动的功能，顺应人体曲面而达到塑造人体美的要求的线条（图5-5）。

（2）装饰分割线：是以满足审美的要求而设计的，装饰分割线的分割缝合一般不会对造型有太大的影响。

图5-5　服装分割线

3.工艺线

工艺线是主要以装饰为特征的线条，运用嵌线、褶裥、镶拼、手绘、绣花、镶边等工艺手法以线的形式出现在服装上的构成元素。

4.材料的线

服装材料是构成服装设计美的基本条件之一，材料在服装的整体设计效果中起着非常重要的作用。材料的线主要分为面料纹样和辅料线。服装上表现线性感觉的辅料主要有拉链、绳、带等，其兼具服装闭合的实用功能和各种不同的装饰功能。

5.服饰品表现的线

在服装上能体现线性感觉的服饰品主要有挂饰、腰带、围巾、包袋的背带等。

（三）面在服装中的运用

服装的立体展开结构（裁片）都是各种不同的面，也就是可以说服装是由各种"面"的材料缝合而成的。面是服装的主体，是最强烈而具量感的因素，服装具有表现立体空间的各种曲面，各种点、线都表现在其上。为了设计各种款式，可有意识地创造这些曲面。

1.平面和曲面

线的移动行迹构成了面，造型中面具有二维空间的性质，有平面和曲面之分，

图5-6　色彩区分面

可以有质感和色彩。面的作用在于分割空间。

2.服装裁片表现的面

服装是由裁片组合而成的，大部分服装裁片都是一个面，服装由这些面围拢人体从而形成体。

3.图案表现的面

服装上经常会使用大面积装饰图案，而且图案往往会成为一件服装的特色，形成视觉中心。

4.色彩表现的面

服装上经常会用色相的差异来区分面（图5-6）。

5.服饰品表现的面

服装上面的感觉较强的服饰品主要有非长条形的围巾、装饰性的扁平的包袋、披肩等。

6.工艺表现的面

用工艺手法在服装上形成面的感觉是许多服装经常用的手法。

（四）体在服装中的运用

服装造型设计要始终贯穿着体积的概念，服装是依附于人体各个角度和各种动态关系而产生丰富变化的各种形态。因此，在设计时必须注意到不同角度的体、面形态的不同特征，使服装各部分的比例达到和谐优美，一些较特殊的造型和风格则采用强调某一体、面的方式来设计的。

1.衣身表现的体

服装衣身的整体经常会使用宽松、浑圆有一定体积感的造型（图5-7）。

2.零部件表现的体

突出于服装整体部位的较大零部件大都具有较强的体积感（图5-8）。

3.服饰品表现的体

服装上体积较大的三维效果的服饰品，如包袋、帽子、手套等都是体的造型。

总之，在服装造型设计中，要始终贯穿体的概念，树立完整的立体思维方式，培养对立体形象的感知与判断能力，这样才不会使造型设计平面化。

图5-7　衣身所表现的体积感

图5-8　零部件所表现的体积感

（五）点、线、面、体在造型中的应用方式

点、线、面、体的概念是相对的，造型物中的某个点，本身可能是个较小的面或体，其造型形式是多种多样的，不同的组合形式可以完成这四大要素之间的相互转化。

1.单一要素的组合

单一要素的组合是指在整件服装或服装的某一部位只使用一种造型要素，这种方式，会给人秩序感和统一感，在服装中极易形成协调。但是，单一要素的结合也容易使服装造型显得单调和呆板，因此最好将同一元素进行大小、形状、色彩、材质上的不同变化（图5-9）。

2.多种要素的组合

使用点、线、面、体多种要素来塑造服装的立体造型，可使服装的造型表现丰富，可以在造型的空间、虚实、量感、节奏、层次等方面进行多种变化设计。但是多种元素的共同使

图5-9　单一要素的组合

用要符合形式美法则。

第四节　造型的形式美法则

一、变化与统一

　　变化与统一是构成形式美的两个基本条件。求变化是设计创作的方法，没有变化设计就没有生命力。实际上，没有变化的设计是不存在的。不论在纸面上还是在服饰上，哪怕只有最简单的一点、一线，也与背景产生着明度上和形态上的变化，并与背景的轮廓产生着方位上的变化。但是，变化的程度有繁简之分，还有缺乏、适度、过分之别，正是这些导致了艺术形式美的价值有高有低。而与变化相对立的统一，正是制约变化程度的技巧。

　　统一是将变化进行总体管辖，是将变化进行有内在联系的设置和安排。心理学实验表明，大多数人对绝对的统一和过度的变化，在心理上都感到不快。因此，变化与统一都有一个不能轻易跨越的界栏。所谓不能轻易跨越，是因为它不是绝对的，由于人类心理的变化在时间上有寻求平衡的因素，过分的变化需要过分的平静来补偿，反之亦然。因此，适度的变化和统一在一定的条件下也能产生美感。但是，一味地追求统一，会产生单调、平凡、沉闷之感；无穷的变化又会使人不安和烦躁。变化与统一既相互依赖，又相互制约，是一对矛盾的双方。这两方的合理应用，正是创造形式美的技巧所在。它是衡量艺术高低的尺度，也是在创作中必须遵循的法则。

（一）变化的作用与方法

1.变化的作用

　　变化是使设计在构成因素上形成对比、对照或对立，从而在形象、秩序、层次乃至色彩等方面有所突破、有所创新，并产生情趣和意境。变化是丰富形式美、发展形式美的第一步，也可以说是丰富、发展形式美的基本方法。

2.变化的方法

　　在设计中，变化是多种多样的。概括起来，有以下几种。

　　（1）形状的变化：点与线、点与面、线与面、方与圆、曲与直、规则的形与不规则的形等。

　　（2）颜色的变化：黑与白、明与暗、鲜与灰、冷与暖以及无数的色相变化。

（3）方位的变化：集与散、密与疏、上与下、左与右、高与低、前与后、开与闭、离心与向心、横与竖、定向与不定向或旋转等。

（4）量的变化：多与少、大与小、长与短、浓与淡、对比的程度高与低等。

（5）感觉上的变化：虚与实、强与弱、缓与急、动与静、轻与重等。

（6）肌理上的变化：有光泽与无光泽、细腻与粗糙、软与硬等众多的质感变化。

变化可以在设计的一点一线中体现，统一的实现同样如此。变化与统一在设计中无所不在，只是程度有别而已，它们是在设计的部分与部分的关系中体现，因此，变化与统一又可以看做是局部与局部、局部与整体的关系。设计正是从整体考虑、局部入手的，没有局部便无从谈整体，但局部一定要服从整体。设计的过程一般是：整体→局部→再整体→再局部→最后达到完美。这样反复的递进是提高的过程，也是创造理想、典型设计的途径。

（二）统一的作用与种类

1.统一的作用

统一是为了使设计的主题突出，主次分明，风格一致，达到总体协调和完整，是一件作品的最终统辖。大到一座城市的总体规划，小到一个纽扣的设计，无不体现着统一的重要性。统一是对所有的构成因素作整体的调整，是在符合设计意图的前提下，使构成因素具有内在的联系和形式上的协调。

在设计中，形状、大小、色彩、位置、肌理都具有各自的感染力，它们都以各自的特性表达着情感，对其合理有机的选择是统一的职能。在日常生活中人们常说：不相配、不配套、不谐调，就是在其构成因素中产生了相抵触、相矛盾的结合，这就是不统一。

2.统一的种类

（1）主题突出：集中笔墨表现主题，使主题成为视觉的中心，或占有主要位置，或占有较大面积，或是成为对比的集中点。做到主题不让步。

（2）次主题不越位：次主题与主题形成力的对比，但不能超越和等于主题，发挥次主题的变化衬托作用，笔墨分量控制在主题之下。

（3）陪衬服从于主题：使陪衬部分含有一定的主题因素，如形状、色彩、方向、质地等与主题接近或类似。

（4）呼应：主题的形象、色彩等部分因素或与其类似的因素，小面积、少量地在某些次要部位出现，形成呼应。

（5）同化：使与主题相矛盾的部分含有少量的主题因素，或形状、色彩，或位置、方向。

3.变化与统一的关系

关于变化与统一的关系，前面已有阐述，就是变化与统一是矛盾的双方，这是辩证唯物主义关于对立统一法则的具体运用。事物都包含有矛盾，没有矛盾就没有世界。事物矛盾的法则即对立统一的法则，是自然和社会的根本法则，因而也是思维的根本法则。从这个意义上说，设计创作的过程，也就是解决矛盾的过程。一方面要变化，另一方面又要统一，解决的办法就是协调。因此，变化与统一是相互依存、相互制约的，这种关系在设计中屡见不鲜。为了说明变化与统一或局部与整体的关系，下面作进一步阐述。

就一种变化或一个局部而言，在它成为独立状态时，可以有好与坏、美与丑之别。一旦成为整体中的一部分，其原有的价值可能消失，随着整体而产生一种新的价值，原来美的形式可能变为不美——不适应整体，而原来不美的却很可能成为美的——适应整体。因此，任何造型因素都没有绝对美与丑之分，不能说方比圆好、蓝比黄漂亮，也不能说月季比牡丹更美。只有这些因素成为某个整体的一部分，其价值方能显现。如果同一因素被放置在另一个整体中，它们的价值便会改变。我们的设计就是创造和选择最适当的造型因素，并给予最巧妙的结构，使之产生最高的艺术价值，最好的视觉效果，为表现完整的意图服务。整体决定局部的价值，从整体着眼才能发现局部的优劣。着眼点不同，造型因素的价值将有所改变。例如，为了参加舞会，你经过考虑从衣柜里选择出一套西装，这是你把所有的衣物作为舞会整体效果中的一部分对比后决定的，并且系上刚刚买来又令你满意的领带。但照镜子时，你发现这条领带并不让你满意，这是由于你刚才选购时，是把领带作为独立的整体欣赏的，而现在将领带作为服饰中的一部分来搭配，它的自身虽完美，但与整体并不谐调，这就是变化与统一、局部与整体的关系。同一个造型或造型因素，由于所处的地位、环境不同，便显示出不同的价值。设计就是巧妙地协调各种因素，使之有机地构成完美的整体，成为含有最高审美价值的组织形式。

关于协调变化与统一、局部与整体、局部与局部之间的关系，还有一些技巧方法，将在以下分几部分加以介绍。

二、对称与均衡

对称与均衡是设计的两种形式，两者都从构图造型和设计色彩的角度给予设计诸因素变化以统一。对称是以形象与色彩在不同位置上的相同求得统一；均衡是在设计不同位置上量与力在视觉心理上的平衡求得内在的统一。

（一）对称的形式

对称意味着基本单位形状的重复出现，同型、同量，同时被计量。作为对称中轴或基点的点、线、面，分别称为对称点、对称轴、对称面。以其中一种作基准将原始形作二次、三次或多次的反复配置，这是对称形式的基本方法。由于两个或几个部分全相等，所以它是求得统一的最简便形式。

（二）自然界中的对称

远在人类文明之前，自然界就存在着无数的对称先例，正是自然界中这种形式使人类懂得了对称的原理，发现对称的形式美。我们人类自身的体形就是左右对称的典型，以人类为代表的脊椎动物和昆虫类都是左右对称的。在植物世界里，人们最喜爱的花朵就是回转对称的实例，对生的叶子又是很好的左右对称。动物中的海星、海粟也是很好的回转对称。不仅有机的动植物如此，无机的物体也充满着对称形式，比如说结晶体，呈现出多变的对称状等。自然，这种千变万化的对称形式，为我们创造设计形式美提供了丰富的资源。

（三）均衡

对称是在形状上、重量上、面积上、位置上的绝对平衡，它不论在力学上还是在心理上都是稳定的，可以说对称是平衡的一种绝对形式。但仅有绝对平衡往往会约束创造性，限制了许多美好形式的使用，均衡正是解决这一问题的极好方法。均衡是指力学上左右不等的力，通过选择连接杆上相应的支点，以求得左右的稳定。例如，生活中的杆秤，就是力的平衡。又如挑担子，如果前后的箩筐大小、分量相等，挑点便取扁担的中央，就是对称；如箩筐大小、分量不等，挑点就要移动，保持平稳地行走，就是均衡。两者都是平衡的形式，前者是绝对统一，后者是变化的统一，设计中的均衡形式就属后者，但并不是力学上的平衡，面是视觉心理上的平衡，是通过两个或两个以上造型因素，在一定的范围内构成视觉心理上的平衡。这种形式具有既活泼又相对稳定的感觉。

良好的平衡形态，最能适应大多数人的心理要求，但对个别人或一部分人，并不能引起他们的美感，因此对称与平衡并不是设计中必须遵循的形式。根据特殊需要，可以作不平衡的设计，这种设计上的不平衡，调节了人类心理上失衡状态，所以它在特定的条件下，也能产生美感。

三、对比与调和

（一）对比

对比必须含有两个以上不同的造型因素才能显示出来，它是求得变化的最好方法，也是调节变化程度的一种手段，因此，它是变化与统一的技巧之一。

在各类艺术创作中，往往是发现和夸大现实事物中的关系，以烘托和渲染主题。在设计制作中，对比的程度依整体的需要而有弹性，它可以轻微，也可以强烈；可以模糊，也可以显著；可以简单，也可以复杂。由此可见，尽管对比在现实中到处可见，但是，艺术创作中的对比关系却是艺术家的匠心所在。成熟的艺术家犹如神秘的魔术师，使作品中的各部分的关系发生变化，其主要手段就是对比技巧的熟练运用。

（二）调和

对比的作用在于产生变化，根据变化程度可以突出、烘托和陪衬主题。过于强烈的对比会使设计中的矛盾加剧，就是常说的不调和，解决这一问题是设计中又一难点。在造型方面，色彩的调和有很多研究，而形态调和方面的研究，则比较薄弱。

调和并不仅仅指有相同的因素，它是适度的、不矛盾的、不分离的、不排斥的、相对稳定状态。因此，所谓调和，是构成美的对象在内部关系中，无论质和量都相辅相成、互为需要，其矛盾形成秩序的状态，这是一种变化的美。

统一的因素是一种调和，它是相似的调和，变化的因素使之调和，则是相对的调和。使相对性格的东西，在效果上取得具有美感的形式。

四、比例尺度与黄金分割

形状的大小比例，对设计是否完美有着直接的影响，其中亦存在着美的规律。自然界中的一切形体，均含有合理的比例数值。例如植物叶子的生长顺序、大小、分布的位置，均具比例秩序美；动物的身、足、头、尾的比例也具美感。人造之物，如服装、建筑、用具及各类装饰物，其造型规格均应符合比例法则，方显美的价值。

古希腊哲人用几何学方法发现的黄金律比例，被公认为是最美的比例形式，至今仍被广泛应用，成为设计者创造美的一项标准。我们称之为"尺度"。

将已知线段作大小两部分的分割，使小的部分与大的部分之比，等于大的部分和原线段之比，这就是黄金分割，这个比率就叫"黄金比"。

黄金比的值，若以小部分为1，大的部分为X，则

$$1 : X = X : (X+1)$$

$$X2 = X+1$$

$$X = \frac{1 \pm \sqrt{5}}{2}$$

若：
$$\sqrt{5} = 2.2361$$

则：
$$X = 1 + \frac{\sqrt{5}}{2} = 1.618$$

$$X = 1 - \frac{\sqrt{5}}{2} = -0.618$$

在两个值中，一般采用前者，即正值。

在矩形中，长边与宽边的比值相当于黄金值1.618时，被公认为是最美的矩形。我们日常所用的书、图片和对折后任何开数的纸张都是适合这一数值的矩形，这是以黄金比指导生产的实例。五角星被认为是美的星形，这是因为它含有多项的黄金比。人类身体的各部位，同样含有多项黄金比。这一方面说明人体的比例是美的，另一方面也说明，人正是以外在事物能适合自己内在结构的比例，尤其是适合心理的内在结构形式为美。

在设计中除运用黄金值外，常用的还有一系列比例，它们是斐波那契数列，如：0，1，1，2，3，5，8，13，21，34，55，89…即每一项是前两项之和（斐波那契数列的本来形为：0，1，$\frac{1}{2}$，$\frac{2}{4}$，$\frac{3}{8}$，$\frac{5}{16}$，$\frac{8}{32}$，$\frac{13}{64}$，$\frac{21}{128}$…可是通常只采用分子、分母构成公比＝2的等比数列），这些数的前后比值都接近黄金比0.618…。

还有贝尔的数列如下：0，1，2，5，12，29，70，169…这个数的每一项都等于前项的二倍再加更前的一项。

还有勒·柯布奇耶根据黄金值数列创造的黄金尺。由于他是以183cm高的人体为模型，所以在服装上应用更广，它们是113cm，226cm；70cm，140cm；43cm，86cm；27cm，53cm。

含有无理数的比率有$\sqrt{2}$，$\sqrt{5}$，$\sqrt{6}$，$\sqrt{7}$等，其中$\sqrt{2}$和$\sqrt{5}$特别有用。

五、节奏与律动

节奏本为音乐中的名词，是音乐构成中的三大要素之一。由于音乐中的节奏规律在其他艺术中都有不同程度、不同形式的体现，因而它在广义上已成为各类艺术借用的名词。在音乐中，节奏是指音乐时间上的长与短、分量上轻与重的变化秩序。而在各类艺术中，节奏是指构成因素的大与小、多与少、强与弱、轻与重、虚与实、曲与直、长与短、快与慢等有秩序的变化。在设计中，除上述大部分变化外，更着重指各构成因素给观者的视觉上和心理上造成有秩序的运动变化以及内在量的变化。

设计方面还未能像音乐深入具体的研究节奏构成的美，因为造型因素远远多于节奏构成的因素。在设计中，只能以总的规律指引、调节具体的图形。那些千变万化的形式，不可能由某一公式求得，我们面对自己设计的草图，往往根据审美观的感受，只能变化不足则增之，秩序不同则调之，使之达到理想的形式。

但是，有一项造型因素已有具体的数字可循，就是黄金比率和那些奇妙的数字。从这一方面说，它是产生节奏的方法或一个公式。

节奏在设计中，可以产生多种强度不同的律动感，律动是造型单位有规律的运动。在设计中，如形状、大小、位置、比例等均做有规律的移动和增减，是构成律动感的主要手段。律动的构成因素有点、线、面及体，其中以曲线最具有动态感。这些都是引诱视线做有方向、有规律的运动，从而产生律动感。有动感的图形比静止的图形变化多，是产生节奏的最好方法，具体的方法有：

（一）运动迹象的节奏

运动迹象是让基本单位在经过的位置上形成一道轨迹，就像中国的书法那样，有连续的动感，从而产生节奏。

（二）生长势态的节奏

基本形的逐级增大、增近、远去或节节增高等形式中有节奏感。

（三）反转运动的节奏

线的运动方向或基本形运动的轨迹做左右、上下来回反转，尤其是形成曲线状，可产生强有力的节奏感。

六、韵律与重复

（一）韵律

韵律本是文学创作技巧的用语，是指诗歌中抑扬顿挫和音乐韵律上的规律。韵律一词也广泛用于其他艺术门类。在造型艺术中，韵律是指造型的基本单位略有调整或不加调整的多次反复，在统一的前提下加以变化。它在变化与统一中偏于统一。在音乐中，韵律是音在流动中的上下波动、和声以及多种节奏和音色在变化中的反复。在物理学及生理学中，一些有规律的周期反复现象，也称节律或韵律。总之，韵律是指构成要素或单位呈现有规律的反复或周期反复。

（二）重复

韵律产生的关键在于反复的合理使用。基本单位反复的距离过小或过大，基本单位自身变化的过大或过小，都不能产生良好的艺术效果。所以，间隔的尺度、变化的程度是反复的关键技巧所在。

点、线、面作种种不同的反复变化，可以产生多种有韵律的视觉效果。作为基础性的重复变化，大体上可以分为下列几种：

1.有规律的重复

基本形每隔一定的距离或一定的角度反复一次，次数在三次以上。绝对有规律的重复容易产生单调感，即缺少变化。如钟表声虽有规律，但过于单一，只能引人入睡，不能产生美感。

2.无规律的重复

基本构成单位在方位上不定向、距离上不等距的反复。由于方位距离的变化引导着视线，产生变化，带来不同程度的刺激，从面产生韵律的悦感。

3.等级性的重复

等级性的重复是按等比、等差的关系做等级变化或等级重复，也就是渐变。给视觉心理带来谐调适度的刺激，从而产生韵律的快感。

以上三种重复，各有特点：有规律的重复具有稳健、庄重的效果；无规律的重复，活泼、奔放；等级性重复细腻、风趣。在设计中应根据具体情况加以运用。

第五节　四大廓型的特点及形成

服装廓型是区别和描述服装的重要特征。服装廓型按照不同的分类方式可以分为不同的类别，由迪奥首先提出的以英文字母命名服装廓型，既简要又直观，是最常见的廓型分类方法。基本的字母型主要有五种：A型、T型、H型和X型。

一、A型服装的特点及形成

A型也称为正三角形，具有活泼、潇洒、流动感强、赋予活力的性格特点。A型廓型起源于17世纪的法兰西；第二次世界大战后，法国时装设计师迪奥于20世纪50年代推出A型女装。

A型服装的设计要点：由于斜线的特征，由一点向外发散，使顶部成为视觉集焦点。所以，一个设计重点就在领部。同时，着装人的脸部也会成为视觉中心。由于A型多露肩，胸部自然也成为重点之一，因为下摆夸张，腰部、下摆部也应强化设计，弱化肩部设计。

二、T（V、Y）型服装的特点及形成

T（V、Y）廓型类似于倒梯形或倒三角形，造型特点是：上宽下窄，扩张和强调肩部及袖山增加了挺括感和修长感，相应收紧下摆给人活泼、潇洒之感，表现出大方、刚强、洒脱的男性化趋向。T型廓型在第二次世界大战后曾作为军服的变形流行于欧洲；20世纪70年代末至80年代初，再次风靡世界。T型廓型的常见服装形式为男装的夹克、宽肩收摆的女裙、宽肩窄摆的女装大衣、低腰套装等。

三、H型服装的特点及形式

H型廓型犹如矩形，从肩、胸、腰至臀和下摆，几乎都是等宽造型，轮廓线条平直，整体简洁挺拔。这种轮廓是通过放宽腰围，使肩、胸、腰、臀及下摆的宽度基本一致而形成的，没有明显的对比，给人平肩、舒适、宽松、稳定、男性化坚实感。常见的服装如中山装、直筒裙、大衣等。

四、X型服装的特点及形式

X型是一种具有女性化色彩的廓型，款式上通过夸张肩部、收紧腰部、扩大下摆而获得X型。特别是腰线的上下位置与人体的腰线相应，以人体基本形体为准，下摆的变化设计使X型服装充满活泼、浪漫情调，特别能体现女性的曲线美，具有柔和、优美、流畅的风格，是典型的女性化设计。常见的服装形式有连衣裙、礼服、套装等，特别是以X型为基本型变化的钟型，腰部用大量竖褶来夸张臀部而形成钟型，多用于婚礼服和晚礼服中。

第六节　服装评论

一、服装欣赏的能动性

没有服装，就没有对服装的欣赏；有了服装，也不是每个人都欣赏，只有服装美与服装审美统一起来才是完整的。服装是六维艺术：作品是立体的，也就是三维的；着装者在运动着，有了方向变化，就是四维状态；服装有心理暗示作用，从表层向深层发展，表现为第五维；服装要接受欣赏者的评价，向服装之外衍生，这便是第六维度。

并非所有物象都能进入设计视野，只有在欣赏者审美期待范畴中的要素，才是设计者的选择对象。只有期待水平最高的对象，才是设计者选择的焦点，设计者只能选择与引导欣赏者的选择，欣赏者是潜在的创作参与者。

二、接受美学的启示

传统的审美理论基于"艺术拜物教"，把审美欣赏当做文本单方面发挥作用的结果，接受者处于被动地位。接受美学认为，欣赏是"同流艺术"，没有欣赏者的参与，作品并不完整，艺术作品虽然是一件固定实体，但是它的意义需要欣赏者理解。理解的结果可以与作者一致，也可以不一致，如果有标准答案的话，它在接受者手中，不在作者手中。积极的服装欣赏一定会形成新想法，影响以后的服装行为，设计师关注到这种变化，就掌握了设计信息资源，有了预测主动权。

三、服装审美体验

服装审美体验是一种综合感性认识。它的基础是感觉，包括快感、知觉、情感、想象等心理要素。服装审美体验的最大特点是综合性。

人类视觉是最为发达的感受器，服装是空间造型艺术，无疑是以视觉欣赏为审美判断基础，视觉提供了审美的主体框架，其他感受渠道所得到的信息只起辅助作用，对形、色、质的影像的捕捉能力，是审美质量的基本保证。服装欣赏中的听觉要素常常不容忽视，在这方面，服装表演最典型。舞台音乐提供的不仅仅是欣赏背景，它与服装视觉审美风格也是一致的，有内在性。服装欣赏以视觉为主，以听觉、触觉和嗅觉为辅，只是没有味觉的参与。

四、服装审美判断

服装艺术侧重于形式美，要提炼出服装艺术的风格特征和个性倾向，形成批评家的心态，实现理性超越，揭示出服装作品的本质特征。服装欣赏境界是有层次的升幂序列，悦目（The Sense of Beauty）、悦心（The Satisfaction of Mind）、悦神（The Intellectual Intuition）是三种递进状态。

五、服装评论的特征

服装评论是自觉的科学理性活动，要对服装艺术的审美特征、经济价值、社会效益现象进行本质分析，用语言符号来破解与置换服装的形象符号，充分发挥文字直接揭示事物意义的作用。

服装评论具有概括性，用比较少的术语概括比较多的现象，抽象中有创造，可以发现被忽视的思想，找到新的发展思路。服装评论引导欣赏，通过对优秀服装作品的介绍，可以缩短服装艺术与大众欣赏之间的距离，大面积地普及服装精英文化，推动人们从悦目的浅表层次向悦心、悦神的高境界提升。服装评论的研究对象不仅包括艺术作品、艺术创作与艺术欣赏，同时包括艺术家。从一定意义上说，这是更重要的任务，因为前三个方面都由艺术家来关照，而艺术家本人却缺乏关照。

六、服装评论家的素养

服装评论家必须培养高尚的学术人格，应该"吹毛求疵"，起到反对的作用，他们是服装热潮中最为冷静的人，能够促使行业平衡。服装评论家也一样需要深厚的专业修养，必须熟悉服装艺术创作的全过程，从宏观上把握各种审美潮流，从微观上研究各种形式美的变体。服装评论家要有深厚的理论修养，服装评论是实践性极强的理性活动，要把普遍理论转化为个人思想，使其活化，变为生动的思考，形成具体概念。

七、服装评论写作

点评式是一种最简洁的服装评论文体，可以是书面的，也可以是口头的，最好伴随着服装表演或者时尚杂志的图片展开。它的主要特点就是对"点"的评论，话题集中于一种作品风格、一种服装行为，甚至一种款式，三言两语切中要害。

随笔式是一种自由活泼的服装评论文体，以文字为主，要对服装审美现象进行理性思考，但是不能失去生活味道。评论的主要对象是服装大众，所以必须深入浅出。它是一种"线"式评论，可以展开讨论。

论文式文体是一种综合式评论，它与服装学理文章的最大区别就是要有针对性地追踪具体服装现象，与现实没有关系的逻辑问题不在其视野之内。它是一种"面"式或者"体"式的结构，可以对某一现象做系统分析。

第六章　服装生产与管理

第一节　服装生产管理概述

一、服装生产概述

（一）服装生产企业的特点

1.服装生产企业是劳动密集型企业

之所以说服装生产企业是劳动密集型企业，是因为在有限的厂房面积内，可安排许多劳动力。例如，年产150万件衬衫的服装厂，可安排500人就业；年产15万套西服的工厂，也可安排约500人就业。一般来说，在成衣总生产成本中，人工成本占了相当高的比重。在大多数情况下，人工成本是决定企业竞争能力的一个重要因素。因此，一些投资者将工厂设在能提供廉价劳动力的发展中国家。

2.投资少、见效快

服装厂建设投资相对其他行业来讲，投资少、见效快，投资回收期短。

3.产品品种多，更新快

服装产品是一种消费品，随着物质文明和精神文明的倡导，人们审美、爱好、追求时尚的愿望越来越强，使服装产品的款式、面料、色彩、图案千变万化，流行周期不断缩短，产品品种多样，以适应社会发展的需要。

4.服装企业生产的产品是技艺结合的半手工产品

除了在生产过程中制订生产技术外，还要讲究技艺的结合，生产产品所需要的面料、辅料、工人、机械设备等相互之间必须适当配合，才能保质、保量、按时完成既美观、又适体、耐用的服装。

（二）服装生产方式

由于服装是历史、文化、艺术、经济、科学等方面知识的综合产物，而且不同消费层次对衣着有着不同的要求，所以服装生产通常采用以下几种方式：

1.成衣

成衣采用工业化标准方法生产，其特点是能有效地利用人、财、物，进行流水线生产、机械化生产和自动化生产，服装质量稳定，价格合适。

2.半成衣

半成衣是以工业化标准生产为基础，由客户对某些部位提出特殊要求，结合工业化生产的方法，投入工厂生产线完成。

3.定做

定做是以个人体型为标准，量体裁衣，单件制作。由于按个别客户的体型和尺码单独缝制，穿起来比较合体。

4.家庭制作

穿着者自己购料，根据自己的体型、款式、要求，在家缝制成服装。

通常，将前两种方式生产的服装称为"成衣"。成衣一般按规定的款式和统一的服装号型来缝制。这类服装由于是大批量生产，因此也促进了服装在零售、制造和供销方面的现代化，且生产成本远比定制服装要低，消费者在市场上也可以买到物美价廉的服装。但成衣生产也受很多因素的影响，如服装款式随潮流、季节的变化、经济的增长与衰退、国际贸易的配额限制、贸易壁垒等因素的影响。

（三）服装生产流程简介

不同的服装企业有不同的组织结构、生产形态和目标管理，但其生产过程及工序基本是一致的。服装生产大体上由以下八道主要生产单元和环节组成：

1.服装设计

一般来说，大部分大、中型服装厂都由自己的设计师设计服装系列款式。服装企业的服装设计大致分为两类：第一类是成衣设计，根据大多数人的号型比例，制订一套有规律性的尺码，进行大规模生产。设计时，不仅要选择面料、辅料，还要了解服装厂的设备和工人的技术。第二类是时装设计，根据市场流行趋势和时装潮流设计各款服装。

2.纸样设计

当服装的设计样品为客户确认后，下一步就是按照客户的要求绘制不同尺码的纸样。将标准纸样进行放大或缩小的绘图，称为"纸样放码"，又称"推档"。目前，大型服装生产企业多采用计算机来完成纸样的放码工作。在不同尺码纸样的基础上，还要制作生产用纸样，并画出排料图。

3.生产准备

生产前的准备工作很多，例如，对生产所需的面料、辅料、缝纫线等材料进行必要的检验与测试，材料的预缩和整理，样品、样衣的缝制加工等。

4.裁剪工艺

一般来说，裁剪是服装生产的第一道工序，其内容是把面料、里料及其他材料按排料、划样要求剪切成衣片，还包括排料、铺料、算料、坯布疵点的借裁、套裁、裁剪、验片、编号、捆扎等。

5.缝制工艺

缝制是整个服装加工过程中技术性较强，也较为重要的成衣加工工序。它是按不同的款式要求，通过合理的缝合，把各衣片组合成服装的一个工艺处理过程。所以，如何合理地组织缝制工序，选择缝迹、缝型、机器设备和工具等都十分重要。

6.熨烫工艺

成衣制成后，经过熨烫处理，达到理想的外形，使其造型美观。熨烫一般可分为生产中的熨烫（小烫）和成衣熨烫（大烫）两类。

7.成衣品质控制

成衣品质控制是使产品质量在整个加工过程中得到保证的一项十分必要的措施，是研究产品在加工过程中产生和可能产生的质量问题，并且制订必要的质量检验标准和法规。

8.后处理

后处理包括包装、储运等内容，是整个生产过程中的最后一道工序。操作工按包装工艺要求将每一件制成并整烫好的服装整理、折叠好，放在胶袋里，然后按装箱单上的数量分配装箱。有时成衣也会吊装发运，将服装吊装在货架上，送到交货地点。

为了使工厂按时交货，赶上销售季节，在分析服装产品的造型结构、工艺加工等特点后，对纸样、样板设计、工艺规格、裁剪工艺、缝纫加工、整烫、包装等各个生产环节制订出标准技术文件，才能生产出保质、保量、成本低并满足消费者、客户需求的服装。

二、服装生产管理

（一）基本概念

所谓生产管理，就是对企业生产活动的管理。具体地说，生产管理是根据企业的经营目标和经营计划，从产品品种、质量、数量、成本、交货期等要求出发，采取有效的方法和手段对企业的人力、材料、资金、设备等资源进行计划、组织、协调和控制，通过对职工的教育、鼓励，各项规章制度的贯彻执行，以期更好地完成预定的生产任务，生产出消费者需要的产品等一系列活动的总称。

生产管理是企业经营活动的一个重要组成部分，也是企业管理的一个重要环节，是服装企业经营系统的基本要素。

服装企业与其他企业在生产管理上既有共性，也有个性。例如，在质量检验时出现不合格的成品或半成品，经过换裁片、拆开重做可以成为合格品。又如，在服装生产过程中，缝纫机缝合衣片时，其缝针的工作时间只占整个工作时间的20%左右，其余时间为拿、放、对衣片的换线、剪线、记录、联系加工事宜等时间。服装生产的管理尤为重要，目前我国服装生产管理的理论基础薄弱，大多工厂都是凭经验和主观意识安排生产线，现代化生产管理模式的推广和应用受到一定限制。

为了适应市场经济的需要，要学习和借鉴国外的先进管理经验。在生产过程中，进行科学的生产管理，充分了解社会价值观念的变化，收集和分析生产环境和生产过程中的各种信息资料，有效地利用人力、财力、设备和资金，以合理的工作方法，生产出价格适中的、保质保量的服装产品。

（二）服装生产管理体系

服装生产管理体系是指服装生产从投料到产品完成的全过程的管理，同时也包括与服装生产有关的生产要素管理、生产计划管理、技术管理、质量控制及其与生产相关的信息管理。从整体来看，服装生产管理的任务就是运用计划、组织、控制的职能，把投入生产过程的各种生产要素有效地进行组合，形成一个有机的服装生产管理体系。按照最经济的方式，生产出满足消费者需要的服装产品。具体地说，应满足三项要求，达到五个目的。

1.三项要求

（1）品种多样，产品质量高。

（2）产品成本低，价格合适。

（3）按期按量交货。

2.科学的生产管理目的

（1）降低成本。

（2）减轻职工劳动强度，提高生产率。

（3）增加产量和销售额。

（4）缩短生产周期，减少半成品的库存量。

（5）减少成品的库存量。

（三）服装生产管理的职能与任务

1.服装生产管理的基本职能

（1）计划：确定生产经营活动的目标和方针，制订选择与本企业生产产品相适应的计划方案，综合平衡。

（2）组织：将生产活动的各要素、各生产部门、各生产环节和有关方面在空间和时间上进行合理配置与组合。

（3）协调：对生产管理内部和外部存在的问题进行调节商洽，建立良好的配合关系，使他们之间的问题得到解决。

（4）控制：对产品质量、生产进度等进行严格控制，保质保量地完成生产目标。

2.服装生产管理的具体任务

（1）收集、分析、利用市场信息：任何企业的发展都是企业与所处市场环境共同作用的结果。对于中小企业来说，短、平、快的生产加工方式应该是其生存的上策，这就需要企业紧跟那些大中企业的步伐，搜集整理流行信息、面辅料信息、市场竞争状况等，以快速调整自己的生产。

（2）技术研究和研发规划：服装业虽然属于劳动密集型行业，但从生产的角度来说，还是具有一定的拓展空间的。对于中小企业来说，更多需要的是技术的跟进与利用。

（3）修订、执行技术标准：对于我国服装业来讲，加工是赢利的主要方式及优势所在，严格地执行技术标准是获取订单的关键。为此，不时修订并执行技术标准至关重要。

（4）岗位技术责任制订：服装生产加工过程一般包括前期技术准备、生产加工、后期整理运输等多个环节，为此，进行明确的岗位划分，制订相应的权责标准，是生产得以顺利进行的保障。

（5）工具、设备推广应用与管理：在服装生产加工过程中，会用到许多辅助工具。这些小的辅助工具看似不起眼，但往往很有效，大都是由工厂自己改造的非购买品。而设备则大多是专用的（针对专门的工序的），必须对操作人员进行认真培训和辅导。

（6）技术培训与考核：服装加工业属于劳动密集型行业，中小服装企业的工人大都是从农村招聘的打工妹、打工仔，文化程度低，需要进行技术培训，同时人员流动频繁，更需要持续的培训与考核。

（7）新产品的设计、试制、鉴定与总结：正如前面所言，小型服装企业主要是采用短、平、快的方式进行生产，产品的更新必然很快，这就需要企业快速地打样、试制、确认。

（8）生产计划的制订与执行：制订生产计划，跟进生产进度，按时完成产品的生产。

（9）投产前的材料准备和技术准备：包括面辅料的准备、设计、打样以及设备与人员的准备等。

（10）生产流程的组织与管理：生产流程的准备即规划裁剪、缝制、整烫、包装。

（11）物料采购与库存管理：面、辅料的采购，出入库、储存管理。

（四）影响服装生产的因素

1.生产能力

生产能力主要指人、机械、材料、资金等的能力。

2.质量标准

质量标准主要指质量标准、时间标准和产量标准等。质量标准是在服装生产前制订的。时间标准即时间定额，不能定得太高，也不能定得太低，要比较合适。产量标准是数量的标准，规定每个月生产多少量等。

3.库存

通常包括原材料库存、半成品库存和成品库存等。

4.进度安排

安排生产进度时要处理好几个关系，即库存与进度安排，库存与生产能力，生产能力与产量标准，进度安排与时间定额等的关系。

5.控制

控制就是根据计划要求，采取一定的措施以保证计划的实现。一般包括检查、比较、修正三个过程。

对一个纯生产过程的管理者来说，通常要从质量、交货期、成本三个方面来评估。对这三个方面的要求，实际上不可能同时都做好，必须有所侧重，有所取舍。例如，有的服装生产企业是生产高质量的工艺精美的高级时装，这时企业的主导思想是追求高质量，而成本和交货期则可放在次要的位置，对三个方面要求的次序应是质量、交货期、成本。而生产中档服装的生产企业，其注意点是降低面料、辅料的成本，企业的技术水平不需要很高，其产品只需要保证一定的质量，但并不要求十分精美，显然，对这些企业来说，对三个方面要求的次序是成本、交货期、质量。这表明每个服装生产企业都要对自己企业的具体情况进行分析、研究，确定自己的着重点。同样，对同一个服装企业或公司内部的生产人员、销售人员之间也存在着不同的侧重点。例如，生产管理人员考虑的次序是质量、交货期、成本，而销售人员考虑的次序是成本、交货期、质量。

综上所述，服装企业要将市场的三点要求（质量好、成本低、交货及时）与生产管理的各项活动以及企业的目标综合起来。可以说，在不同类型服装公司工作的管理人员，必须根据本企业的特点来组织生产。如果生产高档服装的工厂的管理人员按照生产中档服装的方法去管理工厂，就可能管理不好，必须根据生产条件和市场需求合理确定生产管理的重点。

第二节　服装生产的物料管理

一、物料管理

（一）物料管理的概念

所谓物料，是生产单位维持生产活动持续不断进行所需物品的总称，如原料、材料、配件及工具等。物料管理就是以经济合理的方法管理生产所需用的一切原材料、配件和工具，使生产活动顺利进行，达到预定的目标。一般情况下，生产的物料成本约占销售总额的一半以上，相对地，利润所占的比率就较少。因此，为了提高产品的利润，可利用降低物料成本的方法，使利润所占的比率增加。所以，物料管理的目的就是，用最少的钱，发挥最大的供应效率，达到预定的目标；不积压资金，尽可能降低成本；适时、适地、保质、保量地配合生产需求供应物料。

由于不同企业的不同生产方式，致使各种行业的物料划分方法也有所不同。大致上，服装企业的物料可归纳成以下五类：

（1）原料或材料：如面料、里料等。

（2）间接材料或用品：如纸、划粉等。

（3）半制成品：如领、袖等。

（4）配件：如线、拉链等。

（5）成品：如衫、裤等。

（二）物料管理的重要性

一般情况下，有效地对物料进行管理，可以达到以下目的：在事前知道需求数量的情况下，经济地完成采购工作；不常用的储存品可减至最少量；在发料和服务方法上采取有力措施，尽量减少物料的损耗；降低因等候物料而造成停工待料的损失；仓储品的会计工作和物料成本的计算，有了更准确的基础。

（三）物料管理的范围

一般认为物料管理是管理仓库中物料的储存与发放。实际上，工厂中除了直接从事产品的设计、制造、机器设备的维修和工具的供应等工作外，都可以说是物料管理的范围。物料管理的研究对象有采购、验收、分类、发放、控制存量、处理呆废料等。所以，物料管理的范围包括用料计划与预算、存货控制、采购管理与仓储管理等。

1.用料计划与预算

预定在一个固定的生产周期中，所需的物料种类与数量。由制造部主管决定用料计划并与采购部门协调制订预算。

2.存货控制

存货控制是物料管理的中心，目的是配合生产实况，以最低的仓储量，提供最经济有效的服务。

3.采购管理

采购管理包括采购作业方式、采购预算、供应商的确定等。

4.仓储管理

仓储管理包括物料的检验、收料、发料、存储与呆废料的处理等。

（四）物料管理的组织

物料管理的组织有的属于生产部门管理的，有的与生产部门平行的。一般可将物料管理的组织分为功能类组织、地区类组织、产品类组织。以下分别进行介绍：

（1）功能类组织企业为了达到高度专业化的效果，根据工作功能的不同而严格将职责划分成各个单位，如在物料管理部门下设采购、运输、仓储等单位。

（2）地区类组织企业在不同地区设立工厂时，每个地区需设独立的物料管理单位，以求地区性采购与管理的方便，如华东物料管理部门、华南物料管理部门等。

（3）产品类组织对多元化经营的企业而言，为了使生产或服务获利更多，可按产品类别设立物料管理部门。

二、物料的采购

采购是企业为了获得所需的原料等物料，向外界所做的购物行为。其目的不仅是以最低的总成本获得所需，还要能获得保质、保量和适时的物料，顺利地供给需用部门使用。

采购的组织因企业的大小、采购的功能等因素而定。小型企业只需一个采购经理或再加一位采购助理，或附属于财务部门或生产部门，指定某人负责。大型企业则设采购部门，根据其专业功能细分为地区采购部门或产品类采购部门等。

其次，采购部门必须与其他部门之间保持协调的关系。采购与财务部门的关系有采购预算、支付政策；采购与生产部门的关系有采购日程、采购数量等。

采购与其他部门（如运输、仓库、品管部等）的关系也需保持协调，便于物料的运输配合。对交货时间、仓库的收料通知、品管部的品质检验、品质标准等都有直接的关系。

（一）采购方式

采购方式可分为两种：一种是集中采购，另一种是分散采购。集中采购是指企业的采购由总公司的采购部负责，分公司直接向总公司申请物料，而不能自行采购；分散采购是公司各部门自行负责本身所需物料的采购事宜。集中采购和分散采购的优缺点如下：

1.集中采购的优点

（1）容易获得品质一致的物料。

（2）有利于采购技术的专业化。

（3）可以享受折扣优惠节省订购成本。

2.集中采购的缺点

（1）作业流程太长，缺乏弹性。

（2）不能因地制宜，丧失有利的时机和价格。

（3）对紧急需求物资不能及时供应。

3.分散采购的优点

（1）作业速度增快。

（2）有效地利用当地资源。

（3）权责分明，易于管理。

4.分散采购的缺点

（1）订购成本过高。

（2）不易享受折扣优惠。

（3）物料品质不易达到一致。

（二）采购的方法

采购的方法有议价、比价、招标、询价现购或市场选购等多种方法，要根据采购的需要与市场供应情况而定。一般企业采用招标方法。

1.议价

议价是指买方与供应商以商议方式决定其所需的物料。适用场合为：

（1）供应商仅有一家，而无其他竞争者。

（2）迫切需要时。

2.比价

比价是指买方函告有关厂商，定期前来报价，并以议价方式选定供应厂商。其适用场合为：

（1）合格的投标厂商不足三家。

（2）采购的物料必须保密，不能公开招标。

（3）经公开招标后，可能会有违标现象发生。

3.招标

招标是指买方以公告方式，召请供应商定期前来报价，并以公开标价的方式选定供应商。该方法在供应商有三家以上时可付诸实施。

4.询价现购

询价现购该法是指买方直接向市场查询明价格，现货采购或称市场选购。适用场合为采购数量少且价值不高的物料。

（三）采购跟催与评核

采购人员提出订单后，需常与供应商保持联络，确保购料品质、数量和交货准时。对于大规模的采购，必要时可派人员长驻工厂跟催。对采购人员或采购部门的评核，最常用的是经营绩效率评估。

三、物料的仓储管理

生产力迅速增长时，不仅产品数量增加，而且产品的种类也增多，为了使各种产品能顺利出厂，仓储管理已不再是保存货物的储存工作，它必须及时供应生产所需的原料及有关的零配件和器材、工具等。如果仓储管理不善，会导致生产停顿，造成人力、物力和财力的损失。一般的仓储管理包括物料的检验、收料、发料、存储、呆废料的处理等内容。

（一）收料与发料

1.收料

收料部门的责任，在于检查进厂物料的数量与品质。收料的主要步骤如下：

（1）清点送来物料的种类与数量。

（2）填写收料单。

（3）检验物料规格是否与订购规格相符。

（4）发生数量不足或品质不合格时，通知采购部补足或更换。

（5）签物料验收单。

（6）将物料存放在适当的地方，以备领用。

2.发料

使用单位填写领料单后方可到仓库提货，发料时应注意事项如下：

（1）审查"领料单"的填写是否符合规章。

（2）根据"领料单"所填数量，分发物料。

（3）按"先进先出"的原则发料，以防物料变质，造成损失。

（4）非仓库管理员，不得任意进出仓库，确保仓库的安全。

（二）物料盘点

盘点就是盘存、点货或清查，计算仓库内现有的物料种类与数量，掌握库存的实际情况，作为采购或进货的参考。

物料盘点的方法可分为永续盘点法和实地盘点法。永续盘点法是将仓库分成若干区域，逐区轮流盘点，将盘点库存数量与永续盘点记录相比较。实地盘点是由实地观察、盘点、决定存料的数量，通常以两人一组实施，一人在物料上做标签，另一人点数后将标签撕下，核对标签与记录的数据，若不一致，再复核。

物料经盘点后，若发生实际库存数量与账面结存数量不符，除追查差异的原因外，还需立即处理。其处理方式如下：

（1）实际库存数量大于账面结存数量时，凡对有物无账的物料，应调整清册，入账管理；对数量超出的物料，则按收料程序使之入账。

（2）实际库存数量小于账面结存数量时，若因遗失造成数量不足，应设法追回或弥补，最后以调查结果调整账面数字。

四、呆废料的处理

通常所说的呆料是指库存周转率很低的物料，即存量多而使用少，甚至不用的物料，但这些物料仍有利用价值。而废料是指已经失去效能，不可利用的物料。

随着人类科技的不断进步，有些物料，如计算机产品中的各式模板，进货时是一种新产品，三个月或半年后，它可能就变成仓库中的呆料，如果不立即处理，稍延时日，很快就会成为废料。所以，在科技日新月异的今天，呆废料的发生，比过去更容易而且不可避免，如果不早处理，则损失更加严重，如占用仓库面积，增加储存费用，资金积压，增加利息负担，妨碍资金周转等。相反，如果能在事先采取有效措施，不仅能防止呆废料的发生，使损失降到最小，而且还能及时利用物料，创造新的价值。

（一）呆废料发生的原因

1.呆料形成的原因

（1）少数不良品的存在。

（2）时间过长引起物料的变质。

（3）生产计划错误，造成物料种类变更。

（4）变更产品设计，造成物料种类变更。

（5）更改订单，导致物料的用量削减。

（6）机械设备报废，造成备用品剩余。

2.废料形成的原因

（1）机械设备报废后拆解形成废料者。

（2）剪裁后剩余的碎屑、零布等，经济价值极低者。

（3）长期不用，陈旧不堪，无利用价值者。

（二）呆废料的处理方法

1.调拨

调拨企业内各工厂间或机关内各单位间，互相调拨使用。

2.拆零利用

提供给修理或修补者。

3.转赠

转赠慈善或其他机构，以供使用或研究。

4.出售

企业或机构内不再使用的呆废料可对外标售，包括废料回收。

5.销毁

销毁毫无价值或有害人体的物料，将其销毁或掩埋。

五、存货控制

（一）存货分类

由于在不同的生产程序及过程中需要或产生不同的存货，如原料、配件、半成品及成品等，将存货分类，便于管理。在制定分类系统时，可以依据不同的标准，最常用的方法是存量甲乙丙分类法，其方法是将公司库存材料分为三大类：甲类材料数量仅占总数的8%～10%，但价值占总值的比例甚高，约占70%；乙类材料数量较多，约占总数的20%～23%，但其价值约占总值的21%；丙类材料数量最多，约占总数的70%，但价值只占总值的4%左右。

（二）存货控制的目的和范围

1.存货控制目的

存货控制本身不能创造利润，但通过减少管理费用和劳务费用，可以达到开源节流的目的，仍然可以产生效益。存货控制的目的是：

（1）达到最经济的订购量。

（2）在最适当的时间订购物料。

（3）把存货量控制在一个适当的范围。

简而言之，存货控制的目的是配合生产，以最少的费用维持对客户的服务。

2.存货控制范围

存货控制的范围可以分为以下各项：

（1）原料：是指经过进一步的处理，才能变成最终产品或构成最终产品的一部分物料。

（2）零配件：产品的一部分。

（3）在制品：正处在制造、加工过程中的产品。

（4）成品：进入市场销售的产品。

（5）包装材料：包装成品的一切材料。

（6）设备器具：用以加工产品的装备和器具，不是构成产品的一部分。

（三）存货控制系统

理想的整体控制系统应包括生产计划、排期和控制，还需与其他计划及控制活动相结合，如现金计划、资产预算与销售预测等。存货控制系统包括三方面：

（1）长期计划：编定预算有利于存货投资。

（2）中期政策与计划：作为短期排期的基础。

（3）短期排期计划：安排生产日程。

（四）存货控制制度

现行存货控制制度的种类繁多，目前普遍使用的有分类控制、定量控制、定期控制、双份制、综合控制等。

1.分类控制

分类控制是指将物料分为几大类，依类设定控制原则，在数量上实施各类货品的控制。常用的分类是将物料分为A、B、C三大类，也称ABC存货控制。

2.定量控制

定量控制也称订购点法或Q制度。其特性如下：

（1）每次订购数量一定，由存货控制的基本原则来决定。

（2）订货周期按需求率定。

（3）确定安全存量，应付前置时间内不正常的需求。

（4）经常检查当前的存货是否减至订购点，以便订购。

3.定期控制

定期控制或称P制度，其特性如下：

（1）订货的周期固定不变。

（2）订货的数量为存货水平的数量减去现存量，订货数量是不确定的。

（3）定期执行盘点作业，确定现存量。

4.双份制

双份制是将特定物料分为A、B两份，平常使用A份，B份作为储存；待A份用完后才准动用B份，同时订购A份的数量，在前置时间内则以B份来维持需求。

5.综合控制

采用定期控制的方法，在定期检查存货时，往往会发生存货已减至应订货存量之下的情况，即使立即订购物料，待新物料到库已无法应付需求。为了弥补这一缺点，管理人员可将双份制与定期控制配合使用。如果定期检查日期未到，而双份制中的第一份存货已经用完，则应立即订购。如果定期检查的日期已过，而双份制中第一份尚未用完，则仍需进行订购。

（五）存货控制的基本原则

一般来说，存量控制工作主要有以下三方面：确定最高的存货量，确定最低的存货量，确定再订货存量。

1.确定最高的存货量

确定最高的存货量时，有关的人员需要考虑下列三个因素：

（1）物料的消耗速度。

（2）物料变坏或过时的可能性。

（3）当前可用的储存空间。

这三个因素是相关的。如果物料消耗得快，库存的数量就要多。不过，该因素也要考虑到物料的特性。如果易于变坏的物料，存量就应该减少，避免更多的物料变坏。此外，工厂可用的储存空间也是要考虑的，工厂应预备足够的空间来容纳所需的存货量。在很多情况下，前人的经验对确定最高存货量有着很好的参考价值。

2.确定最低的存货量

确定最低的存货量时，有关人员需要考虑以下两个因素：

（1）物料的消耗速度。

（2）物料的交货时间（即从下订单至收到物料所需的时间）。

如果物料消耗得快，最低的存货量也要相应提高，但也受物料交货时间的影响。如果下订单后供应商的物料很快到位，物料消耗快的影响则不大，最低的存货量也不用调得很高，以免占用过多的资金和空间。计算最低存货量的简单公式为：最低存货量=单位时间需求量×交货所需的时间。

3.确定订货存量

再订货存量要比最低存货量定得高些，在确定再订货存量时，要考虑以下因素：

（1）物料的消耗速度。

（2）物料的最低存货量。

（3）物料的交货时间。

如果物料消耗得快，那么再订货存量通常也调得较高，但也受物料的最低存货量和交货时间的影响。在交货时间不长、最低存货量又小的情况下，即使物料消耗得很快，也不需将货存量调得很高。

第三节　服装生产过程管理

一、服装生产的组织

一般来说，服装企业为了进行某种产品的生产，需进行与产品生产过程有关的其他活动，如生产技术的准备、机械设备的维修等，所以，服装企业的生产过程包括以下几个部分：

（一）生产技术的准备过程

生产技术的准备过程是指产品在投入正式生产前所进行的各种生产技术的准备工作。主要包括服装款式的设计、工艺设计、工艺设备的准备、服装样板的制作、服装材料的准备和工时定额的制订、修改等。

（二）基本生产过程

基本生产过程是指直接为完成某种服装成品所进行的生产活动，包括服装面料和辅料的排料、划样、裁剪，衣片的缝制、熨烫、包装等生产活动。

（三）辅助生产过程

辅助生产过程是指为保证基本生产过程正常进行所必需的各种辅助生产活动。包括设备的维修、包装材料加工等工作。

（四）生产服务过程

生产服务过程是指为基本生产和辅助生产所进行的各种生产服务活动。如服装面料和辅料的采购与供应，原材料、半成品、生产工具等的保管与收发，厂内外的运输等。

以上四个部分既有区别又有联系，核心是基本生产过程，缝制过程又是基本过程的核心，从裁片准备到成衣缝制结束的全部生产过程就是服装的缝制过程。按服装基本生产过程中工艺加工的性质，生产过程可分为若干相互联系的生产阶段，即裁剪、缝纫、整烫、包装阶段，每个生产阶段可按劳动分工和使用设备及工具的不同，又可划分为不同的工种和工序。

二、服装裁剪工程技术管理

裁剪部门（有的地区叫裁剪车间）是成衣生产过程中的第一个生产部门。裁剪部的工作是将面料、里料和衬料等原料裁剪成服装所需要的形状，如前片、后片、衣袖、领片等。要缝制服装，首先要将各部分的裁片裁好。因此，裁剪是成衣生产工艺过程中的第一道工序。各种服装厂裁剪部的工作量可能有所不同，有些裁剪的工作量小，有些裁剪的工作量则非常大，所以裁剪部的工序和专业化程度也有所不同。

（一）裁剪部门的人员配置

在小型的服装厂里，裁剪部的工作由一两名员工负责。大型服装厂则设立裁剪部，各项工作分得很细，如设专门负责排料工作的人员等。一般服装厂的裁剪部主要配备以下人员：

1.裁剪部主管

裁剪部主管负责编制各批订单的裁剪工艺、调配人员和督导部门员工的工作，确保裁剪工作的质量，还要与服装厂的最高管理层和其他部门联系。

2.排料工

排料工负责制作和复制1：1的排料图。

3.拉布员或铺料员

拉布员或辅料员用手工简易铺料装置或拉布机将面料按工艺要求，铺放在裁床上。

4.裁剪工

裁剪工负责将面料裁剪成裁片，按照排料图的纸样线条完成作业，并在裁片上做好定位记号，有时还需精裁和修正裁片。

5.捆扎工

捆扎工将一叠叠裁好的裁片分类捆扎成一扎扎的形式，有时也将裁片与配料扎在一起。

6.工厂助理员

工厂助理员负责裁剪部的日常事务工作，包括打印工票和统计等。

（二）裁剪分配方案

在工业化服装生产中，生产是以数量多、品种多的形式进行。面料的耗用量很大，约占总成本的50%以上。为了降低面料的成本，必须有计划地利用面料，需要制订一个裁剪分配方案。所谓裁剪方案就是有计划地把订单中的服装数量和颜色合理地安排，并使面料的损耗减至最低的裁床作业方案。裁剪方案包括以下内容：排料方式，包括款式、尺码、件数等；拉布的数量和颜色搭配，拉布的方式等。

确定裁剪方案是为了提高生产效率，尽可能节省面料，提高面料的利用率。因此，在选择裁剪方案时，应考虑以下几个因素：

（1）排料工的技术水平的差异，在同一种裁剪方案中，可能会产生多种不同的纸样排料图，其主要原因是每个人对空位的观察能力有差异。

（2）排料划样机可以减少因排料工技术水平的差异而导致面料损耗的增加，如采用纸样缩图系统排料或计算机排料等。

（3）排料纸的宽度为方便裁剪作业，排料纸的宽度应等于面料宽度，否则会增加面料的损耗。采用排料纸排料的服装厂一般应备有各种不同宽度的纸，以适应不同面料宽度的需要。

（4）裁剪数和省料：裁剪方案中服装数量多，排料时，纸样裁片互相贴合套排就比较容易，可提高面料的利用率，但服装数量达到某一数量后，面料的利用率会降低。

（5）裁剪方案中服装尺码的组合：在排料时，排放不同尺码的纸样裁片，可以减少裁片之间的空位，达到省料目的。一般小尺码与大尺码裁片的组合要多一些。

（6）布头位与余布的损耗：布头位损耗是裁床上整叠面料两端的裁剪损耗。因为拉布时每对面料两端不可能对得十分整齐，裁剪时要保证最短层衣片的用布量，一般在布层的两端各加放2cm左右，即拉布长度比排料长度长2cm左右。余布是指整匹布拉好后所剩的面料。拉布时要用尽面料是不可能的，但要选择合理的布匹，尽量减少余布的损耗。

（7）接匹：接匹就是在拉布时剪掉面料上有疵点的部分，然后将面料断口重叠并接搭在一起。接匹应尽量避免，因为它会影响预定的拉布方式。剔除面料疵点的另一个常用方法是在有疵点的部位做记号，裁剪完后，拿掉有疵点记号的裁片，用余布或同色的面料补裁。

总之，应根据生产条件选择裁剪方案。裁剪方案不是唯一的，掌握影响因素，不墨守成规，灵活设计。现在更先进的技术是运用服装CAM，使上述问题得到较好的解决。

（三）排料工艺

排料就是排板，是指依照裁剪方案、规格精密编排，以最小的面积或最短的长度将所有纸样画在排料纸或面料上。排料时所需要的资料有生产制造单、纸样、生产样板、面料幅宽、裁剪方案等。

1.排料的操作步骤

（1）检查整套纸样与生产样板是否相同，检查纸样的数量是否正确。

（2）检查面料幅宽。

（3）根据裁剪方案取其所需的尺码纸样排料。

（4）取出排料纸，折出一个90°角的布头线，用笔画出，然后画出幅宽的宽度线。

（5）先放最大块或最长的纸样在排料纸上，有剩余空间时才放上适当的细小纸样，并注意纸样上的丝缕方向。

（6）在排料结束时，各纸样要齐口，不可有凹凸位，然后画上与布边垂直的结尾线。

（7）重复检查排料图，不能有任何纸样遗漏。

（8）在排料纸的一端写上制单号、款号、长度、宽度、尺码、件数、拉布方法和利用率等有关数据。

2.影响排料质量的因素

（1）线条的准确性：排料线的粗细，正确与否，直接影响成衣的尺寸和外形。

（2）裁剪设备的活动范围：排料时，应注意纸样与纸样间的排列要有足够的位置，让裁剪刀顺利地裁割弯曲部位和角度。否则易导致衣片尺寸不正确。

（3）适当的标志：在排料图上，每一块纸样都应标有服装的尺码、款号、纸样名称，还有省位、袋位、袖衩位、丝缕方向等标记。

（4）纸样的排列方向：如果有方向性的面料，就要特别注意纸样的排列方向，否则成衣上会出现丝缕方向不一致的质量问题。

3.排料图的制作

排料图的制作方法很多，归纳起来有以下三种：实际生产纸样排料、缩样排料和计算机排料。

（1）实际生产纸样排料：具体操作有三种方法。第一，直接画在面料或空白纸上。直接画在面料上的排料方法是较传统的方法，操作过程是将纸样排列在布面上，用蜡笔或划粉沿纸样边画下来，纸样移走后，在面料上留下清晰的纸样线条；画在空白纸上的排料过程也是一样的，只不过间接地先将纸样画在空白纸上。第二，该方法是将纸样铺放在面料上，用一个金属丝框架固定起来，将颜料喷在纸样及其四周，纸样移走后，可以看见在纸样位置四周的面料上涂满了墨的颜料，使纸样的形状在面料上清晰可见。第三，光源下置影印系统，做法是把实际生产纸样排放在抽真空装置的台上，在负压作用下使纸样固定在台面，感光纸铺在排好的纸样上面。台下放置紫外光灯，使感光纸曝光，然后用阿摩尼亚蒸汽熏，使纸样的形状在感光纸上显影出来。

（2）缩样排料：这种方法将实际生产纸样缩小成比例图样，如1∶4或1∶5，然后再用缩样进行排料。纸样的缩小是由纸样缩图系统来完成。纸样缩图系统由两部分组成，即缩放绘图器和影印箱。

（3）计算机排料：迄今为止，计算机不能自动完成纸样绘制工作，因此，第一步就是把纸样的图形输入计算机。扫描器用扫描器的方法将整块纸样的图形输进计算机。如果订单需要几个尺码的纸样，不需要把每个尺码的纸样图形输入计算机，计算机可以完成放码工作。但计算机仅仅是个工具，要取得好的效果，还需要工作人员的经验与智慧。

排料工通常用感应压力的光笔和鼠标将显示器画面上方的纸样图形牵动排料图上的某个位置。排料图完成后，计算机会显示出最后的排料利用率和纸样周界的总长度，以便计算出裁剪衣料所需的用墨量。排料图最后储存在计算机的储存器内或软盘上，随时可取出使用。

三、服装缝制工序管理

（一）服装生产的缝合方式

缝制服装有很多种方式，有些服装可以由一名工人独立完成整个缝制过程，即从纸样、裁剪到成衣的熨烫、整理，全由一人独立完成。而在服装厂内，服装缝制程序一般可分成多个工序，而每个工序可由一名或多名工人操作。在一些大型服装厂内，缝制程序分工更细，每个工序都是由一组熟练程度很高的工人负责。

服装缝合方法大致可分为单独整件生产、分工生产和精细分工生产三种方式。

1.单独整件生产

单独整件生产俗称"全件起"，除了一些特别工序，如锁眼、钉扣等机缝及熨烫外，只需一名熟练工人即可完成整件服装的缝纫过程，仅需一台平缝机和一张小工作台。

2.分工生产

分工生产俗称"小分科"。分工生产的形式是把整个制作过程，按成衣惯用的生产程序，分成若干个工序，每个工人只负责服装的某个部分的制作。制作过程的分工可依据不同操作和类别，如机械操作、手工操作和熨烫等，确定每个工人的工作。例如，面料衣身和衬里的缝制是分开进行的，面料衣身由一个工人缝制，衬里由另一个工人负责，第三个工人把面料衣身和衬里缝合，第四个工人完成后整理和包装。因此，整件成衣的制作过程需要四个工人。在其他情况下，也会出现其他的工序，如车袖、车衣袋等，操作过程变得复杂。

3.精细分工生产

精细分工俗称"大分科"。这种生产形式与分工生产类似，但分工更细，每个工人都要从事更专业化的操作，机器和工具都是为特定的工序而设计的，工人操作的专业化程度较高。例如，面料衣身的缝合，分工生产形式只用一名工人，而精细分工生产用一名工人缝合后中线，另一名工人缝合侧缝线，与分工生产相比较，精细分工生产要用两名工人去完成一个工序。在该例中，整个缝制过程共需一组工人来完成。

（二）缝纫流水线生产组织

1.流水线生产的条件

组织流水线生产需要具备一定的条件，才能取得良好的经济效益，主要条件是：

（1）产品品种稳定，为长期的大批量生产的产品。

（2）产品的结构和工艺具有相对的稳定性。

（3）产品结构的工艺性比较理想，符合流水线生产的工艺要求，如能分解成可单独进行加工、装配和检查的零部件等。

2.流水线生产的主要参数

流水线生产的参数很多，其主要参数如下：

（1）标准产品单位时间的产量：指产品在规定的生产时间内的产量，如日产量、月产量、年产量等。确定产量的依据一般根据市场需求和投资规模，如日产量可以根据订单要求，再比照标准产品来确定。

（2）工序的标准作业时间：指在规定技术条件下，完成某一工序所需的时间。如缝纫生产大多是单人操作、人机并动，影响标准时间的因素很多，不仅与机器设备的先进程度有关，也与操作人员的熟练程度及产品缝制要求等有关。在组织流水线生产时，上述因素需综合考虑。

（3）轮班方式：指机械设备的有效运转时间。

（4）生产设备的种类和数量：这是指车间现有缝纫机的种类和数量，能否满足流水线生产的组织要求。

（5）生产人员：指管理人员、操作工人和辅助人员。

（6）服装生产的流程和标准工艺：根据产品的款式和规格，充分利用现有的技术条件，把整个缝纫工艺划分为若干个不可分割的最小工序，并加以顺序排列，作为生产流水线的基础资料。如西服上衣可划分为200～300个工序，男式绱袖衬衫可划分为40～50个工序。为了明确表示工序间的关系，方便管理，一般以流程图的形式表示缝纫加工中各个作业间的流程关系。流程图的基本内容包括工序名称、各工序标准作业时间、设备要求、车缝附件、缝缉线型、各工序的加工符号和顺序号等。

3.服装缝纫流水线组织

服装缝纫流水线的组织主要包括：确定流水线生产的节拍、组织工序同期化、计算流水线的负荷系数、配备工人人数和流水线的平面布置等。

（1）流水线生产节拍的确定：节拍是流水线生产组织的重要依据，它决定了流水线的生产能力、各工序之间的时间衔接和生产效率。流水生产线上的产品在各工序间每移动一次所需的间隔时间，称为流水线的生产节拍。

（2）加工工序同期化：为保证生产过程的连续性，提高设备的负荷率和劳动生产率，缩短产品的生产周期，加工工序的同期化是必不可少的。那么，什么是加工工序的同期化呢？工序的同期化也称工序的同步化或工序的时间平衡，是指通过技术组织措施来调整流水线各工序的加工时间标准，使之等于流水线的生产节拍或为节拍的整倍数。

（3）计算流水线的负荷系数：流水线的负荷系数又称编程效率，其值越大，表明流水线的生产效率越高。对于负荷率较低的工序，要进行调整或合并，工序再合并以后，进行工序调整时，要考虑设备要求、工人技术条件等。

（4）操作工人的配备：在以手工操作为主的流水线上，需要配备的工人总数等于流水线上所有各个工作地的工人人数之和，即每个工作地所需的工人人数。可按下式计算：

每个工作地所需的工人数=工作地上同时工作的人数×工作班次。在以机械设备为计算单元的流水线上，配备工人时要考虑工人实行多设备看管和兼作的可能性，以及配备后备工人的必要性。

为了提高生产效率，应考虑服装产品与作业人员的合理配备作为参考。如果分工过粗，各项作业内容处理时间会增多。假如作业人员承担的工序过多，也会使作业内容变得复杂，技术熟练程度难以提高。因此确定操作人员时，需考虑如下因素：接受订货数量的多少；加工时间的长短；操作人员技术水平的高低；将工序、标准作业时间等用缝纫作业分析表的形式表示出来。

（5）流水线的平面布置：总的原则是使缝纫机等设备、工具、运输装置和工人操作有机地结合起来，合理安排各个工作地，使产品的运输路线最短，便于工人操作和生产服务部门进行工作，并能充分利用车间面积。随着科技的进步，流水线的排列也在不断变化（图6-1~图6-3）。

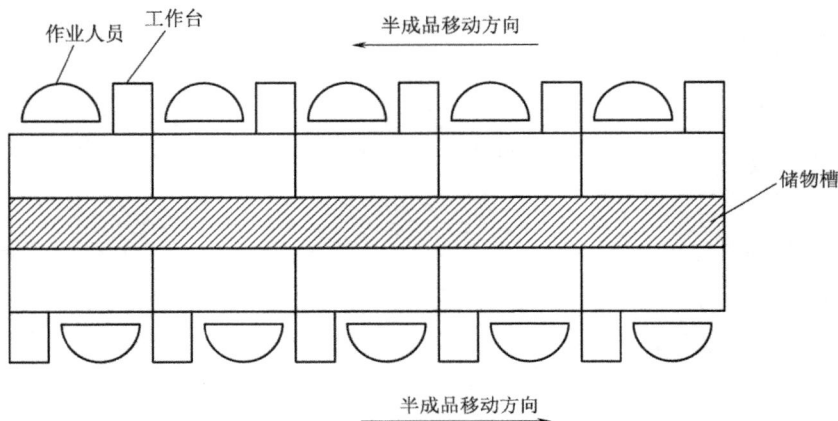

图6-1 传统流水线排列

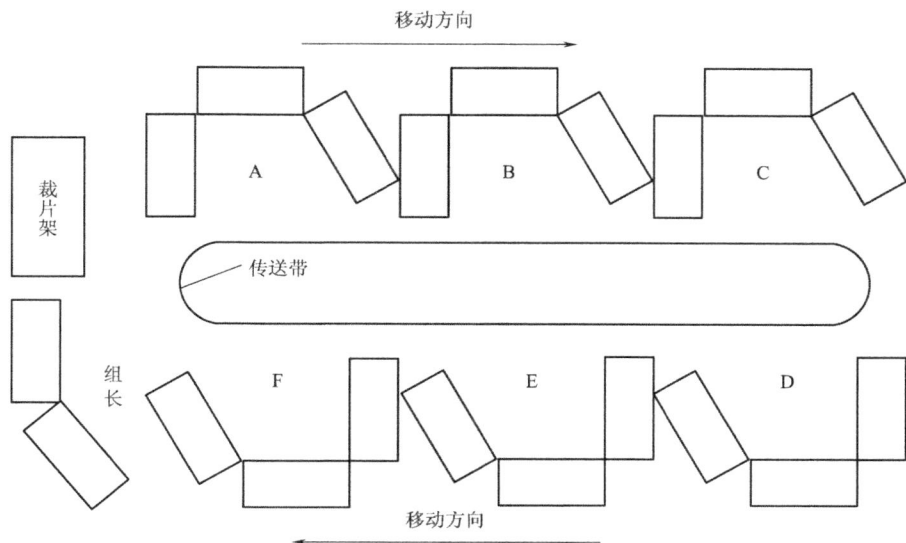

图6-2　现代工作站排列

图6-3　服装吊挂系统

四、整烫管理

（一）整烫的分类

　　行话说："三分做，七分烫。"可见整烫是非常重要的。整烫按加工顺序分，有产前熨烫、中间熨烫及成品熨烫三类。

1.产前熨烫

产前熨烫即在裁剪之前对服装的面、里料进行的熨烫处理。目的是使服装面料或里料获得一定的热缩或去掉皱褶，保证裁出的衣片质量。产前熨烫多用于少量服装的制作。现在也可以使用面料预缩机来完成这项工作。

2.中间熨烫

中间熨烫即在加工过程中、各缝纫工序之间进行的熨烫作业，包括部件熨烫、分缝熨烫和归拔熨烫等。

（1）部件熨烫：对衣片或某半成品部件的定型熨烫，如领子整形、袋盖定型、袖头的扣烫等熨烫加工。

（2）分缝熨烫：用于烫开或烫平缝口的熨烫加工，如侧缝、后背缝、肩缝以及袖缝等的分缝加工。

（3）归拔熨烫：将平面衣片烫出立体造型的熨烫加工。传统的手工归拔工艺，使归拔熨烫具有较强的技巧性，作业人员需经过较长时间的学习才能掌握。目前，许多归拔熨烫工序可由中间熨烫机或成品熨烫机完成，所塑造出的立体造型更接近人体，而且不会出现"极光"等疵病，并对作业者的技能要求降低，减轻了工人的劳动强度。

3.成品熨烫

是对缝制完的服装成品做最后的定型、保型及外观处理。其技术要求是保证服装线条流畅、外形丰满、平服合体、不易变形，具有良好的穿着效果。

（二）熨烫工艺参数

熨烫定型的关键是如何控制好在不同温度下纤维的变化，即如何确定合适的熨烫工艺。熨烫过程中，熨烫的工艺参数——温度、湿度、时间及压力，对熨烫效果有很大的影响。

1.熨烫温度

温度的作用是使织物纤维分子链间的结合力相对减弱，让织物处于高弹态，具有良好的可塑性。因此，熨烫温度的高低主要取决于纤维材料的种类，应控制在材料的玻璃化温度和流动温度之间。例如，麻→棉→毛→丝→化纤→尼龙，熨烫温度应逐渐降低。

2.熨烫湿度

在熨烫过程中，必须对面料充分加湿。加湿的作用主要是：水分子进入纤维内部，改变了纤维分子间的结合状态，纤维间抱合力下降，可塑性提高；能有效地消除熨烫中产生的极光。

3.熨烫时间

由于织物的导热性较差，要保证良好的定型效果，熨烫时需有一定的延续时间，以使纤维大分子链能够有机会重新组合，且在新的状态下定位。否则，烫出的效果均为暂时性定型，无法保持长久。

4.熨烫压力

因大多数纤维有一个明显的"屈服应力点"，当对面料施加一定的压力超过这一应力点，会使纤维分子产生移位，导致面料发生形变。压力的大小主要取决于织物的种类。一般来说，光面或细薄织物所需压力较绒面或厚重织物小。

另外，由于在熨烫过程中，需对面料加湿，所以当形变要求达到后，必须将织物中的水分烫干蒸发，以取得较好的定型效果。否则，湿润的面料纤维仍具有一定的可塑性，大分子链很可能再次发生移位，使原有的熨烫效果丧失。

第四节　服装的品质控制与检查

服装工业是人工密集型行业，在分工制度和计件工资制度的刺激下，工人的操作水平很难达到一致，稍有差错，则货品的品质就会受影响，因此要有严格的品质标准，要有一个完善的品质控制系统，才能使服装产品的品质精良，使客户满意。

不少服装厂采用主观判断、事后检查的方法来控制品质。在计件工资制度下，由各生产单位判断自己工作的好坏，存在不少弊病。如工人为了工资收入的提高，多数是重数量而忽视质量，货品到最后一道工序检查时才发现毛病，退回修改则造成了时间和资金的浪费。更为严重的是将次货退回原操作者手中，原则上是责无旁贷的，但这样做会影响工人的情绪，以致生产速度下降，影响正常的生产周期。有些工厂为了赶船期或航班，将品质较差的成品一齐出货，这样容易遭到客户的拒收，导致服装生产企业蒙受损失。

有些工厂为提高货品的品质，采取增加直接工资或加强检查人员的管理方法，要求工人认真工作，但因为没有全面性计划和系统的管理，品质问题仍然会存在。相反，如果推行品质控制制度，在初期，工人和管理人员会不习惯，但在最高管理阶层的支持下，克服不习惯后，产品的品质会有明显地提高。

一、服装的品质控制

（一）品质控制的实施

品质控制的实施大致可分为三个方面：生产前核对，在制产品抽查，品质审核。

1.生产前核对

（1）原料和零件抽查：包括面料、里料、配料、刀模、辅件等，在收货前必须检查或抽查，检查的数量是根据各厂的实际情况而定，根据购货规格来制订标准，检查不符合标准的要以报表形式呈报或退货。

（2）样板核对：每批货在生产前，先在车间试制三件至一打服装，由品质管理部派人核对，并检查其是否与原样板或制造指示单的规格相符合，品质标准是否符合客户及厂方的要求。如发现因制造方法而影响品质、阻碍生产，或设计上有错误时，应立即报告，由生产工程部或劳务部重新研究并改进。

（3）排料抽查：主要抽查记录的排料长度，即用布量，并抽查对条纹及对花的排位，也要注意排料图上各种碎料的分配量及各件裁片的尺寸、缝口大小，如有不合格，以报表呈报。

2.在制产品抽查

在制产品抽查范围如下：

（1）裁床部：抽查剪布后的裁片颜色、数量分配、大小尺寸及冲床冲压后裁片上中下三层的尺寸是否与制造规格相符。

（2）车间：抽查各工段或分部门的半成品规格，抽查的重点在合成部分之前的部分，如衬衫拼接肩线的前后片、缩领前衣片抽查。

（3）熨烫及包装：抽查熨烫质量、折衣的尺寸样式及包装材料的规格（如纸箱、胶袋、挂牌、装箱分码及箱的商标等）是否正确。

在制产品抽查的数量由各厂的实际情况而定。其采用的工作步骤可分：抽查和复核。

（4）抽查：品管员根据制造单进展将每天生产的质量情况填写成报告，如发现货品有疵病，则在报表上填写，呈交品管部主管，由其决定所填报的事实是否确凿。如报告内容有因品管员误解生产标准而致，则把该项内容删去；如所填报的事实是实情，则签后呈副本交给厂长和劳务部主任，正本留底以备复核。

（5）复核：复核工作是把目前发现的问题进行核查，考察其改进的情况，改进后的成绩可留作日后参考备查。

3.品质审核

审核的工作是在每批货从包装开始至付货止，每天作品质审核，保证每批货都达到一定的品质要求。审核的内容包括全件制品的规格及包装的色码分配，并每天记录审核的数量和成绩。在每批货生产完成时，要进行统计，填写综合报告，呈交品管部主管签署后转呈厂长。

（二）品质控制部的内部组织及工作分配

品质控制部的工作主要是协助直接生产单位对品质实施控制，并非代替其检查工作，所以，对在制品的核对、抽查、审核是以抽样方式进行的，不是百分之百的检查，抽查的数量也按实际需要定。现将其内部组织及其工作分配如下：

1.品质控制部主管的工作

（1）负责组织、分派、督导下属人员工作。

（2）负责与劳务部主任或生产工程部主任研究产品品质管理的标准及规范，汇总实际生产进程的资料。

（3）负责审查抽样报表所记录的事实。如属工人不小心造成的错误，则签署报表后，转呈劳务主任及厂长；如品管员报告的品质疵病属于严重性错误（设计、用料、零件使用错误等），足以影响全部产品品质的，应立即向厂长及劳务部主任提出；又如发现报表上所报告的事实是因品管员误解规范标准所致，则应把该项事实删去，再签署呈报，同时，向品管人员解释他所误解的事项。

（4）复核控制：如发现货品有疵病，应发出复核工作单，令品质管理人员对该疵病加以复核，并追查复核情况及查阅复核表。

（5）负责签品质审核报表：审核工作的最佳时机是品管部副主管在包装部开箱审核抽查。审核报表也是由品管部主管签署后转呈厂长及劳务主任。如发现品质不合规格时，应立即通知厂长及劳务部主任，由他们决定如何处理，并在每批货完成时，填报"品质综合报告"呈报经理和厂长。

（6）负责准时呈交报告及抄报分发副本至有关部门。

2.品质控制部副主管的工作

（1）如有数名副主管，则每人各自负责所属组别的领导工作，并向主管负责。

（2）如只有一名副主管时，其工作是：协助主管管理文件，包括品质综合报告；协助主管分配工作；负责在包装部作审核工作及填写审核报表；在必要时代理主管工作。

3.品管员的工作

（1）接受主管分配，执行生产前核对和在制品抽查。在一般情况下以报告方式呈报质检事实。在紧急情况下，可以直接以口述方式向主管报告，报表可推迟填写。

（2）了解指示及抽查的标准，掌握生产进程的实况。

（3）每天填写抽查报告及审核报表，协助填写品质综合报表。

4.如何执行品质控制制度

品质控制的设立，并不是代替各生产单位的检查，原则上督促各直接生产单位要对自己工作范围内的工作负责，主要以各单位自我检查为主，达到合乎要求的水平，精益求精。品质控制部主要是协助厂长及生产单位作品质评审，所以最高管理层要尽可能给予政策上及行动上的支持，使工作顺利进行。而各单位应尽可能协助提供资料并接受品管部对货品品质的评审，不要误解品质控制部是专门负责找各单位差错的部门，并要按品质控制部的评审标准，改进生产工艺。品质控制部人员要树立良好的工作作风，对制衣基本知识有全面的认识，努力做好品质管理工作。

（三）品质标准

制衣的品质标准有三类：

1.国际标准

国际标准是由国际标准组织（ISO）制订。虽不同的服装客户对品质要求的差别较大，但也有很多服装厂使用ISO标准。

2.国家标准

国家标准是由各个国家制订的。如英国的国家标准是BSI，美国的国家标准是ASTM，日本的国家标准是JIS。制衣业内有时根据客户要求采用其他国家的标准，来判断如服装面料和辅料的品质。

3.地方标准或客户标准

地方标准是个别客户采用的标准，也称为客户标准。不同的客户有不同的需要，采用的标准也就不同。一般来说，地方标准之间差别很大，然而，却是服装业中采用最多的一种标准。

二、服装的品质检查

服装品质检查就是检查人员用器具较近地察看，做出对品质的鉴定。服装检查可对半成品和成衣检查，并将检查结果记录，作为资料。然后将此资料与所定的标准作比较，并用适当的方法修改。

（一）检查的程序

检查对于整个生产的流程和工序无任何影响。有效的检查包括以下六个程序：

（1）选择需检查的项目，可以是半成品（如领、袋、前片等），也可以是成品。选择的范围可大可小。

（2）制订所要求的标准、规格、样板及图表等。

（3）对项目检查并测试足够数量，方法是肉眼观察、测量或测试法度量。

（4）将检查的结果与所定的标准进行比较。

（5）决定此产品是接受还是修改等。

（6）根据决定坚决执行，如退修、调片等。

（二）检查系统的要求

在成衣生产上，任何检查系统都必须有下列基本要求：

1.检查的责任

每个检查系统一定要有一组责任心强的人员去完成检查工作。在较大的成衣企业中，检查队伍是由不同等级的人员组成，如经理、管理员、检查员等。

2.检查的仪器

对成衣的检查一定要备有合适的工具和仪器，包括检查灯、尺和放大镜等。检查灯用于检查针织面料的成衣，将成衣套在灯上，然后由检查员检查有无损坏或断纱、断线等疵点。尺是用来量度成衣的尺寸，然后将所得尺寸与所定的规格标准作比较。放大镜用于检查成衣上线迹的准确性，特别是配色线中的黑色系列，线迹的密度是较难检查的。

3.检查后的记录

检查的结果必须记录在案，作为该产品的品质资料。记录项目有数量、制订的标准和退修后的纠正等。检查记录通常是改进产品品质的一项资料，检查结果通常记录在卡片或控制表上，目前多采用计算机记录。

4.品质的鉴定

品质的鉴定是根据客户和厂家所制订的标准进行的。如果检查结果与客户的要求相同，则不需作任何特别的改动；如果结果与标准有差异，则必须改进产品的品质。

5.产品标准的执行

如果产品在面料或工艺上有任何错误或与规格不相符,检查员一定要将产品退货,而退货的范围是根据客户或工厂的标准执行的。例如,为防止面料上的错误,所有的面料都必须通过查看,而且要将已检查的和未检查的面料分开存放,防止混淆。

6.检查工作位的设置

检查系统一定要有一个特别设计的工作位置,使检查员能顺利方便地完成检查工作,要保证检查员与生产管理人员之间的联系畅通等。

(三)检查的方法

一般情况下,服装生产常采用以下七种检查方法。

1.生产前的检查

这是进入裁剪前的一种检查,主要是检查面料、辅料等。

2.生产中的检查

这是在生产中对半成品进行的检查,如对一些指定的检查部位(如领、袋等)进行检查。检查的时间是不规律的,检查的次数也要根据成衣的复杂性而定。

3.巡察检查传统的做法

是由质检员在车间的任何工作位置上随意抽取样本检查。若要有一个较有效的巡察检查,必须制订标准的巡察方法,制订巡察时间,不一定每天同一时间,但要有预定的次数,然后登记每一次检查的情况。

4.中央系统的检查

所有的制品都送到同一指定地点检查,在预先选定的工序点,由一批专业检查员负责检查。这种方法较适用于多款式的服装生产,或同时有多款服装在生产加工。

5.成品检查

成品检查也称最后检查,是传统的检查方法,多采用百分之百的检查。通过这一检查,产品便会存入成品货仓。

6.抽样检查

从每批产品中抽出预定样本产品的数量,检查其品质的性能。如果不合格品少于最低规定,整批产品就为合格;反之,整批产品需按规定的有关程序执行,如扩大抽样再检，打折扣收货，甚至拒收。

7.全面品质管理制度和品质保证

品质保证是生产者对用户提供的充分保证，它是全面品质管理为用户服务的思想体现和发展。品质保证可分为两个方面：一个是在设计、制造中采取有效措施，保证为用户提供符合品质标准的产品；另一个是在产品售后的使用过程中，提供优质的服务，若有质量问题，提供退换、赔偿等补偿办法。

第七章　服装市场与营销

第一节　营销模式与服装市场

一、服装营销的基本概念与模式

（一）流行与演变有关

流行一般是指在一定的时间和区域范围内，某种因素成为主销因素的现象。而流行本质上包括变化，它可被定义为一连串短暂的趋势与风潮。从这个观点来看，人类的任何活动，包括通俗音乐乃至于医疗活动都会有流行。我们就服饰业而言，流行是指服装与其他相关的产品及服务。

（二）流行与营销

流行持续的变化，意味着不断运用创造性的设计技巧，包括制作从基本到精致的各种产品。有创意的设计人才，提供部分的系统结构，制造业据此发挥，以回应消费者要求改变的需求。在此同时，制造业也必须有能力指出顾客需要且愿意购买的产品。营销可以提供这种必要的知识与技巧，以确保创意被用在最有利的地方，让企业能够成功并且成长。

（三）什么是营销

营销是企业由顾客或潜在顾客的角度来思考公司发展的方法。这种观点的优点在于将重点放在对企业做严格的测试，如果企业不能符合顾客的需求，将无法生存下去，更谈不上发展。服饰业需依靠顾客反复的购买，而要维持顾客忠诚度的关键在于满足顾客的需求，因此，服装设计人员应具有了解顾客观点的必要性。

营销包含一系列的技术与活动。大部分的人都遇到过市场调查人员，也都看过广告。而技术问题则包括产品开发命名、定价、宣传、促销、推销、预测与销售等。

（四）什么是服饰营销

服饰营销是为了达到一个组织的长期目标，以服务及相关产品、服务的顾客及潜在顾客为中心所应用的一系列技术与商业理念。

二、服饰营销中的问题

（一）服饰营销人员与设计人员的分歧

设计人员可能认为营销人员限制他们的自由与想象力，而营销人员可能认为设计人员没有纪律且不注意成本与利润。这些都是不同训练背景经验主义者的刻板看法，通常他们既不了解营销人员也不了解设计人员（表7-1）。

表7-1 对服饰营销的两种见解

叙述范例	服饰营销就是促销	设计应该以市场调查为基础
假设	销售我们制造的产品	制造我们可以销售的产品
导向	以设计为中心	以营销为中心
缺点	依靠直觉导致高失败率	平淡无味的设计抑制创造力

（二）服饰营销概念

好的服装设计只需要充分的促销就能成功，这种看法只适用于极少数的企业，通常是那些为高端市场生产的昂贵服装。这一种将服饰设计视为市场调查的看法，没有认识到很多人在没有看到可供选择的商品前，根本不知道自己要的是什么，而且他们的喜好一直在变化。例如，很多人在观看T台表演后，宣称他们不喜欢某种设计，但当他们亲自试穿或得知别人接受之后，也变得喜欢这个设计了。

第二节　服装零售业

一、零售的含义

零售是指将商品销售给最终消费者，供个人、家庭或社会团体消费的商业性活动。广义的零售包括向最终消费者提供劳务或服务的商业活动。通过零售环节，商品将会退出生产，进入流通，并最终退出流通领域。这是零售、批发在工业性采购方面相区别的重要特征。

二、零售的特点

（一）服务对象广

零售的服务对象为最终消费者，包括个人、家庭、社会团体等。而且，最终消费者每次购买金额小，购买次数多，购买项目多，因此零售业经营取胜之道不是批量，而在于差异化、服务及吸引顾客的促销行为。

（二）经营品种多

销售方式的零散性及顾客的广泛性决定了零售业经营项目及产品组合方式应是多品种、小批量的方式。

（三）营业时间长

一般零售业的黄金时间与其他行业的休闲时间重叠，因此假日经济或休闲经济是零售业的一种普遍现象。在一些不发达的国家，延长营业时间常常作为竞争手段。但在现在激烈的竞争中，则强调购物环境、购物概念、零售服务等的营销组合。

（四）零售业分布集中化与分散化并存

集中化分布，以商业街的形式表现出来，充分发挥商业的商品分类及人群聚集功能，以功能多元化、经营规模化取胜，商圈较大；分散化分布，主要表现为城市郊区的购物中心及居民区的便利店，充分发挥便利服务优势，商圈较小。

（五）交易方式多元化

零售的交易方式一般为现金交易，电子银行的应用使得信用卡交易的比重上升。此外，信贷消费在发达国家被普遍接受。所以，交易方式的多元化是其趋势之一。

三、服装营销模式

各种规模和性质的时装和服饰零售店遍布在各地的商业区，销售各种档次和价格的服装。一些以尽善尽美的服务来吸引顾客；另外一些则选择价格优势来瓜分市场份额。消费者最终决定是什么商品刺激了他们购买欲望，是哪些服装商品满足了他们的需求。

服装销售的模式可以分成百货店、专卖店、精品店、直销市场、跳蚤市场、折扣商店、仓储商店、特许商店、连锁商店等。

（一）百货店

有些百货商场是以传统的经营方式运作，商品门类较广，既经营五金家电商品又经营日用百货商品；有些则集中于某一类商品。那些经营全部商品的百货店一般也十分重视时装和服饰，事实上许多百货公司，服饰占了所有商品的80%以上。这种不平衡的组合是因为服饰类产品为商店提供了最大的差价和潜在利润。它们经营其他产品，如电子、家具，只是为了实现承诺，满足顾客全部的需求。无论主营什么，百货店要么是一个大营业单位，要么是由许多营业单位组成的庞大组织。它们依靠总店来进行管理、计划、采购，通过扩张分店来满足不同地区人们的需要。百货商店可以按具体商品分成各个区域或部门，一些商品可以根据价格进一步细分。

（二）专卖店

所谓专卖店是指只经营某一类商品。但是有些专卖店商品组合也可能较多，包括众多相关的商品。专卖店的关键是经营的商品都是有专业特色而能相互配套的，而百货店则是包罗万象。目前，有一个趋势是专卖店集中于更窄的商品组合，这种商店称之为准专卖店。要注意的是，专卖店有的是仅此一家，有的是连锁经营，包括两家以上到上千家，如福建的七匹狼公司在全国就有上千家服装专卖店。

（三）精品店

时装精品店讲究精美的购物环境、富有特色的商品，所出售服饰品有的是唯一的，不是唯一也是数量有限。它们一般规模较小，属于个人经营，很少有分部和连锁店。它们成功的关键就是唯一性。在精品店，无论是定制还是成衣，一般都可以满足顾客的各种特殊要求。它们能为顾客提供全套的服务，服务就是它们的特长。

（四）直销市场

今天的零售环境已发生了很大的变化。由于工作压力越来越大，工作岗位竞争也日趋激烈，导致购物时间大大减少。这种社会现象创造了一个新的商业机会。直销市场就为那些可支配的收入越来越多、具备强大购买力、但可自由支配时间越来越少的人服务。许多消费者为了工作的需要，不断延长工作时间，然后他们发现没有时间来满足自己的其他需要了。购物时间受限制的消费群体还在不断增长，为了赢得这部分消费者，不断有零售商加入直销市场。时装和服饰直销市场的基本方式是通过商品目录来销售。

传统百货店、专业连锁店也开始关这类顾客，并加入直销队伍。尽管商场还是销售的主渠道，但是它们的商品目录也源源不断地进入家庭。

（五）跳蚤市场

越来越多的消费者不是到百货店、专卖店，也不到精品店购买他们的服装，而是涌向跳蚤市场（贸易集市），去满足他们的需求。尽管没有优雅的环境和一流的服务，但是丰富的物品和低廉的价格足够弥补这一切的缺陷。拥有摊位的业主们只要花最低限度的零售成本，顾客得到的是最大的实惠。在早期的跳蚤市场，服饰还是较短缺，很少有一流质量或品牌的服装。现在，市场上充满了各种各样名牌服装、首饰、珠宝、手提包、鞋子、围巾等。

（六）廉价和折价商店

那些把商品以低于确定的零售价卖给大众的商店，称为廉价或折扣商店。这两者都采取低价策略，这是它们唯一相同之处。廉价商店经销的一般不是当季商品，这样它们从制造商那儿可以得到优惠批发价，然后把这些库存品廉价地卖给消费者。折价商店则是以最初的批发价购进当季商品，然后打折销售。目前，一些较大的百货公司也加入到这种销售模式中，它们利用"花车"在自己的营业厅中贩卖廉价和折价商品。

（七）制造商的仓储商场

为了与廉价商店竞争，卖掉自己的库存品，许多设计师和制造商创建了仓储销售。在公司附近或远离商业中心地区建立一家商店，为零售顾客服务，越来越多的公司进入了零售业。通过仓储商场，制造商除了可获取利润外，还更好地控制产品的分销。他们可以迅速地把过季的库存品运到各仓储商场卖掉，而不是等着廉价商店来杀价。

（八）特许商店和专卖连锁商店

特许商店和专卖连锁商店有许多相同之处，它们都有利于生产商控制销售渠道。生产商对特许商店和专卖连锁商店的经营有很大的决策权，确保商店单独经营自己的产品。这种方式最典型的是在快餐领域，麦当劳是其中的代表，现在许多时装生产商也采取这种经营方式。特许商店和专卖连锁商店的区别是，前者需要一大笔启动资金，有一个特定范围的经销区域；而后者只需签订合同，建一个专门商店。

通过这种模式，制造商既可以把他们的产品销售给消费者，又可以在同一商店中避免众多产品系列之间的相互竞争。顾客在一家特许商店或特约商店，只能买到一家公司的产品。

（九）其他形式零售店

尽管上面提到的零售方式占了零售业的绝大部分，但还有其他的一些方式。如在旅游区十分常见的小商亭；在写字楼和机场的购物中心里，众多的货架上挂满了各种服饰产品；在闹市区，随处可见的街头小贩，他们推着小推车或提包，兜卖着从太阳镜、珠宝、手表到围巾等各种商品；在一些机场大楼和综合写字楼里，有些自动售货机，与卖香烟和汽水完全不同，它们以精美的照片向顾客推荐服装产品，并备好订购的表格，对那些只有很少购物时间的购买者，这些机器就能提供他们所需的服务。

（十）高级时装街区

一些地方的居住者和观光者都非常富裕，商人们就在那些地方建立了世界上最时髦的商店。这些商店也许是在大城市的中心，也许是在郊区。无论位于哪里，这些商店出售最好的服装和服饰。

（十一）集散中心

在20世纪80年代，出现了一种新的商业中心，称之为集散中心。其作为一种廉价销售商品的极佳方式而得到好评。区域购物中心是以百货商场为基础向顾客提供服务；而集散中心是小商店的集合，整个购物环境简单朴素，以减少经营成本。在今天的大多数集散中心，服饰都是经营重点，丰富的服装和服饰成为吸引顾客的必要条件。如广东的白马、成都的荷花池、江浙地区的义乌、科桥、海宁等。

（十二）生产商自营中心

设计师和生产商的基本职能是制作服装，销售给零售商，零售商再把服装销售给消费者，这是生产者的最佳结果。但是经常有些产品不能达到这种期望，不能实现销售职能。但是产品已经生产出来，生产商必须要把它处理掉。有些产品以低于正常批发价卖给零售商，通过一般的零售商店来处理；有些则是卖给廉价商店。另外，一些想更好控制库存品销售的生产商，则选择自营的途径进入消费者市场，也就是建立自营中心。这也是我们常说的"前店后厂"的经营模式。

（十三）街区小集市和夜市

在小城镇，一般商店都是分布在主要街道或云集在主要道路的两旁。这些商店很少有属于大零售商，只有少数可能是连锁店的小分支。它们可能是鞋店、精品屋、服饰店等，这种经营都是业主自己负责，为社区服务。另外，一些地方政府为了帮助下岗人员再就业，安排专门的区域在节假日和夜晚进行"摊位贩卖"的销售模式。由于他们的商品价格低，也形成了较固定的消费群。

（十四）开拓历史名胜

今天，这个思路已被运用到各地，也重新变得生机勃勃。在西安就有将民间的"五毒百衲褛"等特色服装拿到名胜地贩卖的销售方式；少数民族地区和各旅游地也有这样的销售模式，如云南大理等。这些地区的零售商获得成功，是因为这些地方本身就是历史名胜和旅游地，不需要什么广告支出，就吸引大批的观光者，而观光者总少不了购物、消费。

（十五）网络零售业逐渐发展

20世纪90年代后是网络信息发展的黄金时段。零售信息管理系统、互联网、电子商务的应用，不仅改变了零售经营管理的过程与模式，也改变了传统的商品实体零售的概念，创造了虚拟商店，为消费者提供了网上购物的新概念。这被认为是零售业的第四次革命。

第三节　商业环境分析

一、商业环境

（一）商业环境的概念及其影响因素

1.商业环境的定义

商业环境又称商圈，它是用来描述零售店或购物区商业价值的重要指标，也指某一商店或购物区吸引顾客的地理范围。也就是零售店可能的行销地理范围。商业环境的大小反映了零售店销售活动的地理影响范围及潜在的市场空间。

2.影响商业环境的因素

影响商业环境的因素有很多方面，归纳起来讲，主要有：商品品牌或零售店信誉，零售店所在城市或商业街的盛衰，社区的功能变化（如城市向外围扩张时会创造新的商业环境），新型购物中心对原有商业环境的分割。

（二）商业环境内经济发展状况

如果商业环境内经营业发生结构性变化，对商业环境将会产生较大的影响。如果一些实力较弱的零售企业纷纷撤退，将会对原有商业环境的大小产生严重的负面影响。反之会改变原商业环境的形象，并形成新的商业环境。

二、商业环境的划分

（一）按商业环境区域划分

按区域划分包括：根据顾客分布确定，根据商业环境与商店的绝对距离确定（表7-2）。

表7-2　商业环境按区域区分

商圈构成	特点	商圈半径（m）	步行所需时间（min）	顾客比例
主商业环境	核心商业环境	500	8	一般占顾客总数的50%~70%
次商业环境	外围商业环境	1000	15	占来店顾客总数的20%左右
第三商业环境	边缘商业环境	1500	20	一般不超过10%

（二）按商业环境消费者稳定性划分

1.常住人口商业环境

常住人口是商业环境的基本顾客，是零售店基本销售额的保证。

2.工作人口商业环境

工作人口是次商业环境的基本顾客。

3.流动人口商业环境

流动人口指过往的游客或旅客，是一种虚拟的商业环境。

4.旅游区商业环境

在一些名胜商业区、交通要道、繁华商业街或公共娱乐场所等地方是流动人口聚集的地方，也是零售业的黄金地段。

（三）按商业环境功能的划分

1.商业区

商业区是商业集中的地区，包括专业化商业街、购物中心、多功能商业街、都市商业闹市区等，是商业环境的中心区域。其特点是人口多，人流大，商店多，是商品及流行信息的集散地。通常具有购物、娱乐、休闲的功能，具有极高的商业价值。

2.住宅区

住宅区通常是商业环境辐射的主要对象，构成核心商业环境的主要顾客源。

3.工业区

在一些郊区的开发地带，企业林立，办公大楼集中，工作人员多，尽管他们的购物时间不多，但他们有较强的购买力，对便利性商品的需求量大。

4.名胜区

在一些名胜古迹区，大量的游客成为商家的必争顾客，名胜区成为许多零售商、特别是经营地方特色商品的零售商的首选地址。

5.综合区

综合区指多功能的社区，消费趋于多元化，能为各种类型的商店提供商业机会。

三、商业环境分析的要素

（一）人口因素

通常要全面考察人口规模、收入水平、职业、年龄、生活条件等因素。

（二）区域特点

区域特点主要包括商业环境的可进入性、当地的法规、竞争者的数量、服装零售商的促销方式、人力资源的可利用性等。

（三）商业环境的前景

商业环境随着经营环境的变化而变化，当商业环境出现人口增加、公共设施改善或增加、商业环境内部开发等变化时，商业环境的价值将会提升。

四、服饰市场和商业环境

服饰通过强调功能性的转变反映了时代的变迁，通过服装的选择可以反映出消费者的年龄、性别、生活方式。服饰不但有反映性，同时也具有创造性，营销人员必须认识市场环境的要素，并且必须广泛地了解影响服装销售的关键问题。

（一）服饰市场的发展

1.现代服饰市场的起源

20世纪文化的变动与传播媒体的激增，造成服饰市场的重大改变，其影响力甚至超过以往任何一个时期。

技术的改良促成服饰产品的大量制造，促使成衣产业的形成。20世纪70年代晚期，传播媒体开始发挥重要的影响力。人们对适合自己的穿着更有选择能力，杂志及书籍建议人们建立自己的风格，设计师不再像20世纪60年代以前那么能主导流行风格。名流们对流行服饰的影响力仍然存在，许多人在穿着方面是对名人的模仿（表7-3）。

表7-3　服饰的主要发展过程

20世纪以前	服饰是有钱有权者的专利
1918年以后	大众服饰开始
20世纪30年代	电影人物影响服饰
1939～1945年	第二次世界大战使裙摆提高了
20世纪50~60年代	更自由的款式，较少限制的成衣
20世纪70～90年代	国际多边的成长与大众媒体的影响

服饰工业的未来是可以预知的。人口结构的影响，对环境的关怀与新科技的采用，都是无法避免的。这些因素使得服装设计师面临前所未有的挑战，若不审慎应对，可能就会遭到淘汰。

2.服饰市场的发展

自20世纪80年代后期，服饰市场逐步繁荣起来，从大批量生产到小批量、多品种变化。从那时起，多数零售业者的市场占有率已被新兴的小专业连锁店与超级市场所影响，这些新兴者通过进价低的成衣取得市场占有率。为了避免与过低价位的商品竞争，大的零售业者则加快了引进流行与改变款式的速度，作为应对之策，因此迫使供应商制造出有较多设计概念和流行内容的短期成衣。在市场的某些部分，零售业者的竞争有了显著的变化，不再注重成衣的价格，而注重非价格的因素，如设计、品质与流行等。

3.服饰市场的结构

除了技术原因之外，另一个可以取得流行的原因是流行服饰可以分为几个不同的阶层（图7-1）。

顺流 → 高级定制时装 ↗
设计师品牌
街头服饰大众市场 逆流

图7-1　流行服饰的阶层

（1）高级定制时装店：是世界的主要流行中心，由公认的国际知名设计师经营。他们一年至少展示他们的作品两次，每件衣服可以卖到数千元至数万元。许多设计师利用T型台作为主要的宣传工具，并推销许多在他名下的商品，如香水与其他配件。

（2）设计师品牌：在高级成衣发表会上展示。设计师提供成衣，这种进步代表设计师提供有风格的设计与高品质给更多的大众。这些成衣仍然是高价位的。这些服装出现在设计师的店里、独立的店铺与高级的百货公司里。这些设计并非独一无二的，但也是限量生产，虽然有些成衣是用外加工的方式生产，但仍然有严格的质量管理制度。

（3）大众市场或街头服饰：是大部分人购买衣服的地方。新流行以非常快的速度出现在街头店面，虽然失去了服装的独特性，但却可以通过价格优势弥补过来。

我们将市场分为以上三个阶层也许过于简单，因为介于这三者之间还有许多阶层与价格水准。许多顾客在买衣服时并不固定于任何一个水准。较富裕者会买几件高级服饰店的衣服，但在日常生活中仍穿着设计师品牌。经常穿设计师品牌的妇女，偶尔在特殊场合也会穿高级服饰店的衣服炫耀一番。那些通常穿大众市场成衣的人，偶尔也会在打折的情况下买设计师品牌。而其中的决定因素仍然是消费者，但是在传统的服饰市场中，消费者只是盲从（图7-2）。

纺织工业
原料供应商
研究设备
纺织营销公司
纺织工厂等

销售代理

生产商
设计师
流行服饰

支援服务
流行预测
顾问
广告及公关
代理

批发商

零售商
店面
邮购目录
集团购买

最终客户

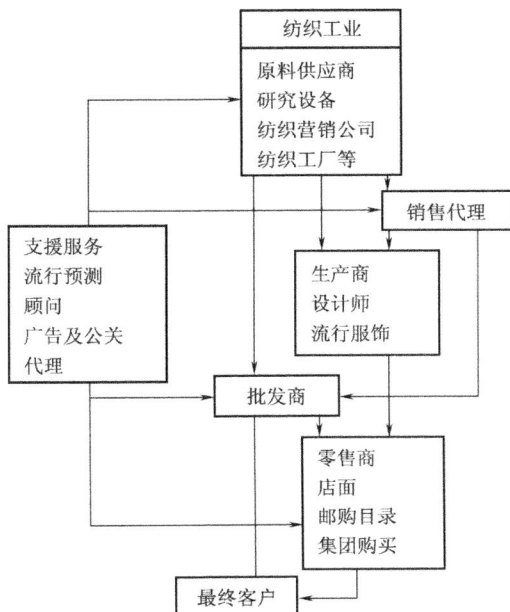

图7-2　服饰流程图

4.服饰市场的规模

目前我国国内的成衣包括上述三种阶层的市场，都没有真正地成长。在服装生产方面上更是如此。

（二）营销环境

流行最终是与变化有关。某些变化是由设计师提出的，他们试图创造新款式来满足消费者，但是有的变化却是设计师或制造业者都无法掌握的。这些影响因素集合起来称之为营销环境（图7-3）。

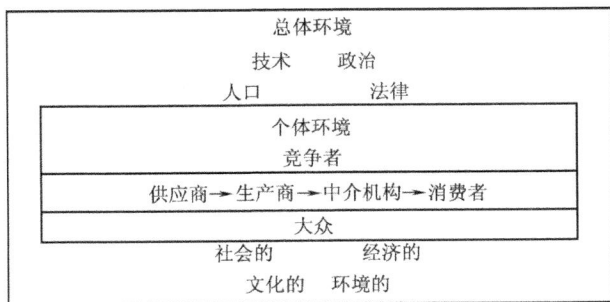

总体环境
技术　政治
人口　法律
个体环境
竞争者
供应商→生产商→中介机构→消费者
大众
社会的　经济的
文化的　环境的

图7-3　营销环境

1.个体营销环境

一般情况下，我们认为服装企业可以掌握的因素包括它们的供应商、营销中介机构与消费者。对消费者来说，服饰的提供者可能有不同的来源，如款式的设计师、成衣的制造商或是让消费者能买到成衣的零售商。

2.设计师

近年来，刚刚崭露头角的设计师也纷纷开设自己的服饰公司。但从整体来看还有一些不足，真正成熟的设计师服饰公司远没有出现。目前整个市场的状态是：设计师可能为自己设计服装，也可能承揽为国内外的制造商进行设计。同样的，零售业者可能有自己的设计师并在自己的工厂制作衣服，也可能将自己的设计转包给其他制造商制作，或是购买其他公司的成衣。

3.生产商

我国目前的大多数生产商往往是"两条腿走路"，一面开发自己的市场产品，另一方面积极寻求外加工业务（进行贴牌加工）。这是市场所迫，较大的服饰企业情况相对好些。

4.营销中介机构

商品由生产商到消费者的渠道有好几种，有关营销中介机构的角色有许多种，在我国更多的中介机构主要从事国外贸易的中介，而纯粹的国内中介机构在经营过程中有各方面困难。另一种中介机构中，对服装市场最有影响力的就是零售了。他们拥有自己的经营场地，服装是通过独立的店铺卖出。

5.消费者

以前服装的款式对消费者来说是固定的，消费者除了接受没什么选择。现在这种情况开始改变了，消费者对服装接受与否有更大的权力。认识到这一点，服饰生产者必须事先对市场做调查，以提供消费者能接受的产品。现在的消费者对服饰都较有素养且敏锐，他们会喜欢以特殊方式来表达的设计产品。生产商必须不断地研究与开发纤维与材料，以配合消费者已提升的选择能力。

整体来说，竞争，特别是价格竞争，在20世纪90年代是很激烈的。消费者花钱寻求价值感，不再只是价格导向，设计、舒适与品质都很重要。服装企业必须合理化并更改结构，以对抗经济不景气等因素的挑战。

（三）服饰市场的竞争

1.竞争的主要目的

竞争的主要目的是建立自己的竞争优势，而最终的实质就是对资源的占有。主要的竞争发生于货品的来源，而非在商店里。成衣的来源是全球性的并以价格为导向，要让制造商在提供良好设计与高品质的商品的同时降低总成本（图7-4）。

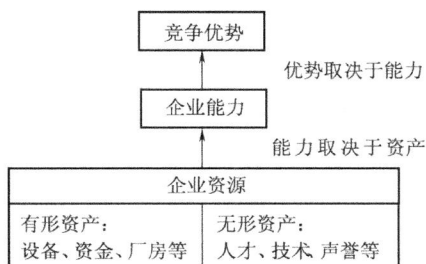

图7-4　竞争优势从何而来

2.服饰产品的直接竞争与间接竞争

当消费者必须在相似的货品之间加以选择时，这些成衣、商店与生产商之间则称为直接竞争。假如这些商品是不相同的，但可以满足相似的需要，商店与生产商之间就是间接竞争了。营销人员必须了解消费者对消费方式有越来越多的选择。

（四）总体营销环境

总体营销环境所考虑的要素不仅包括是否影响服装企业整体发展，同时也看是否影响企业个体环境，如供应商及消费者等。这些对总体营销环境的要素有较大的影响，而且效果比企业个体营销环境的要素显现得慢。总体营销环境的要素有文化、社会、政治、法律、人口、技术与环境（图7-5）。

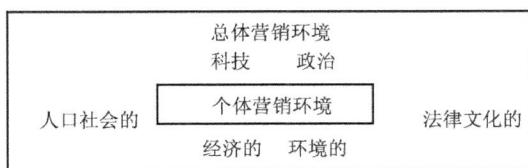

图7-5　总体营销环境

1.政治与法律

政治与法律看起来和服饰没什么关系，但两者都对生产商有广泛的影响。由于供应商来自各地，其他的政治事件可能帮助也可能阻碍供给的获得。一项新的法律要求，无论是针对产品销售或是生产方法，都会对一些企业产生或好或坏的影响。

（1）关贸总协定与多边纺织协定：多边纺织协定是一个世界性协定，控制由低成本发展中国家和地区出口到西方工业国家的纺织品与服装，在关贸总协定的赞助下运作，目前多边纺织协定有43个签约方。在这个制度下，大部分输入发达国家的纺织品与服装，受具体数量上的限制，且必须有输出和输入的许可。但是由工业化国家输出到低成本的生产国和地区没有限制，在欧盟与美国之间也没有限制规定，因此多边纺织协定在世界工业产品的贸易规则中是很独特的，因为它背离了关贸总协定的自由贸易原则。

（2）强制性的服饰标准：如纤维成分与比例、化学药品残留量、儿童衣物及其他服装安全性的规定等。

（3）版权：一般人们认为服装没有专利，而越来越多的新型外观保护专利早已出现在服饰产品中。任何设计都是设计师的创作，而其价值就在于此种独创性，抄袭设计师的作品是不被设计师接受的。抄袭的方式基本上有两种：一种是商标的抄袭，另一种是设计的抄袭。在商品经济发展较早的广东，很多商铺的工作人员对前来采样的人讲："同行勿进，面斥不雅。"这也是自我保护的初级形式。商标的抄袭可能更为普遍，有模仿鳄鱼标志、梦特娇T恤等。抄袭是违反商标法的，企业可控告违法者。

2.科技

在所有的工业领域里，新技术都会增进生活的质量提高，并加强生产的速度与品质。在时装领域中有许多发明，有些对市场只有微弱的影响力，有些却具有极大的影响力。例如，服饰业如今也大量使用计算机，具有创新精神的企业最常使用的计算机系统就是服装CAD。CAD系统将设计转换为商店中商品的速度非常快，信息收集与处理的速度也加快了，同时对这个行业里的就业情形的影响也很大。如果能及时应用服装CAD，也许它会成为服饰业的希望所在。

3.人口统计

人口统计是关于人口数量与结构变化的研究。这些改变是慢慢地发生而且可以事先预测的，聪明的业者是不会忽略这点对事业所造成的影响。我国在人口结构上已经发生了彻底的变化，这些变化对时装市场有很强烈的影响。从顾客的尺码、人口年龄的变化和家庭的变化，都会影响服饰行业的发展。

4.社会与文化环境

社会与文化是内涵非常广的课题，在这里我们主要讨论社会的价值观与变化对服装市场的影响。如休闲活动、工作的角色、季节性因素、绿色环保课题等。

基于环保理由的考虑或是商品卖点的考虑，雅戈尔在1998年就推出了毛衬环保西服。声称：在有纺和无纺的黏合衬中含有一定的苯，对人体不利。在国际市场上，1980年末也出现了"生态学外表"，面料的感觉与颜色都是天然的。从设计师的店到各地连锁店里的T恤上，都装饰着环保的信息。大多数牛仔服的生产商已经开始改用浮石代替传统的化学材料洗涤过程。

5.经济因素

一般经济因素如收入、就业与拥有房屋，都对服装产业有极大的影响。消费者的花费受到上述因素的影响，除此之外，当生活形态改变如结婚生子、孩子长大离家、退休等，也都会改变人们对服饰的要求和欲望。

（五）营销环境的趋势

由于许多因素，市场变化的趋势相对比较缓慢，企业忽略这些因素并且没有感受到危险。趋势有时候是由企业主导，而有时候是由消费者主导。一般而言流行变化很快，由一个极端走向另一个极端，并且建立了自己的体系，但并不是永远放弃过去的流行因素。

1.款式与消费者的偏好

也许永远有人会对高度流行的服装有兴趣，但是对于代表地位与形象的服装已经有了显著的变化。消费者仍然需要流行，但在20世纪90年代以后他们要求较保守的式样，包括实际、舒适与多元化。

2.生产商

零售商所受到的压力不断增加，他们为提高效率必须减少存货，但是必须更频繁地变换货品以满足顾客的选择，因此供应商也必须更频繁地提供短期的商品。在我国，零售商将这种压力转嫁给生产商，使生产企业举步维艰。未来最成功的生产商必定是那些在研发、设计、技术方面肯大量投入的人和企业。

3.纤维与材料的趋势

高性能与多功能的材料显得越来越重要。顾客开始寻求经过专门处理的高科技、高性能纤维与材料，如莱卡、立体布料和经过纳米技术处理的面料，他们会指名选购它们。顾客不但寻找能满足流行与款式功能的材料，而且会清楚提出对性能方面的需求。

我国逐步进入一个老龄化阶段，生产商与零售商中，能满足年龄较长并且眼光敏锐的顾客所要求的好的品质、更舒服的款式、更友善的服务，才有成功的机会。

第四节　服装营销策略

一、营销调查与市场分析

服装生产企业和商业企业在制订企业营销策略时，除了要了解自己的特点外，必须对自己所处的市场环境进行充分的调查。在这一节中我们先从营销调查的内容和方法、问卷的设计谈起，再进行营销规划、营销策略以及促销手段等方面问题的分析。

（一）营销调查的目的

1.营销调查是营销信息系统中的组成部分

服装企业收集到的丰富信息，必须经过系统地整理，才能传达到分析人员手中。成功的企业使用营销信息系统来收集最新、最正确的信息，经分析后，及时传送给决策者，以使企业能扩展商机，并避免可能的危机（图7-6）。

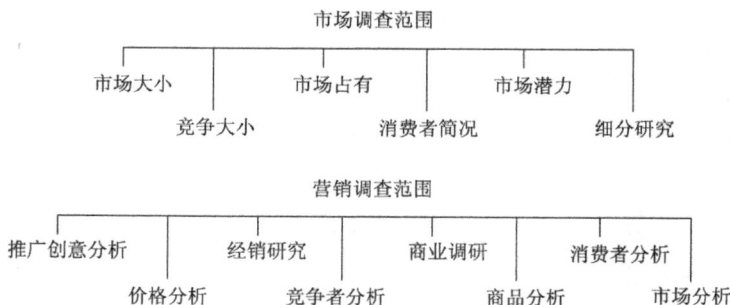

图7-6　市场调查与营销调查范围的比较

企业的信息部门、业务、会计等都会使用到营销信息，此类分析也可协助企业的决策者，在做决定的过程中，将各种研究营销的活动作为依据。例如，市场的详述报告以及未来趋势预测的信息，都有助于正确决策。

2.营销调查的范围

营销调查所使用的技巧，都能广泛地用在营销活动分析的范围中。此分析能提供特定市场的大小、结构及目前趋势的信息。同时，也可提供顾客的喜好习惯、竞争对手所从事的活动、广告效益、经销方法和价位研究等信息。另外，营销调查也是在新商品的开发、新的广告及促销策略上，起到重要的关键作用，并督促策略的实际执行。

（二）营销调查的过程

收集信息工作必须经过事先的周密计划安排，因此，翔实而有条理的规划是十分重要的。

1.分析过程的步骤

（1）确定调查的问题，并设定调查目标。

（2）设计调查方式，包括资料来源、选择抽样方式、选择收集资料的方式、设计资料收集的表格（问卷）等。

（3）检查所设计的调查方式。

（4）收集资料。

（5）分析资料、得出结果并加以解释。

（6）公布分析结果。

2.资料来源

资料有两种来源，被称为第一手资料和第二手资料。第一手资料是指为了目前正在进行的研究专门目的所收集的资料；第二手资料是为他人因其他目的而收集的资料。

（1）第一手资料收集方法：通常调查必须要掌握第一手资料。分析者不应依赖使用其他资料来解决调查的问题，因为其他资料不够全面也不够新，或是提供的细节无法有效地解决问题，因此第一手资料是十分重要的。第一手资料的收集方法主要有四种：观察法、集体访谈法、实验法及调查法（图7-7、表7-4）。

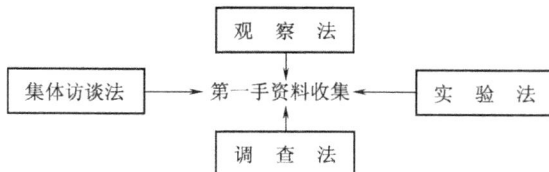

图7-7　第一手资料收集的方法

表7-4　收集第一手资料的调查方法

种类	调查目的
观察法	观察受访者的行为，比访问更有效果
集体访谈	讨论营销过程的商品、服务、态度等
实验法	经过筛选的受访组群，各接受不同的调查方式，再观察这些不同的反应
调查法	以消费者的行为态度、观念、购买动机等话题，再以结果推测总调查人口的意见

（2）第二手资料：此类资料来源提供了研究者在从事收集工作时的基础。凭借此类资料，可能全面或部分地解决问题，减少研究计划的经费，它也比收集第一手资料所需成本低（图7-8）。

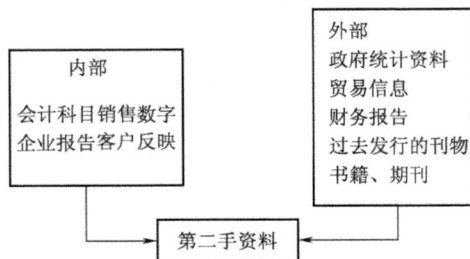

图7-8　第二手资料来源

内部来源是指由企业或组织内部产生的信息，如销售数字、会计信息等。外部来源是由企业或组织外部产生的信息，目前有许多外部资料。第二手资料来源的使用，也称为书面调查，由于信息极广、研究所需时间较长，因此，必须牢记确定目标，才不会在做调查的过程中偏离既定方向。

大多数的营销调查中，最新的一手信息的资料比二手资料更具现实性，来源包括顾客、设计师、采购、生产商、零售商等，视调查的问题而定。而第二手资料先要确定抽样数量，然后选择抽样的方法，具体的抽样的方法又有很多种类（图7-9）。

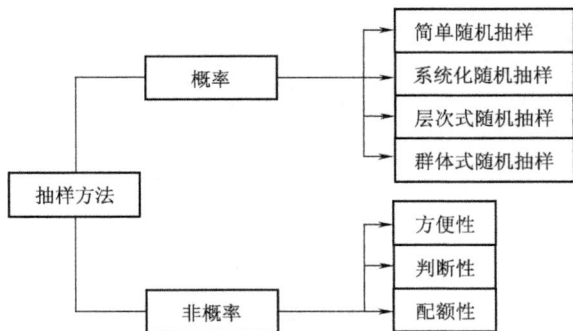

图7-9　抽样方法的类型

3.收集的方法

着手进行上述的调查时，可以依照三种方式来进行，即人员访谈、电话访谈和邮寄问卷。它们都各有优缺点，在利用这些方法调查时要注意趋利避害。

（1）人员访谈：虽然有很多访谈的形式已普遍使用，但是面对面的访谈，仍然是收集第一手资料中最广泛使用的方法。此方式需要大量人力和财力，但在效果上比其他方法更好，尤其是当问卷内容较长而复杂以及触及敏感话题时。受访者有机会与访谈者建立较接近的关系，访问者也可尽量多向受访者提出问题，并能得到完整正确的回复，避免误解的产生。

人员访谈还有另一种形态，即深入访谈，这属于定性调查的范围。基本上这类访谈可进行一小时以上。访问者没有使用问卷之类的辅助物。例如，一连串可用书写方式表达的开放式问题，或是针对目标群列出讨论主题。并且，访问者必须有良好的素质，尤其在问一些没有偏见的问题上，通常这些访谈都会做成分析报告。这种方式特别有助于丰富资料的来源。

（2）电话访谈：计算机辅助电话访谈（简称CATI）的发展，已使电话访谈的方式多样化。访谈活动由决策部门统一进行，这样可以减少人员实地调查的费用，提供的抽样人数也多。如今对即刻可获得之大量信息时，计算机辅助电话访谈能快速地转换资料。在提问题时，将所得到的回答记录下来并进行分析整理，是很符合潮流的访问形式。同时，访谈者不需到各地调查，也可以在不同地区广泛进行。

但是，许多受访者对通过营销调查来销售、推销的行为感到不安，亦对访问者不信任，而且，电话访谈系统的声音比不上工作者实际访问的亲切真实，也容易使人因不习惯对着电话录音来回答问题，而中途挂断。因此，电话访谈需要使用组织化、先设定回答问题的号码，才能快速完成访问，而不需依赖其他辅助工具。通常，理想的电话访谈时间，一般以不超过15分钟为好。

（3）邮寄问卷：如果受调查的人数散布极广，邮寄问卷的方式比电话访问更有效。邮寄问卷可以减少在外实地进行调查研究的人力。如果邮寄问卷的回收率高，则每份问卷的成本就低。设计符合被调查者爱好的相关问题，就能提高回收率，否则，通常的回收率仅在30%～40%左右。与电话访谈方式相比较，问卷的优点是回答时间更长，以便访问细节较多的问题，而得到详细的信息。

除了回收率低以外，邮寄问卷还有其他缺点：首先，它必须与每日大量出现在人们信箱中的垃圾邮件竞争，如果回收率低，则每份问卷的成本就相对提高了。其次，就算寄给经过选择的调查对象，也无法保证一定能收到回函。另外，虽然仔细谨慎地设计了问卷，但被访问者不一定都能全部回答，万一填写者对问卷有任何不了解之处，也无法有调查者能从旁协助说明。而且，从寄出问卷至回收所需要很长的时间。

4.问卷的设计

设计问卷是从事调查的专业行为，也是调查的重要组成部分，因此，必须仔细谨慎地设计。对于初次执行问卷设计的人而言，所设计问卷中隐藏的问题是否恰当，要在执行时才能发现，所以专业经验是很重要的。

许多因素都能影响问卷的设计，如所需资料的特性（定性或定量的）以及问卷执行方式。大多问卷倾向于组织结构完整或较松散的两种形式。其一，组织结构完整的问卷方式，如电话访谈，将问题的字句经过仔细整理安排，受访者的回答也因此预先受到限制；其二，较松散的访谈方式，则用于定性调查，它包含一系列话题或主题，并由受过专业训练的调查者执行。

总之，经过良好设计的问卷能提供完整、正确、无偏差的信息，可以以精简的问题引出许多完整的访问内容。

（1）问题的顺序：问题必须合乎逻辑，以避免误导。一般来说，应包含一般性易于回答的简单问题和有关行为态度等困难的问题。有些调查可能会问到较隐秘的问题，因此会引起窘困的情形。如果使用配额抽样，有些问题在访谈开始时就需提出，因为这些问题可能形成配额控制的一部分。为了克服这种情形，可以使用问题和答案卡来辅助进行。

（2）问卷的结构：整体目标是要清晰地表达问题。用一些方式来辅助此目标的完成，其中包含将所有问题都标上号码。在某些情形下，可能要删减的问题应清楚地预先标示出来，此外，问卷上的说明要用粗体大写字母来表示，也可使用箭头及其他的视觉记号。

（3）检查及修正：问卷必须彻底地检查，在找到真正的调查对象前，检查的受访者感受被称为"检查性阶段"，是调查结果的可信度及价值的关键。一旦完成检查并进行修改，再检查修正过的问卷。问卷改变修正后就可以执行了。

（三）营销调查在新商品开发中的作用

营销调查在新商品的市场导向上起着至关重要的作用。营销调查主要的意图在于方案产生、新产品主题的评估与发展和新商品的价位设定等。

1.顾客背景资料的产生

为了确定规划中商品的潜在市场，应准备顾客群的背景资料，一般是以年龄、性别、职业、地域、生活形态来做市场划分。

一旦确定目标市场后，即可着手研究此市场中潜在顾客群的态度、想法和认知。不同的顾客群有不同的需求，将这些可变因素与顾客的购买行为结合起来研究，就可能确认出不同目标对象的商品定位。

特定目标市场确认后，对服装设计及服饰销售业都很重要。例如，服饰销售业者设定了非常特别的目标市场，要与竞争对手区别，重点是在针对特定市场的商品研发，以获得适当的商品，并满足特定要求。

2.竞争对手背景资料

竞争对手的市场大小、市场占有率、商品范围、顾客和营销策略等资料都是营销调查的范围。有了这些信息的准备就可以分析对手的优势及弱点，并评价对手所造成的威胁程度。

3.营销策略的准备

一旦确定了目标市场，准备好顾客和竞争对手的背景资料，就必须准备制订营销策略。包括有关市场的一般性信息（大小、结构等）及特别目标市场的信息，商品信息也包括在内，商品的各种优点、定价策略、潜在价值点的评价等，同时，也包括生产新的商品所需资料。

4.商品销售计划

商品销售计划阶段包含商品检测。例如，向服饰采购人员或买主展示商品的样品，专家所建议的意见，都可以作为修改产品的依据。与一般消费性商品的发展过程不同，与成功商品的研发过程所必需的信息是类似的。例如，商品主题的评价、市场接受能力、顾客喜好。

5.信息的使用

一般流行趋势预测的依据都是试探性的信息，我们分析顾客在过去与现在所购买的商品，以作为未来趋势的资料。商品的目标市场必须清楚地确定，并使用营销调查技巧来叙述。地区人口统计系统的使用可用来确定目标市场，并可收集有关目标顾客层的态度、想法、偏好、未来购买趋向。

许多生产商总是在商品真正上市前几季开始规划生产，因此，也可和这些经营者、管理者接触，以取得商品未来发展的第一手资料。另外，时装杂志的编辑、流行服饰采购者也可预知现今顾客的购买趋势。

二、服饰营销规划

为了达到企业的目标而整合各方面的营销组合，是营销中最重要的工作。

（一）营销规划的目标

1.营销规划程序

营销策略是详细说明企业想要用营销活动获取的目标市场以及如何建立与取得竞争优势的方法。营销策略是建立在企业大的策略和目标的框架之下的（图7-10）。

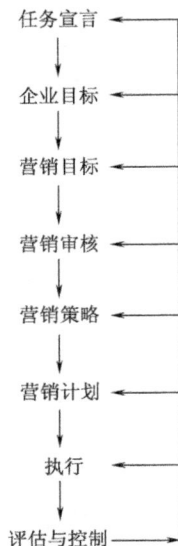

```
        任务宣言
           │
           ↓
        企业目标
           │
           ↓
        营销目标
           │
           ↓
        营销审核
           │
           ↓
        营销策略
           │
           ↓
        营销计划
           │
           ↓
         执行
           │
           ↓
       评估与控制
```

图7-10　服饰营销规划程序

服饰营销规划被描述为一个过程，它是一个持续性的活动。而如果进行正确，它也会自我改进。这个过程要求有统一的标准、良好沟通、有效的执行、正确的行动以及工作成果的及时回馈。这个过程既是由营销目标开始，又是从属于企业大的目标决策之中。

2.任务宣言

任务宣言是首先要弄清楚一家企业从事什么事业，以及它想要从事什么样的事业开始。通常这是应该定义得比较广阔和更有弹性，无论如何目标必须是明确的。它是依据客户的需求来定义的，并时刻记住企业在竞争方面的实力。任务宣言应该简短并能激励企业向前。

3.营销目标

营销目标比任务宣言更加明确，它包括了量化的资料，如利润水平、新业务的顾客人数、市场占有率等。营销目标是由企业目标派生出来的，营销目标也应该是清楚的、书面的、可测度的与可达到的，并且具有挑战性。在时间的限制下，它必须要有明确的时间表。

（二）营销目标审核

1.营销目标审核

为了达到营销目标，要分析目前情况，定期审查服装企业的营销目标、运行效果称为营销审核。它是由一套详细亟待解决的问题所组成的，以决定企业有关目标、顾客、竞争及营销环境的状态。实行营销审核主要的一个目的就是要指出哪里需要正确的行动。营销审核通常分为两类，包括企业的内在环境与外在环境。

2.SWOT或现况分析

营销审核的结果，通常是用一份详尽的文件指出成果与建议修改的方案。这个审核的另一个用途是建立SWOT分析，即企业的形势评估。SWOT本质是营销审核的重要结果。它研究整个企业或某一类特别的产品与顾客，竞争和营销环境趋势的各种内在及外在因素。优势与劣势涉及内部因素；机会与威胁涉及外部因素（图7-11）。

内部	优势(Strength)	劣势(Weakness)
	例：功能领域	
	设计专门技术	
	地点	
	设备／规模	
外部	机会(Opportunity)	威胁(Threat)
	例：竞争者的促销活动	
	纺织品的市场趋势	
	顾客对环保议题的态度	
	媒介的活动	
	管理的变动	

图7-11　优势、劣势、机会与威胁

营销审核是准备SWOT分析的起点，然而并不是所有的企业都会经常性地进行营销审核。对大多数企业来说，第一次的营销审核肯定是最困难的。当然，企业必须要进行审核，否则就无法取得经验，接下去的审核就可以依上一次的审核与营销计划为依据。

SWOT应该是简明的、明确的，能传达企业面对的重要问题，被认定的项目彼此必须要有联系。例如，一个大竞争对手的新销售渠道威胁我们的男装部，在未来12个月内销售收入可能会降低5%～8%。这就可利用SWOT分析，建议男装部改变营销组合，以更直接的方式应付威胁。

（三）营销战略

1.选择战略与战术

如果营销目标是被叙述成必须完成"什么"，那么营销策略就是详细说明"如何"才能完成目标。

营销策略包括长期决策和核心竞争力，它使其他竞争者无法迅速反应并跟进的一种竞争优势。由于营销是一种与环境有密切关系的活动，所以许多企业的营销策略通常有相当大的相似性。

战略与战术必须加以划分。战略是做正确的事，最终目的是为了达到效果。战术是把事情做对，导致效率的提高。因此，决定正确的战略向正确的方向前进，对企业来说是至关重要的。

2.选择市场划分

市场划分意即认定具有不同需求与特点的个别市场实体，以便企业能根据划分或目标研究应提供的产品或营销计划。检查企业拥有的资源并评估竞争，有助于决定正确的策略。划分的大小、认定标准、收益性、进入的方法与稳定性，在这个阶段也必须加以考虑。

3.决定营销战略

Ansoff矩阵是帮助发展营销战略的有效工具。应用在营销的矩阵大体上考虑的战略有的如象限二提供新产品或服务给现存的市场划分，也可能如象限三提供相同的产品或服务给新的市场划分。只有当规划差距在企业既定资源下是可以达到的，才可以考虑选择高风险。如图7-12所示，数字越大的象限，代表选择的风险越高。

服饰市场	既存的	新的
既存的	合并或市场 1	发展服饰产品渗透或服务 2
新的	发展服饰市场 3	多样化 4

图7-12 服饰产品或服务的Ansoff矩阵

合并可被视为是规避风险的策略，但在某些情形下，它是一个快捷的行动方式。当面临市场不景气或企业结构的改变时，合并策略也许是最好的选择。市场渗透是通过提供较优惠的价格或服务，或通过更有效的广告来提高对现存市场的占有率。

4.服饰营销计划

服饰营销计划是一份文件，它详细叙述一段特定时期内的营销行为。它陈述某些事必须在何时完成，如何完成，以及有什么效果。这个计划提供营销策略的细节以及企业将如何达到营销目标。这个计划同时分配责任与资源，为主要活动制订时间表，使高层主管能督查流行服饰营销战略的执行情况。

一个计划应该如何组织，通常也能反映企业的风格。以下各点就是营销计划的主要构成要素：

（1）给高层主管的摘要：这是浅显易懂的，通常重点放在利润、销售与资源上面。

（2）营销目标：这些必须明确陈述，应与任务宣言有关。

（3）优势分析或SWOT：如前所述，SWOT必须与竞争有关，并提供一套连贯的建议。

（4）营销调查：这是对市场划分选择、竞争、营销环境与主要趋势的评估。

（5）营销战略：这是一份讨论如何通过市场划分与产品定位来达到目标的报告。

（6）营销组合计划表：应详尽叙述产品、价格、配送与促销活动。这是计划中最详细的一种，因为其说明了在时间表的规划与活动的统筹之下将会产生什么情况。计划也应表明工作的分配、执行的责任与活动的成本。

（7）预测结果与预算：根据计划而预测的销售与利润金额应和市场占有率及其他相关可以数量化的资料一同列出。

（8）解决问题与完成计划：这一项是描述为了使计划达到效果所需要的人员及物质资源。例如，为了对一般客户直接邮寄广告资料而引进的资料库，可能意味着要对员工做信息技术方面的培训以及购买及维修计算机器材。改变某些策略，会引起员工或服装销售商的不满，必须加以指明，并提供克服障碍或减少影响的建议。

（9）营销控制与评估：评估计划是很重要的，以便能展开修正的行动。当目标及预期结果已如前述设定之后，计划的这一部分详细叙述实施评估的次数与性质。必须说明比较实际与计划成果的技巧以及报告的程序。

三、服饰促销方法

（一）4P经典理论

传统上对营销组合的叙述集中在市场学上的4P理论：Product（产品：创造价值）；Price（价格：体现价值）；Place（渠道：交付价值）；Promotion（促销：宣传价值）。4P理论的关键之处在于平衡发展，无论企业大、小，忽略了平衡观念就会经营失败。例如，"秦池"酒注意了宣传价值而忽略了创造价值；"枫叶"

衬衫注重了创造价值而忽略了交付价值。

（二）服饰广告

1.服饰广告的本质

广告是由一个特定支持者付费的非个人化沟通信息的渠道。无论是顾客还是商店，好品牌的形象，使得企业使用广告的机会越来越多；而好品牌也可促使企业在与零售商谈判时，处于优势地位。

企业的广告可以借助于文具、包装、交通运输、企业制服、接待区、公共宣传、销售广告等，来推广企业的公共形象，对企业而言这是具有价值的广告工具。如能密切配合顾客及潜在顾客的需求，企业就能形成一个强而有力的公共形象。

2.广告的运用

广告是运用视觉化语言和广告用语向受众传达商品信息，实现与顾客的沟通，从而树立品牌形象，推动商品销售的宣传手段。

3.广告的作用

（1）戏剧效果：即创造戏剧化的画面效果。优点是容易理解，缺点是不易处理。

（2）调动受众对商品的关注：即以商品的优良品质引导受众，进行直接的表达。优点是清楚明了，缺点是情况各异而效果不一。

（3）主要形式：广告在卖场中的主要形式有平面广告、VCD广告和POP广告等。

4.POP的运用

POP（Point of Purchase），也就是贩卖点广告的设计，运用时要考虑注目率高、有特殊性的设计（视觉冲击力，浓厚的亲密感）。

在卖场里通常有大量的作为商品标签、品牌标志之用，或用于商品介绍、促销宣传的简单、轻巧易于更换的广告，一般采用悬挂、摆放、粘贴等简便的固定方式，习惯上称之为POP广告。POP具有良好的亲和力，能极大地烘托店内的气氛，刺激顾客的购物欲望。

（1）POP的主要种类：商品周围的POP、事件POP、系列POP、顾客参与的POP。

（2）POP的使用方法：柜台式、吊挂式、落地式、吊旗式、动态POP、贴纸POP、售价单与展示卡、光源POP、商品结合式POP。

（3）使用POP的目的：形成卖场氛围；实现心理暗示；强化沟通互动，其造型和文字通俗易懂、阅读方便，具有趣味性和较好的直觉审美效应。

5.广告计划

（1）有效的促销计划应考虑一些因素及其目标（表7-5）。

表7-5　广告计划的目标

主要因素	典型的广告目标
设定目标	增加市场占有率，增加现有顾客的消费额，增加人气，增加特定商品销售额，增加顾客对品牌的认知，推广新产品，促进经销商的兴趣及热忱
设定广告预算	企业将在哪些地区广告？广告所扮演的角色重要性为何？广告的媒介与规模如何？
委托广告公司	要传达什么？如何传达信息？谁来传达？
传播媒体的选择	收视率，受众，频率，成本，认同感
时间与进度	集中模式，持续模式，间歇模式
广告的评估及控制	协助问题或困难的确认，引导创意策划的发展及所需投入的工作类型和层次，评估广告后是否达到原定策略的目标

（2）促销方式的比较：各种促销方式的施行效果、费用、影响程度，皆必须考虑（表7-6）。

表7-6　各种促销方式的特征

要素	广告	促销	公共关系	受众
来源可信度	中等	中等或不定	良好	中至少
信息特色	一般标准	一般标准	一般标准	针对顾客
信息控制	全部	全部	因不同媒体的控制而有所限制	全部
目标观众	大众	大众，但可能有限制	大众	少数
每位目标买主	低	低	低	高

大众传播媒体及杂志所需的广告宣传费用占了广告经费的一半以上，它比电视广告低于30%的经费高出了不少。直接营销则包括了通过邮寄及电话的方式。在计划服饰推广活动时所需考虑的事项如图7-13所示。

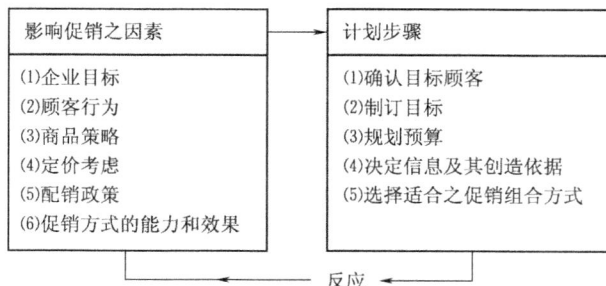

```
┌─────────────────┐      ┌─────────────────────┐
│  影响促销之因素   │─────▶│  计划步骤             │
│                 │      │                      │
│ (1)企业目标      │      │ (1)确认目标顾客       │
│ (2)顾客行为      │      │ (2)制订目标           │
│ (3)商品策略      │      │ (3)规划预算           │
│ (4)定价考虑      │      │ (4)决定信息及其创造依据 │
│ (5)配销政策      │      │ (5)选择适合之促销组合方式 │
│ (6)促销方式的能力和效果 │ │                      │
└─────────────────┘      └─────────────────────┘
         ◀──────────── 反应 ────────────
```

图7-13　服饰促销之计划

（三）服饰销售促销

促销活动包括了增加服饰商品的价值、提高顾客购买力或促使经销商提供诱因来提高销售量。而促销与广告不同，以促销而言，企业可以自己拥有宣传媒体，而不需向外租用。例如，企业可自行印制的传单和海报广告。

1.销售促销活动的优点及限制

促销的主要优点为：有助于吸引人气，保持其对品牌及店的忠实度；有助于达到快速成效；可作为提醒经营者营运情况的指标参考；可刺激顾客的购买欲；可带动卖场的购买气氛；可引起其他经销商的注意。

主要的限制为：企业可能因举行过多的促销，而导致其形象贬低；顾客可能因此认为这家企业的商品质量下滑；顾客可能只等折扣时才买，而使得原价商品不易卖出；顾客可能受促销活动影响，将注意力重点放在促销，而忽略服装。

2.促销计划

加强广告及促销计划的协调工作十分重要，服饰营销的策划执行者应知道如何规划活动，以便支持这些活动的举行，使活动的效益发挥至最大。协调工作应尽可能覆盖到促销活动中用到的各种方法，这样才能使服饰推广的方式更合理并减少漏洞。

3.促销手段

（1）博览会、展销、展览：可针对目标顾客群或潜在顾客群以及专业采购者，来提供面对面的接触，以提高销售率。

大多数的流行服饰展览皆为大型，因此，参观者皆谨慎地选择参观路线。首先要确定参观者会访问的某些特定摊位，这样一来地点就很重要了。视野佳、地点好的摊位易于吸引人气。靠近入口，每排摊位的最后、楼梯下的位置，通常较易吸引过往人气。

以具创意的方式将宣传所用的材料展示出来，可塑造出一种特别的吸引力，或是表现企业商品及服务的主题。要避免塑造出类似办公室的环境及气氛，避免阻碍与顾客的沟通，明亮的光线也有助于吸引气氛的营造。在流行服饰的展示会中，最常用的宣传材料有明信片、传单、手册、袋子（提袋）、小型海报及录像带（表7-7）。

表7-7　服饰促销活动举例

商业促销	顾客促销	商业促销	顾客促销
展览	折价券	时装表演	特别提供
展销	竞争	销售点	搭卖品
销售竞赛	大包装出售	特别折扣	赠品、礼物

（2）新闻通稿的组织：大多数设计师都聘用一些专职宣传者，他们的工作就是让所有的媒体到处都提到设计师的名字，但不需要为这种宣传承担高额费用。和媒介交流的主要方式就是通过发布各种精心准备的新闻材料集，促使媒介报道有关设计师和他的最新设计。在每个季节，都要准备一个详细的宣传方案，包括介绍设计师生涯、各种产品的纲要、设计师的照片以及其他的重要素材。把它们分发给商业报纸记者、时装杂志编辑、消费者报纸的专栏作家、电视和广播记者等。

（3）时装展示会：其规模和规格依企业需传递信息的重要程度而定。如果只是现有产品新的色彩系列，展示会可以是非正式的，就在企业内部展示厅里展示一些用已熟悉的材料制成的服装；或在稍正式的场合让模特儿在T型台展示一番。如果是一种重要的新纤维研制成功，整个场面就可以大些。为了容纳大批的新闻记者、服装制造商和设计师、零售商、订购者等，大型企业通常选择诸如剧院、饭店的舞厅等来展示他们的新产品。

今天，展示会常被制成录像，分发给不能来参加的行业专业人士。有时，零售商也在商店内播放这种录像，让顾客熟悉这种新纤维，以致可能去购买用这种新纤维制成的服饰。

（4）广告：高级时装设计师采用的主要广告媒体是各种印刷品。通过各种印刷刊物，与服装领域的专业人士沟通信息，如服装评论家、调研者、各类订购者及最终决定产品命运的消费者等。

（5）慈善活动：即使有了时装展示会，得到了购买者和记者的指导和建议，有些设计师还想做更多的宣传。在国外，慈善活动是时装界喜欢选择的方式。服装界一些体面、富裕的消费者，他们也是商品的最终购买者，经常被邀请参加这一些活动。这些活动可以在剧院或是饭店的舞厅里举行，有T型台时装展示，还有晚餐招待。在这些活动中，客人们早于普通大众看到最新的服装系列。在晚宴的高潮进行慈善捐助，使整个过程成为一个有意义的公益活动。这种活动经常可能产生最好的潜在消费者。

（6）庆典活动：是百货店的重要促销方式之一，用全商店的庆典活动来开始一个新的季节或一种新款式服装登场。在一个短时期内，整个商店都集中搞这个活动。

（7）交易折扣及特别供应：当快速付款、购买金额达到一定数量或在某特定期间购买时，卖方可提供折扣。有时商品以免费的方式代替折扣，或提供礼物或赠品给购买新产品线的经销商，许多重要的服装零售商，对收受此类礼物，有非常严格的企业内部政策。

（8）专家促销：当产品的设计师或公司的代表在商店坐堂时，许多高级时装购买者就喜欢去参观、购买。设计师的来访消息一般会刊登在报纸上，让广大消费者知道。

（9）时装咨询：在大多数百货店，服饰指导专家或配色专家发挥很大作用，这些专家能够提供有关服饰方面的咨询。在商店的特别活动期间，他们举行现场咨询或研讨会，主题从职业性着装到正确使用化妆品等各方面（化妆方面做得更早些）。

（10）视觉展销和陈列：一旦顾客走进商店，商品的陈列方式就成为吸引顾客购买的重要因素。百货店在这方面比其他任何零售机构都要投入更多的财物和精力，尤其在服装和服饰类商品的陈列上。

（11）集合销售：有些特定的商品颇适合这种量多的销售方式，例如：丝袜、袜子、价廉的内衣、T恤等，可通过一次买多双或多件即可得到折扣的方式来促销。但这种方式的运用要注意国家的政策规定，以免造成捆绑销售之嫌。

（12）样品、礼品和折扣券：在一些产品的销售中，如化妆品和香水，许多制造商通过派送样品、礼品来促销。通过顾客交回的折价券，提供某项商品的减价，至于折价券的发送方式，可在报纸、杂志、信件、产品包装盒上印制。要注意避免在折扣活动进行中发生顾客不满意情形。

（13）竞赛或抽奖：这些活动可吸引顾客对商品或专卖店的注意，亦可引起人们的兴奋或情绪，且只需顾客的举手之劳。

（14）示范表演：这种方法并不普遍，有时候示范表演是为了展示产品的功能。在运动装方面，这是比较普遍的，通常是用录像带示范表演。它既可以给消费者一定的感观刺激，又可以借此提高其审美水平。

第八章　服饰搭配与服装展示

服装展示是通过人与服装或各种道具的组合关系，来反映设计师、消费者、商家想要表达的某种着装状态。设计师主要通过动态的服装展示和舞台背景来表达设计意图；消费者通过穿着服装和选择服装的搭配来表现自己的爱好和审美倾向；商家则是通过服装商品陈列以及更多的其他手段（服装表演、店面装饰、影视播放、服饰广告等）来强化推广自己想要达到的展示目的。

第一节　服饰品配套

服装的整体搭配，我们在服装设计的章节中已有了比较清楚的介绍。就服装展示而言，服装与配饰的关系显得十分重要。配饰对于服装来说，好比锦上添花。佩戴什么样的饰物，携带什么样的挂件，穿着什么样的鞋帽，是服装穿着者情趣、性格、见识、地位的标志。

在古代，服饰配件十分丰富。肩饰配件有披帛、披肩、霞帔、云肩、比肩等；腰饰配件有抱腰、围腰、抱肚、腹围、勒帛等；带类有双绮带、莲花带、革带、绅带、锦带、蹀躞带等；佩挂件有鱼袋、龟袋、佩绶、佩巾、环佩、锦囊、荷包、佩玉等。随着时代的发展，这些配饰大多已销声匿迹，或演变为另一种装饰形式。在反映历史的影视剧或古装戏中我们尚能略见其仪态万方的风韵。

配件是指与服装配套装饰的部件。所谓着装美就是指服装与服饰配件的整体之美。因此，服饰配件的设计，从造型、色彩到装饰点缀，都要与服装取得协调统一，并起到"烘云托月"的作用。例如，男子西服的领带、皮带，年轻女孩的时尚背包、围巾、腰带等，可谓美不胜收，为服装增添了不少亮丽的神采。

一、服饰搭配的原则

在服饰搭配上，首先，应该清楚地知道服装是什么人、在什么时间、什么地点、什么环境以及什么目的下穿着之后（也就是人们常讲的5W），再进行判断并提出服饰搭配的建议。其次，作为服饰搭配还应该明白人们穿着服装是为了表现人体美。正如巴杜公司（Jean Patou）的继承人雷蒙·巴尔帕（Raymond Barbas）的看法：如果穿上他设计的作品走在街上，被人们称赞"好漂亮的女人"，那就证明设计是成功的；相反，如果人们只称赞"好美丽的衣裳"，则表示作品是失败的！因为在着装状态中服装是次要地位。那么在服装与饰品搭配上，饰品的主要目的也应该是表现出人的美丽。

在服饰搭配上从来就有很多不同的看法，有赞成尽量简洁的配套风格；也有赞成超华丽的装饰配套风格。例如，夏奈尔一直不赞同佩戴大量首饰，不论耳环、项链或其他首饰，都不宜滥用，她在首饰的使用上也开创了一种清新的风格；而路易·费罗则欣赏华丽的装饰。

我们认为，服装与饰品都应根据穿着目的来确定其配套的基本风格，要充分考虑服装款式因素、色彩因素、配件因素、经济因素、环境因素、体形因素和着装者的个性特征等因素。

二、服饰色彩配套的原理

服装的色彩与其他领域的色彩一样，同样由色相、明度、纯度三要素构成。所谓色相，就是指各种色彩的物相，若把它们加以编号后，也有人称色相为色度。色相主要有黄、红、蓝三原色构成。如果将黄、红、蓝分别两两相加就可以得到三间色，即可得到基本的色相环。一般色相环为24色，而按蒙赛尔色立体和奥斯瓦尔德色立体的色环为例，则分别为100个色相和72个色相。在色相环上处于一条直线上的两个颜色为补色（对比色的特殊形式）。所谓明度，是色彩的明暗程度。色彩的明暗程度是由光波的振幅大小来决定的。在无彩色中，明度最高的颜色是白色，明度最低的颜色是黑色，在黑色、白色之间存在着一个灰色系列，从而形成了无彩色的明度色阶。所谓纯度，又称为彩度、艳度或含灰度。纯度是指颜色的鲜艳或污浊的程度。它是可见光波波长的单纯程度而定，当光波波长相当混杂时，就只能是无纯度而言的白色光了。所以，黑色、白色、灰色的纯度等于零。彩度最高的颜色称为纯色。所谓无彩色，是由黑、白、灰组成的色彩体系被称为无彩色系，用较严密的光学仪器可以测试出从黑色到白色可分为150级。此外，无彩色中的黑色和白色被称为极色。

（一）调和配色法与对比配色法

服装色彩学要研究的重要课题就是使色彩搭配能展示出色彩之美。罗马的学者是这样叙述的："美是和谐，而和谐就是对比与调和。"同时，早在我国春秋战国时期的晏婴就有关于"和谐"论述："和实生物，同则不继"。调和与对比是互为依存的关系，割舍任何一方都无法形成色彩美。

（二）调和配色

调和的美感能给人以协调、安宁、秩序的审美感受。我们不能想象服装色彩如果离开了调和，会变成什么样子。色彩的调和中，"调"包含有调整、调理等含义；"和"包含有和顺、和谐、和平等含义。其主要的意义在于"调配"和"和谐"。

色彩的调和有两层意思：其一指两个以上色彩相处在同一时间和空间内所呈现出的和谐状态；其二是指将两个事物调整到平和的状态。调和配色法归纳起来，大致有如下几种：

1.同一调和法

同一调和法指同一色相、同一明度、同一纯度、同为无彩色、既同色相又同明度、既同色相又同纯度、同一点缀色等调和形式。

2.近似调和法

在色彩明度对比过于强烈时，可以用明度近似相调和；当纯度对比过于强烈时，可以用纯度近似相调和；如果色相对比太强烈时，可以用色相近似相调和；也可以通过综合因素的调整来达到调和的要求。

（三）对比配色

众所周知，调和代表统一，对比代表变化。他们是一对矛盾统一体，既不能仅仅强调对比，而忽略了调和；也不能仅仅强调调和，而忽略了对比。好的服装色彩搭配往往是对比中有调和，调和中有对比。

对比色配色的几种方法见表8-1。

表8-1　服饰配色类型

配色方法	配色类型		
明度对比法	强明度对比	中明度对比	弱明度对比
纯度对比法	强纯度对比	中纯度对比	弱纯度对比
色相对比法	强色相对比	中色相对比	弱色相对比

如果从色彩的形象划分，还有面积对比、位置对比、虚实对比、肌理对比、方向对比等；如果从色彩视觉心理作用上来划分，可以分为冷暖对比、轻重对比、干湿对比、厚薄对比、简繁对比、动静对比、远近对比和新旧对比等。

综上所述，在服装色彩的运用中，其整体色彩与局部色彩、局部色彩与局部色彩之间在位置、面积、排列、组合等方面的比例关系，服装色彩与服饰配件的色彩之间的比例关系等，都是应该着重考虑的因素，否则，就会影响服装造型的整体美感，也会影响穿着者的整体形象。

三、服装造型与饰品的搭配关系

服装可以美化人，同样也可以丑化人。其实这不是服装本身的错，只有当合适的服装和配饰装扮在合适的人身上，才能显出服装及其穿着者的美来。反之，非但不美，倒成"东施效颦"了。因此，在进行服装与饰品研究的同时必须对人的各种特征加以综合考虑。

服饰搭配除了要遵循服务于人的根本目的外，在搭配时也必须充分考虑到服装本身的风格特点。我们在日常穿衣搭配中可能犯有这样那样的毛病，或许我们习以为常，不以为怪，但我们试想，如果穿着华丽的婚礼服而佩戴一条骨质的粗大项链又会有怎样的效果呢？

因此，服装造型与服饰配件之间的关系是一种相辅相成的关系。服饰配件与人体的比例是整体配套中不可忽视的因素。例如，帽子、手包、首饰，鞋子等的结构、大小、风格与人体的高矮胖瘦的关系以及人的个性特征，要力求适度和恰到好处。只有恰当的配件放在恰当的位置才会体现出服装的美感和着装者的精神面貌和审美情趣。

四、服饰配套方法

（一）包袋

作为时装的重要配饰，包袋是女性不可或缺的时髦标志之一，其应用可谓十分广泛。包的款式、色彩多种多样，形状大小也各有千秋。有双肩背式、手提式、肩挎式，还有透明包、大软包、大背包等。一般女性的服装多是没有口袋的，即使有口袋，若用来存放东西也很容易破坏服装的样式。所以，包袋也就成为搭配女性服装不可缺少的配件。包袋除了具有实用功能外，审美功能也是很重要的。合适的包使得女性的心情得到真切的流露，表现出女性潇洒而时尚的艺术情调。

双肩式背包是出远门或旅行的人所用的。但近年来，都市女孩喜欢背用上等牛皮制作的款式新颖而又柔软的小双肩式背包。搭配时髦装束，显得生气勃勃，玲珑可爱。

手提式包也叫拎包。早在16世纪末也只是一个香包（Sweet Bag），内藏薄荷香料，挂于腰间；到了17~18世纪，拎包多绣有美丽的图案或镶有珠子，但也只是藏于裙底下的小饰物；直至19世纪末，女性开始将它们悬挂在腰链上。虽然外形精巧玲珑，但至此拎包才正式面世。第一次世界大战之后，拎包的实用价值极升，很快赢得许多女士的青睐，它的发展也紧跟不断变化的时装潮流。到了20世纪90年代，手提包不但成为女士出门的必备品，也是时装的最佳配饰（图8-1）。

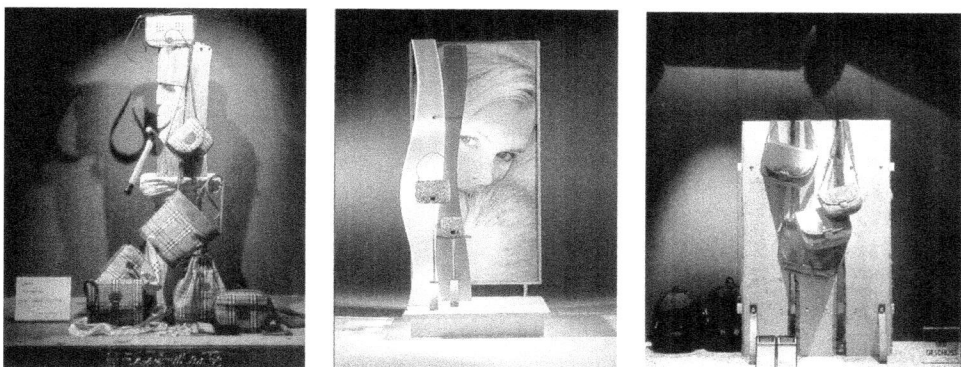

图8-1　橱窗中的包、袋

时下流行的手提包品牌很多，样式各异，大多以牛皮、羊皮和一些新型材料制作，一般分大软包和手包两种。中青年女性常用手提包作为服饰配件。尤其是都市的白领丽人，往往在不同的场合使用不同颜色、不同样式的拎包。小巧玲珑的手包是女性手中拿的包，大多用优质皮料如鳄鱼皮、狐狸毛皮等制造，做工精致考究，设计新颖独特且富时代感，能给女性增添自信、典雅的气质。而包装用的手提袋的设计，特别是销售服装用的手提袋，则成为服饰品牌形象设计的一个组成部分，大多用纸或塑料制作，装饰美观、大方，构成了一道时尚的风景线。大背包多采用粗质面料的尼龙和帆布制作，为青年外出旅行或办事所用。大背包的款式、色彩都很丰富。

总之，包的选用，首先应考虑与服装在色彩和款型上配套协调，不同的穿着配上不同的包，如穿西服，就不能背一个很随意的休闲包，反之亦然。色彩方面的配搭，应选用与服装颜色相近的色彩。黑色、灰色和白色的包，作为调和色，适宜与各种服色相配，单纯明快永远不会过时，故用得最多。少数民族常用的挎包色彩艳丽，纹饰丰富，制作精美，成为装点服装重要的饰物之一。

（二）围巾、腰带

自从人类懂得用布来做衣服穿着以来，围巾便开始发挥其功用。特别是薄而透明用丝制造的围巾，在远古的神话里被喻为灵魂肌肤的象征。中世纪的时候，围巾被誉为会带来好运的浪漫之物。而在17世纪，开司米（Cashmere）披肩、来自印度帕斯力花纹的披肩是贵族及富贵人家的专利品。自20世纪以来，围巾已成为女性的最喜爱的服装配饰之一。

可以说，围巾与腰带作为女性服装的装饰物，在整套服装配色中也至关重要。围巾可以缓和服装色彩不太协调的矛盾，也能产生活跃色彩的作用。仅仅一块方巾或一条带饰，在不同的季节和场合系戴，能为女性增添一分轻松、活泼的神韵。

在冬季较为寒冷的北方，妇女普遍喜欢用一块大的、色彩艳丽的花方巾包住头部。在内蒙古大草原上，妇女系上大红色的头巾，把绿色的草原点缀得生机盎然。围巾也可披在衣服或外套上做披肩，有一种浓浓的北方风情。大方围巾在俄罗斯妇女中也是十分流行的打扮。非洲妇女甚至用围巾做头部装饰，效果不比一顶华丽的帽子逊色。

围巾的形状基本上可分为正方形和长方形两种，所采用的面料非常丰富。在冬季，丝绒、厚身的羊毛和开司米等质料的披肩和围巾最为常见；而在温暖的春秋季，多采用各类真丝、雪纺和薄棉质料的丝巾作为配饰。许多女性喜欢系上一块真丝方巾，特别是很薄的纱巾系在脖颈上或用来束头发，更增女性的清秀。

围巾上装饰图案和颜色是构成围巾的重要元素，有素色的、印花的、条格的、散点的等，种类繁多。如穿着有花色的上衣宜用单色为主的围巾；反之，有花色的围巾宜搭配单色服装，从而形成简与繁的时比。图案和色彩可算是围巾的灵魂，同时也是设计师们的专利商标。因此，设计师都十分重视丝巾上的图案设计。例如，采用印度帕斯力花纹的意大利Etro披肩、《印度之旅》系列围巾、Hermes丝巾系列等都是国际著名的围巾品牌。

腰带本身在腰腹部也是重要的装饰物，因处在人体的中部，可以起到承上启下、衔接上下装的作用。含灰色的服装与同色的腰带可避免暴露较粗的腰身，而黑色的宽腰带则能更好地衬托服装的色彩。腰带多用皮革制作，但在现代时装设计中丝巾也被常当做皮带系于腰间。

（三）领带

"金利来，男人的世界。"从广告词上就知道，领带是男士西服少不了的配饰，但现在职业女性也佩戴它，如空中小姐、女警察，宾馆、酒店的高级工作人员等。

传统的领带图案多以素色、斜条、小花点为主。而今天的领带在质地、色彩、纹样方面，一反传统的一丝不苟，从材质上出现了真丝、绢纺、柞蚕丝领带；图案更是刻意求新，一些工笔画、抽象纹样都成为表现的题材。真丝领带质地柔软，有天然的光泽，色彩亮丽，使佩戴者有一种高雅的气质。目前国际上一改领带的宽度，出现了8.5cm宽的领带，很受欢迎。在日本领带宽度甚至扩到10~12cm，最宽的达到15cm。美国还流行一种宽而短的领带，仅及胸部。

领带主要与衬衫搭配。色彩搭配有两种方法，一是同色系搭配，二是对比色搭配。目前较为流行的是同色衬衫配同色领带。一般白色衬衫穿用率最高，其次是单色衬衫和条纹衬衫。近年来流行蓝、黄、黑三种单色系衬衫。浅蓝色衬衫可以配明黄色条纹领带，显示出青春的活力；浅黄衬衫可配蓝色领带，给人以朴素和有气质的感觉；黑色衬衫最适宜配金黄色的领带，使人感觉沉稳成熟，是事业型男人的形象。

（四）眼镜

眼镜主要用于矫正视力，或保护眼睛免受阳光、风沙的侵袭。由于眼睛是脸面中最重要的部位，故眼镜的装饰功能就显得尤为重要。眼镜可以修饰人的五官，提升相貌的总体效果，衬托人的肤色。特别是用来遮挡阳光的太阳镜，可以在充满个性化的搭配之中成为众人注目的焦点。

在镜框的造型方面，有各式各样线条柔和的圆形框以及菱形框、横宽框、八角框等造型抢眼的镜框。

在色彩的运用上，无论是粉橘色、水蓝色、草绿色的镜片配上同样高彩度的胶框，或是深色调镜片配上各色仿玳瑁色镜框或黑色胶框，都是爱酷族最佳的选择。一张平凡无奇的脸孔，只要一戴上太阳镜，立即显得新潮、俏丽（图8-2）。

市面上五彩缤纷的彩色镜片，真正能遮挡强光、隔离紫外线的镜片应属暗灰、深绿、茶褐色的镜片为佳。在美观方面，选择适合自己脸型的眼镜十分重要。例

图8-2　首饰、眼镜（2005年摄于意大利）

如，圆脸型应选择椭圆、长方形镜框；而消瘦的脸颊则适合椭圆型镜框；至于拥有鹅蛋型脸庞的人，戴什么形状的眼镜都适合。

第二节　服装动态展示

　　服装展示分为服装静态展示和服装动态两大类形式。服装是一种文化，一个民族依靠这种文化展示其生活习惯、风俗民情以及对生活的理解与情感。美妙的服装摆在橱窗里或人体模型上，可以展现出服装的美丽，同时，其商业价值也是不言而喻的（将在下节内容讨论静态展示问题）。而在舒展的动态展示中，服装会得到更多视角的展现。具有匀称体型、姣好面容的模特穿上服装，更能体现服装在设计、制作上的精巧之处。作为服装表演载体的服装模特，是服装设计师与消费者之间的桥梁。

　　一场服装表演的成功与否，很大一部分原因在于所选择的服装模特的气质与整台表演风格是否相符合，对服装是否有领悟力与表现力，能否用自己的仪态将服装款式的独到之处、设计意图淋漓尽致地展现在观众面前。服装艺术也由此而潜移默化地影响了社会各层的人们。与此同时，设计师们不断推出的新款式、新面料与色彩也会因得到承认而引起人们的购买欲望。这一行为导致的促进服装消费与生产的良性结果，是服装行业期望的，也推动了服装业的不断进步。

　　T型台时装展示是最普通的方式。在国内外时装市场的每个季节，商家都要邀请大批记者和潜在的购买者，举行各种时装发布会。模特身着各式时装，在T型台上进行服装款式展示。因为每个季节的开始都涌现出大量设计师的作品，所以整个行业都需合理安排时间来举行隆重的展示会，让订购者和记者了解所有的设计作品。在巴黎，最著名的设计师都属于巴黎高级时装联合会，这个组织会合理地安排巴黎时装展示会的时间。

一、服装模特的种类与应具备的能力

模特与服装的关系不仅仅是穿着与被穿着的关系，还应该是服装设计理念的表现者、传达者。这要求模特儿应该能理解设计师的设计意图和目的。在表演中，通过模特的姿态与动作，所有的设想与意图得以具体地表现。因此，一名优秀的模特，还是对服装设计、制作与面料、配件以及音乐、舞美具有相当的领悟能力与修养的综合人才。

在服装业内，邀请模特展示服装的目的是千差万别的。对于不同的目的，模特的身材、五官与能力要求也各不相同。根据展示服装的目的不同，一般将模特分为T型台模特、摄影模特和试衣模特。无论是T型台模特、摄影模特还是试衣模特，都应具备在表演台上T型台的技巧。在走上正式表演台前，模特应接受一系列的专业训练，如造型、转身、举手投足等，培养出节奏感与在台上从容自如表演的能力。这包括模特的T型台表演技巧和展示服装能力两方面。

（一）T型台模特

T型台模特是模特儿中最普遍、最为人们所常见的一种。模特的魅力通过在表演台上走动展示服装时得到体现。在需要服装表演的场合，必须有T型台模特出现。人们在提起模特时，联想到的通常都是T型台模特。T型台模特所出现的场合是多种多样的，在服装模特队伍中，T型台模特的比例占得最大。

T型台模特展示服装的场合是在表演台上。随着音乐声响起，模特们依次走上T型台开始向观众展示服装。

仅获得了娴熟的T型台表演技巧还不是一位模特成功的全部，更重要的在于应有个人的表演风格。这是指模特既能适应不同造型、不同风格的服装，同时观众还能从她的举手投足中发现属于她个人的表演魅力。这样的模特，无论是对设计师、编导，还是对服装的购买商、评论家以及记者们都是格外具有吸引力。为此，模特应当充分了解自己，了解自己的气质及五官特征，并摸索出一套能将这种特别之处通过适当的化妆及T型台表演展示出来的方法。

T型台模特儿的另一个表演特征是即时性。一旦正式演出开始，就不应出现失误，否则会影响整台演出的效果。为此，模特不仅在演出前应全身心地投入训练，而且在正式演出中也应有稳定的心理状态。一旦演出中出现什么差错，应能从容应对，尽量不使它影响自己的表情与规定动作，更不要影响同台演出的其他模特。表演还是一种交流：模特与模特之间、模特与观众之间关于服装、关于演出的交流，其中包含情感的成分，太紧张的模特常常会表情僵硬，这样的展示必然是了无生气的，让观众心中产生距离感，阻碍其对服装的认可与接受。另外，在演出中，如果着装完成较快，有等待上场的时间，模特应该等候在出口处，了解演出情况，并在这段等待时间中使心情放轻松，在心中预演一遍即将要走的台步，为自己的上场做好充分的心理准备。

作为一名T型台模特，还需具有职业品德，即演出配合意识。喧宾夺主、过分强调自我形象的演出会破坏整台表演，也会破坏人们对模特个人的印象。

（二）摄影模特

摄影模特是指在服装报纸、杂志与电影、电视广告中报道流行趋势、宣传公司服装使用的服装模特。摄影模特的形象出现在各种媒体的广告中，所以对模特的五官要求相对较高，模特的五官要标准、端正，这样才经得起读者和观众的仔细端详，在特写镜头下，依然美丽动人。有时一些影视明星也会客串一下摄影模特，这除了她们有较好的仪表与体态外，更重要的是借助她们的知名度来扩大影响。

在相机与摄影机前出现的模特，除了拥有通常必备的身体匀称、五官姣好的基本条件外，还需有在照相机前配合摄影师工作的能力，能理解摄影师通过暗示、手势或某种声音表达的意图；培养倾听快门开启的声音的能力；培养姿势的镜头感等基本要求。拍摄服装照片时，由于对模特表现服装的姿态比较强调，有时会请一些著名的T型台模特前来拍摄，借此亦可扩大宣传效应。但在模特界还有一些身材、五官都较标准，只是身高略逊一筹的模特，对她们而言，最佳的发展方向是做一名优秀的摄影模特。

摄影模特的工作场所是摄影棚，她的"观众"是镜头，这一职业特点要求模特应掌握一些面对镜头的诀窍，方可顺利工作。摄影模特与T型台模特的最大区别是没有表演的时空延续性。也就是说，摄影模特是由摄影师拍成照片的瞬间静止画面来完成自己的动作。

（三）试衣模特

试衣模特与前两种模特相比，有很大的不同之处，就是她不在公众面前出现，仅仅为设计师或服装制造厂家服务，因此，对于试衣模特的T型台技巧与在镜头前的表现能力一般不作苛求。但这并不是说试衣模特可以不具备这种能力。试衣最终是为了正式着装，既然称之为模特，就必须对身材与五官有所要求，只有这样，才能将样衣的精巧之处衬托出来，给予设计师与裁剪师继续完美服装的信心。

试衣模特的体型应该是十分标准的。如果是批量服装生产商的试衣工作，一般是选择服装号型对应的标准女性，这样的模特可以是普通身高的。经过这些女性试穿修改过的服装，日后将投入成批量生产，由于她们身材具代表性，生产出来的服装通常可以满足绝大部分顾客的需要。

试衣模特所需的一项重要职业品德是耐心。模特要有耐心长时间地穿着某件服装，甚至是固定姿态，以便让设计师与裁剪师反复观察服装的合体性，斟酌修改方式。另一方面，模特也要有耐心随时将自己的穿着感受告诉设计师与裁剪师，在满足了舒适性的前提之下方可谈及服装的其他细节。这时模特可以多做一些姿势，如站立、坐下、走动、转身等，若发现不适之处及时与工作人员交流，与他们共同完成制作服装的这一重要环节。由此可见，一定的语言表达能力对于试衣模特也是需要的。

试衣模特一类比较特殊的模特，与T型台模特及摄影模特相比，有较大的不同。对她们而言，体型要求格外严格。

二、服装表演的种类和表演特性

服装表演经历漫长的演变历程，现在进入到多元化的、丰富多彩的局面。它已经不仅仅是展示给欧美上流社会的豪华的高级女装表演，在世界各地的商场、宾馆、剧院、学校乃至街头，人们都会有机会欣赏到各种各样的服装表演，并从中获得对服装的美好感受。根据服装表演举办的目的，我们将众多的服装表演分为以下四种类型：促销类服装表演、发布信息类服装表演、竞赛类服装表演以及娱乐类服装表演。

（一）促销类服装表演

促销类服装表演是以宣传商品为目的的商业性服装表演。它可以是商场为了吸引顾客而定期或不定期举行的季度、年度服装表演，或者是博览会上参展商为宣传产品而举行的产品动态展示，或者是某品牌产品为扩大知名度在各个商场中举办的巡回表演，或者在某一最具销售力的商场举行的特别演出，等等。这类服装表演的规模可大可小，对场地的选择比较灵活，视主办者的意图而定，目标观众是参加订货的零售商或者一般消费者。正因如此，这类表演具有以下两个明显特点：一是演出的功利性，表演一定要达到能够提高商场或品牌产品的销售额的目的，如果见效甚微，这样的表演就归于失败了；二是在表演中，对产品的特色如色彩、裁剪方式、面料以及搭配等细节要加以强调，从而让观众认识产品，了解产品，以达到吸引消费者的目的。

（二）发布信息类服装表演

发布信息类服装表演是指服装行业中的某些协会或设计师等举办的发布会，如年度的流行色发布会、职业女装发布会、设计师个人作品发布会，也可以是服装设计院校学生的毕业作品发布会，或是某公司新创品牌面世之际，为了让人们认知该品牌而举行的发布会，等等。这类服装表演旨在通过对服装的展示告诉人们关于服装的某些信息，如下一季的流行色、职业女装的新特征、设计师最近的设计风格、毕业生的潜在设计才能以及新创品牌的风格特色等（图8-3）。在这里，商业目的没有成为举办的直接目的，退而成为隐性目标。因为服装发布所强调的对某一阶段、某一局部服装信息的引导对服装的制造商与销售商无疑是有商业选择意义的。

图8-3 发布信息的服装表演形式（学生作品）

（三）竞赛类服装表演

在以比赛为目的的服装表演中，服装表演成为实现该目的之表现形式。比赛的内容主要有两种：设计作品比赛与模特儿比赛。前者在于物，后者在于人，因而举办比赛的方法也有所不同。已经有多年历史的"CCTV服装设计暨模特大赛"则属于两者的融合。在设计作品比赛中，一般是按作品的风格分系列展示；而后者则安排不同场合服装让模特儿穿着展示，以展开对模特各方面素质的综合考核。在这类表演中，最重要的"观众"是评委，比赛作品的动态穿着效果、模特对服装的理解能力与表现能力，这些都是举足轻重现场因素。众多参赛者之间要决一雌雄，活动便往往因此较其他表演更扣人心弦。这些都是竞赛类服装表演的特殊之处。当然，这类表演也不排斥商业因素的加入，比赛的赞助者既可以使组办者获得足够的组办经费，又可借比赛的社会影响力扩大自身产品的知名度。

（四）娱乐类服装表演

以娱乐为目的服装表演如今越来越为人们所多见。它在许多娱乐场合中出现，如为一些节日或庆典活动助兴的表演，或为歌舞厅、夜总会上演的服装表演，以及一些具有文化探索意味的服装表演等。由于这类服装表演对舞蹈、灯光、音响等的娱乐性的强调大大重于对服装的强调，它已衍生为文艺演出的复合体，与服装表演最初对服装的商业性促销目的已无关联了。

三、服装表演的形式

服装表演的种类不同，也就需要以不同的形式加以表现。早期的促销类服装表演经过长期的完善，形成一种程式化的表演形式。而随着多种类型服装表演的出现，表演的形式得到创新与丰富，服装表演艺术也更为繁荣。服装表演的形式有以下六种：程式化表演、戏剧化表演、探索式表演、主题型表演、简易型表演以及街头式表演。

（一）程式化表演

程式化表演是最为常见的服装表演形式。模特的表演台为T型台，模特从后台两端出场，在后端合并后，依次走向前端，再分左右至纵向台端，然后从原路返回。行走期间模特会做几次停顿或转身造型，以向观众展示服装的立体效果。

这种形式服装表演的特点是能够使观众的注意力较为集中。T型台限制了模特的展示空间，也使观众的注意力随着模特的台步而集中于T型台上。另外，T型台的简洁造型也使观众能够较快地适应模特的T型台路线，将注意力集中于欣赏服装的细节之处。

值得一提的是,由于这种形式的服装表演总体程式化,要在这种条件下推陈出新,就需从音乐、灯光、背景、服饰安排、出场次序等方面制造新意,以避免观众因为观看此类表演过多而产生厌倦感。

(二)戏剧化表演

戏剧化表演是受到戏剧作品中"再现生活"观念的影响,将戏剧表演中的某些手段运用到服装表演制作中而产生的。在服装表演中一般有情节显示,演出中适当地配合道具制造出若干小场景,展示出不同场合的服饰。这种表演方式生动活泼,整体感强,容易使人印象深刻,受场地的限制较小。它适合于展示定位较明确的年龄层和消费群体的服装。这种戏剧化的表演对编导的要求较高,对模特的戏剧表演能力也有要求,他们的表情既不能太平淡远离情节,也不能太夸张,以免削弱观众对服装的印象。

(三)探索式表演

探索式表演是先锋派的表演形式。制作者常常具有前卫的服装意识,热衷于夸张的艺术表现形式,配合这种表演方式的也是前卫派设计师的作品。整台演出从服装、化妆到背景、音乐与灯光都显示出某种程度的离奇与怪诞。作为对传统的、循规蹈矩的表演方式的补充,它也是具有存在价值的。表演中的局部设计也许会对设计师或消费者带来启发,设计者或许会获得灵感,消费者或许会产生着装的某种个性化意识。

(四)主题型表演

主题型表演是规模盛大的服装表演,在一些大型文艺演出中会出现,如运动会开幕式上的服装表演、服装节开幕式上的表演等。表演台面积很大,相应的模特阵容也相当大。以目前在我国各地举办的服装节中的服装表演为例,如大连服装节和宁波服装节,其特制的表演台就像一个巨大的T型广场。整个演出配以雄壮的乐队,展示出各式服饰。进行这类演出,需要配备足够的经费开支和较长的制作周期,编导的统筹能力与指挥能力自然也应技高一筹。

(五)简易型表演

简易型表演即向为数不多的客户展示产品,由少数模特进行表演,如为电视台制作专辑或者在小型晚会上演出等。这类演出对场地的要求一般不高，有时只需有一块空间即可，对编导常常也没有过高的要求。向客户展示产品时，有时可以走入顾客中，让他们近距离地了解面料、款式、色彩、裁剪等细节。模特按照要求逐一展示服装，T型台路线常常也没有严格规定，模特儿按职业习惯即兴发挥即可。

（六）街头式表演

在20世纪90年代初，意大利服装表演制作人员提出"服装表演走下T型台，走向街头"的口号，并率先在意大利的广场、庭院、商场门口、建筑物台阶上等户外场所举行演出。结果取得了出人意料的受欢迎效果，使得这种表演形式得到承认与推广。

在露天场合举行服装表演的最大优点是以宽广的自然景观、人文景观为背景，因此表演更生动、更真实。如果在夜间进行，利用灯光的照射，会使城市景观显得更具层次也更有气魄，这是再好不过的背景。最近在中法文化节中就有以埃菲尔铁塔和北京故宫为背景的大型服装表演，并引起了极大轰动。

街头式服装表演的出现，打破了服装表演的一些固有模式，使更多的观众在日常生活场合中有机会一睹名师作品与名模风采。这对于服装表演形式的丰富、服装表演艺术的完善，起到了很大的推动作用。

第三节　服装静态展示与陈列设计

现代的商业经营和产品展示不再是简单的"你买我卖"的纯商业活动，而是与顾客进行各种心理交流的特殊场所。商场的商品展示与陈列不能仅仅停留在开架售货或疏密有致的简单摆放，而要利用美学、心理学、人体工程学、社会学、行为学等方面的知识，利用商品来缩短买卖双方的距离，同时要了解顾客观看商品的特点和习惯，最大限度地吸引顾客的注意力。通过科学化、舞台化、生活化的商品陈列与展示和顾客进行更进一步的沟通，让多种展示形式在顾客心中留下美好的印象，从而使服装品牌的形象深深铭刻在顾客心中。

从大的销售环境上讲，产品所选择的销售区域和当地的经济地理条件，都是影响产品成功的关键问题。从小的销售环境上讲，一旦顾客走进商店，商品的陈列方式就成了吸引顾客购买的重要因素。百货店在这方面比其他任何零售机构都要投入更多的财物和精力，尤其在服装和服饰类商品的陈列上。大型百货商店雇用内部员工来执行这种视觉展示功能，成员包括创造性的设计师、木匠、标志制作美工、画家、安装工人，每人都有具体的分工，以确保整个展示的成功。

一、店面设计

服装店面是静态服装展示的重要载体之一，它包括门面、橱窗、店内商品陈列等。

店面风格设计要素包括标志、招牌、标准色、标准字体、结构、照明、装饰材料和整体风格。店面是消费者认识商店形象、品牌形象的基本途径，标志和招牌往往安排在店面中间，形象突出，可以运用企业的标准色或标准色的同类色，也可以采用品牌标志的变体组合，但以不改变原有标志的设计理念和标准形式为原则（图8-4）。

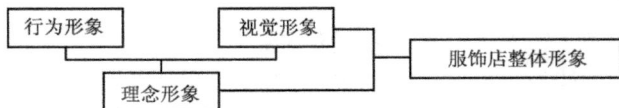

图8-4　服饰销售环境的整体设计

（一）标志和招牌

标志是指企业或品牌标志，通常是一种名称、术语、标志、符号或设计，或是它们的组合运用，其目的是用于辨认某个或某些服饰生产或经销商及其产品和服务，并使之与竞争对手区别开来。

服饰品牌标志一般由两部分组成：品牌名称和品牌标志。品牌标志为品牌所专有，一经决定就不能随意改变，因此在展示、陈列设计时，首先应该考虑招牌的位置、大小以及展示方法。

招牌展示设计的原则是：醒目、清晰、与品牌整体风格协调一致。

（二）橱窗设计的主题

在闹市区的总店，橱窗和内部装饰都要求引人注目。尤其是橱窗，它在一定程度上代表了商店的形象，路过的行人可能迅速地被橱窗里陈列的商品吸引而走进店门。橱窗一般一个星期就要重新装饰，让每个部门有更多机会展示他们的最好商品。

　　橱窗设计的主题就是为橱窗设计想要表达的内容加上一个概括性的解释。橱窗展示设计必须要体现服饰商品的特点（图8-5）。一般最常用的主题是关于自然、季节和社会、人生等方面。常见的内容有生态环保、返璞归真、生命意义、运动时期、都市生活、网络时空等。

图8-5　橱窗展示（2005年摄于意大利）

1.橱窗展示流程

　　首先是视觉设计方案确定。设计时要围绕商品属性和形象特征来进行，明确所要突出的特点。最终的视觉计划必须确定展示的整体风格和相应采取的手段。其次是综合规划实施，在总体形象、主题、概念及有关设计要素决定之后，就要对实施中的问题予以讨论，决定展示的商品，并根据其颜色、材料、尺寸、价格、设计风格和服饰配件等因素来决定道具、饰品等（如人体模型、展示道具）。分析展示的条件、环境等，确定展示场面的色调、结构、人体模型的姿势等，并计算工作量和工作时间以及安排任务。

　　在橱窗展示的过程中要充分考虑到季节性与社会性，通过布置与装饰，后再检查调整，最终完成整个橱窗展示流程。

2.橱窗展示中人体模型的运用

　　在橱窗展示布置时难免要使用到人体模型，在具体安置人体模型位置时一定要考虑服装风格和环境因素。

　　一具人体模型的使用：当使用一具人体模型的情况下，要充分考虑到人体模型的姿态与商品之间的关系，明确所展示商品的特性并使之占主体地位。

两具人体模型的组合：两具人体模型的组合，可安置在橱窗的一侧或居中排列，但要注意两者之间的位置关系，一般由人体模型的姿势和脸部方向来决定。

三具人体模型的组合：三具人体模型的组合，可采用一前两后或两前一后的排列，这样使整个布置具有空间感，同时也应注意动感和协调性（图8-6）。

图8-6　模特的组合形式

二、服装商品的陈列

商品陈列是通过对整体店面空间内全系列产品的统筹配置和组合，来完整体现品牌形象和产品风格，是品牌功能化、逻辑化、审美化和魅力化的巧妙结合。它能够潜移默化地激发消费者的认同，并引导消费者的着装理念。正如俗语所讲："人叫人，千声不语；货叫人，不请自来。"一项调查表明，70%的顾客表示商品陈列是吸引他们进店的原因；22%的顾客表示商品陈列重要，但不是绝对在乎；8%的顾客表示商品陈列无关紧要。从以上数据可以看出商品陈列的重要性。

（一）商品陈列的原则

商品陈列的五个要素是：看得清，摸得到；容易选，方便买；品种全；个性强；分类型，分颜色，分大小，分价格。

商品陈列的基本原则归纳起来有安全原则、方便原则、新鲜原则、丰富原则、有序原则、效率原则、促销原则、审美原则等八个方面。

（二）商品陈列的目的（表8-2）

表8-2　商品陈列的目的

目的	含义
销售目的	不仅仅指商品本身的销售，而且指推销某种抽象观念
说服目的	说服顾客，使其认同或参与
展现目的	将商品的特色和价值展现给顾客
告知目的	介绍新产品或新观念
娱乐目的	以有系统有主体的方式，进行丰富多彩的展示，带给大家新鲜有趣的感受
启发目的	启发顾客的联想和购买欲

（三）店内陈列布局规划

谈到店内陈列规划，在卖场规划中除了要突出视觉重心外，还应遵循"起、承、转、合"四字方针。

1.起

"起"是指以鲜明的形象将顾客的视线吸引过来，使之产生好感和兴趣，一般可以通过精心布置的展台营造生动的场景来实现。

2.承

"承"是指以开阔、充实的视觉感受和顺畅的通道，引导顾客进入卖场，这一步的关键是要提供充分的信息和诱人的商品。

3.转

"转"是指顾客因感到有浏览和选择的必要，而细致地观看商品，是对商品能否体现其价值的一种考验。

4.合

"合"是指顾客找到了中意的商品，经过挑选、比较，最终选购、成交，皆大欢喜。

5.陈列中的注意事项

（1）将色彩鲜艳、明快的服装陈列在显著位置。

（2）代表性的商品应陈列在倾斜吊架上，尽量位于正面。

（3）利用仿真人体模型进行陈列时，要使服装和配饰合理搭配，风格突出，形象生动。

（4）对于分层陈列的商品，前面不得摆放其他的物品，以免造成视觉和接触上的障碍。

（5）下装应放在较低的位置，并和上装形成一定的呼应。

（6）配饰可陈列在主要商品的旁边，起到衬托和辅助展示的作用。

（7）主要商品旁边摆放穿衣镜，方便顾客试衣和自我欣赏。

（四）商品陈列的区域

1.货位区

店铺中的大多数商品都被陈列在正常的货位区，摆放在美观、整洁的货架上，以供顾客浏览、选购。

2.通道区

为了吸引顾客的注意力，突出一些商品独特的个性以及售点促销的效果，在店铺卖场的大通道中央摆放一些平台或花车，陈列价格优惠的商品。

3.中性区

中性区是指店铺卖场过道与货位的临界区，一般进行突出性商品陈列。例如，在收款台附近摆放一些小商品。

4.端架区

端架区是指货架的最前、最后端，即顾客流动线转弯处所设置的货架，常被称为最佳陈列点（图8-7）。

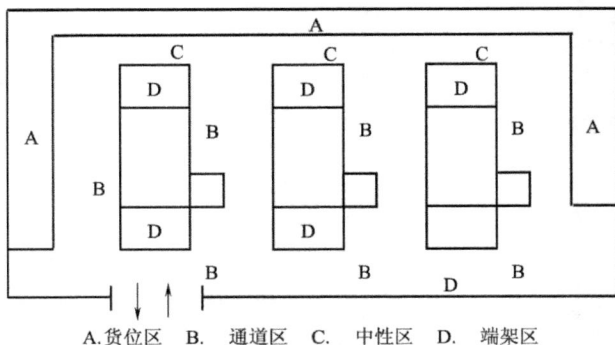

A.货位区　B.　通道区　C.　中性区　D.　端架区

图8-7　服装销售店的区域分布

（五）陈列的高度与销售效果有紧密的关系

一般来说，与顾客视线相平、直视可见的位置是最好的位置。货架上的商品陈列效果会因视线的高低而不同，在视线水平而且伸手可及的范围内，商品的销售效果最好。在此范围内的商品，其销货可能性为50%。随着视线的上升或下移，销售效果会递减（表8-3）。

表8-3　商品在货架上的变化引起的销售额变化

位置	高度（cm）	变化范围	销售额变动幅度（%）
上段	130~145	从"中段"到"上段"	+63
黄金段	130~80	从"中段"到"下段"	−40
中段	80	从"下段"到"中段"	+34
		从"下段"到"上段"	+78
下段	60~80	从"上段"到"下段"	−32
		从"上段"到"中段"	−20

另外，在日本、中国台湾、中国香港普遍使用一种高170cm、长100cm的货架，这种货架非常适合东亚人的身高，货架高度低于欧美的15~20cm。现在我国的店铺也开始普遍使用这种规格的货架。这种货架的最佳陈列位置不是130~145cm之间，而是在"上段"和"中段"之间，即80~130cm之间，这被称为黄金段。

（六）服饰商品陈列

1.服饰陈列分类

服装陈列的分类方法很多，我们将其归纳为以下七大类：

（1）按品种分类：有按上装区、裤装区、裙装区分类的；也有按行业习惯分类的，如衬衣、西服、夹克等。

（2）按原料分类：如纯棉内衣专柜、毛衣专柜、皮衣专柜等。

（3）按用途分类：如休闲装、职业装等。

（4）按对象分类：如按少女、家庭主妇、职业妇女、中年妇女等。

（5）按尺码分类：按大、中、小号的规格进行分类等。

（6）按色彩分类：明亮度顺序、色相环顺序的配色；同一色的配色；类似色的配色；象征季节性的色彩。

（7）按价格分类：为了顾客选择的方便，按商品价格的高低进行分类，将价格相当的商品集中在一起。

2.服饰陈列方式

（1）按品牌分别陈列：这一方式适合多品牌企业旗下的特许专卖店。

（2）按款式长短陈列：一般的排列顺序有：短裤→长裤→吊带裤→短裙→吊带裙→背心裙→洋装→外套→套装；上衣则可按背心→短袖→长袖来排列。

（3）按色彩系列陈列：彩虹色系（表8-4），放在展示台上的服饰可按款式分类后，再按彩虹色系折叠；挂在货架上的服饰按颜色分类后，再按款式排列。排列应由内而外，由左而右，由上而下；按照色彩的明度或纯度进行排列；按色彩的冷暖进行排列；同一主题的服饰含单色、条纹、格子、花色系列时，排列顺序为：单色→条纹→格子→碎花→大花。

表8-4　彩虹色系列陈列法

暖色	中性色	冷色	中性色	无彩色
紫红→红→橙红→黄→橙黄	黄绿→绿	青绿→绿→蓝绿→蓝→蓝紫	紫	黑→灰→白

（4）按品种的不同进行重点陈列：见表8-5。

表8-5　重点陈列表现效果

品种	陈列效果
男装	表现综合性、厚重感（稳重感）、轻快感的效果，男性的味道不可少
工作服	表现其强烈的动感与轻快感，也必须包括丰富及朴实感
运动装	轻快舒适及速度感是不可或缺的要素
淑女装	洋装可搭配皮包、鞋子、丝巾、饰物等，外套可和围巾、丝巾搭配
休闲装	体现轻快、舒适效果
女上衣	有高级和普通之分，用以区分档次上的差异
领带	要表现出流动感、立体感和条纹领带的线条感，还应注意与衬衣的搭配
饰物	小件饰物应组合服装来搭配，强调装饰性
童装	活泼、可爱的色彩，搭配玩具或儿童故事书或其他关联商品等
精品	以进口商品居多，充满名牌的高级感

（5）补充陈列：对于卖场中的角落空闲给予适当的补充陈列；突出商标的陈列。

（6）相关性商品的陈列：多为不可缺少的消耗性商品，利润不高，主要是为了吸引顾客、搭配主力商品的产品，如内衣裤、袜子、帽子、手帕、皮件、领巾、胸针等。

（7）促销商品陈列：一般为吸引性商品、新开发商品或特价商品，目的是想打入市场或吸引顾客。要突出其宣传性，应在主通道上、专架、落地陈列或特卖区等形式突出。

（七）服饰商品陈列的技巧

1.陈列数量

服饰陈列要有一定的数量，这样才能刺激起顾客的购买欲，从而达到销售商品的目的。在商品陈列时，除了数量之外，还应该同时注意到商品的颜色、款式、大小，这样才能吸引消费者的注意力。

2.服装商品陈列的方向

要迎合顾客对于商品的选购重点需要，以较大面积的、配色漂亮的主体方向展示给顾客。

3.便于陈列

采用何种方向陈列最具稳定感，这个问题也应重点考虑。要在补货时最省事、最安全、最容易，这才是最佳方案。

（八）服饰类商品常见陈列形态

1.系列化陈列

通过精心地选择、归纳和组织，将某些商品按照系列化的原则集中在一起陈列是系列化陈列。通过错落有致、异中见同的商品组合，使顾客获得一个全面系统的印象。

2.整体陈列

整体陈列是指将整套商品完整地向顾客展示的陈列方式。将全身服饰作为一个整体，用人体模型从头到脚完整地进行陈列。它为顾客提供了服装整体的搭配方案与设想。

3.对比式陈列

对比式陈列是指在服饰商品的色彩、质感和款式上，或是在设计构图、灯光、装饰、道具、展柜、展台的运用上，采用对比式设计，形成展示物体间的反差，达到主次分明、互相衬托的展示效果，从而实现突出新产品、独特产品目的，同时加深顾客对产品和品牌的印象。

4.重复陈列

重复陈列是指同样的商品、装饰、标志、广告等陈列主体，在一定范围内或不同的陈列面上重复出现，通过反复强调和暗示性的手段，加强顾客对展示商品或品牌的视觉感受与印象。

5.层次性陈列

层次性陈列是将同一卖点的不同商品或同一品牌的不同产品，按照一定的分类方法，划分层次依次摆放。例如，可以分为时尚产品、畅销产品和长销产品，高档产品、中档产品和低档产品，系列产品、成套产品和单件产品，主要产品、配套产品和服饰配件等。

6.场景陈列

场景陈列是指利用商品、饰物、背景和灯光等，共同构成一定的场景，给人一种生活气息很浓的感受，同时生动、形象地说明服饰商品的用途、特点，从而对顾客起到指导作用（图8-8）。

图8-8　场景陈列（2009年12月摄于日本东京）

7.连带式陈列

连带式陈列是将相关联的服饰商品放在一起进行陈列。例如，西装和衬衣、领带、皮带以及其他相关的服饰品，可以作为成套的系列商品进行连带陈列。

8.随机陈列

随机陈列是将商品随机堆积的方法，主要适用于陈列特价商品。

9.定位陈列

定位陈列指某些商品一经确定了位置陈列后，一般不再做变动。需定位陈列的商品通常是顾客使用且知名度高的名牌商品，顾客购买这些商品的频率高。所以需要对这些商品给予固定的位置来陈列，以方便顾客，尤其是老顾客。

10.突出陈列

突出陈列也称为突出延伸陈列法，是指在店铺卖场的中央陈列架的前面突出一部分，用来陈列特殊商品的方法。这一陈列法不仅打破了一般陈列的单调感，而且扩大了货架的陈列量，并将商品强迫式地映入顾客的眼中。但其高度不能太高，否则影响后面的货架陈列。据调查可以增加180%的销售量。

11.两端陈列

两端是指店铺卖场里，中央货架的两头，是陈列商品的黄金地段，是卖场内最能吸引顾客注意力的地方。两端陈列的商品通常是高利润商品、特价品、新产品或知名品牌产品，也可以是流转非常快的推荐品。

12.岛式陈列

岛式陈列是在专卖店入口处、中部或者底部不设置中央陈列架，而配置特殊陈列用的展台。它可以使顾客从四个方向观看到陈列的商品。岛式陈列的用具较多，常用的有平台、大型的网状货筐，主要陈列一些特价商品。

13.专题陈列

专题陈列又称主题陈列，是结合某一特定事件、时期或节日，集中陈列展示应时适销的连带性商品，或根据商品的用途在特定环境时期陈列。

14.季节或反季节陈列

季节或反季节陈列也可视为专题陈列的特例，是根据气候、季节变化，把应季商品集中起来搞即时陈列。这是经营季节性商品的商店或部门最常用的方式，如四季服饰、夏季纳凉商品、冬季御寒商品等季节性特征突出的商品一般采用这种陈列方法。相反，一些商家采用相反的策略，如在夏季陈列冬季羽绒服以促销。

（九）服饰商品陈列的发展趋势

1.商品陈列与展示的艺术趋向

展示与陈列的个性化、多样化；集现代派的雕塑、绘画、舞台、建筑设计手法于一体。

2.商业气息淡化的趋向

展示与陈列的脱商业化倾向，文化色彩明显增强；集购物、文化、休闲、娱乐于一体的商店功能多样化。

3.多元化发展的趋向

追求艺术思潮流行风尚的效果，也是企业文化和时尚流行风气体现。

三、服装销售环境设计

服装销售环境设计又称为零售店陈列与展示设计，它是指在销售环境的空间内，根据目标顾客需要及销售环境产品组合的特点，通过店面招牌、店面通道、店内货架等设计展示销售环境形象，通过货品陈列展示服装特色的全面而系统的工作。

（一）服装销售环境设计的目的

服装销售环境设计的主要目的为：创造优雅的购物环境，与友邻品牌相区别，展示服装流行新趋势，吸引消费者的注意，塑造服装品牌或零售商形象（CIS）。

（二）服装销售环境的设计要素（图8-6）

表8-6　服装销售环境的风格

服饰风格	艺术特色	环境氛围
品牌形象	形式美感	情调营造
商品包装	美感因素	寓意表达
标志和广告	色彩组合	感性体验
视野和距离	艺术风格	视觉舒适
装饰空间	背景音乐	方便接触

（三）服装销售环境设计的原则

服装销售环境店面设计可以塑造顾客心中的良好商业形象，给顾客留下鲜明的印象，让他们感受到色彩主题、时尚风格等，这样既强调了品牌，又使商业形象鲜明生动。它不仅体现了包括向顾客介绍产品、为顾客提供流行资讯、向顾客介绍着装技巧、让顾客体验时尚生活的服务功能，而且也通过视觉对顾客购买心理产生影响，从而形成了关注中心，唤起了审美愉悦，调动了求知兴趣，引导了对品牌理解并激发购买动机。

参考文献

［1］沈从文.中国古代服饰研究［M］.上海：上海书店出版社，2002.

［2］李泽厚.美的历程［M］.北京：文物出版社，1981.

［3］周锡保.中国古代服饰史［M］.北京：中国戏剧出版社，1984.

［4］包铭新.时装表演艺术［M］.上海：中国纺织大学出版社，1997.

［5］李当岐.服装学概论［M］.北京：高等教育出版社，1998.

［6］Jay and Ellen Diamond.时装广告与促销［M］.《时装广告与促销》翻译组，译.北京：中国纺织出版社，1998.

［7］黄能馥，陈娟娟.中华历代服饰艺术［M］.北京：中国旅游出版社，1999.

［8］凯瑟.服装社会心理学［M］.李宏伟，译.北京：中国纺织出版社，2000.

［9］李俊，王云仪.服装商品企划学［M］.上海：中国纺织大学出版社，2001.

［10］迈克·伊西.服饰营销圣经［M］.金凌，高姝月，潘静中，译.上海：上海远东出版社，2002.

［11］王受之.世界时装史［M］.北京：中国青年出版社，2002.

［12］冯泽明，齐志家.服装发展史教程［M］.北京：中国纺织出版社，2002.

［13］余强.装饰与着装设计［M］.重庆：重庆出版社，2003.

［14］陈雁，李栋高.服装生产系统［M］.南京：江苏科学技术出版社，2004.

［15］华梅.服饰民俗学［M］.北京：中国纺织出版社，2004.

［16］赵平，吕逸华.服装心理学概论［M］.北京：中国纺织出版社，2004.

［17］李当岐.西洋服装史［M］.2版.北京：高等教育出版社，2005.

［18］华梅.中国服装史［M］.天津：天津人民美术出版社，1999.

［19］袁仄.服装设计学［M］.3版.北京：中国纺织出版社，2000.

［20］徐宏力，关志坤.服装美学教程［M］.北京：中国纺织出版社，2007.

［21］刘晓刚.服装设计概论［M］.上海：东华大学出版社，2008.

［22］黄世龙，刘晓刚.现代服装文化概论［M］.上海：东华大学出版社，2009.

［23］冯泽民，刘海清.中西服装发展史［M］.2版.北京：中国纺织出版社，2010.

后记

　　本书是服装行业中关于各领域研究的一本专著。以服装文化为主线，将服饰美学、服装史、服装学概论、服装设计、服装生产系统、服装市场营销等内容进行合理整合，降低理论的难度和深度。强调艺术与工程相结合、文学与史学相结合，以满足服装从业者对服装学体系全面性、综合性知识的需求。研究服装领域内各种发展因素与规律，无疑是一个很有价值的研究课题，这里尚有许多基础性工作要做。

　　本书以服装业的整体为研究对象，在撰写过程中，参考了服饰史学界、服饰美学、服装生产系统管理研究方面专家们的研究成果。为了学习方便，在介绍相关专业知识的同时，也选用了一些中外服饰图片，这些都是本书撰成的必要条件，在此表示感谢。如书中存在种种不足甚至疏漏之处，恳请专家和读者批评指正。

　　本书在研究过程中，得到四川师范大学的支助和学校科研处的大力支持，得到四川美术学院余强教授的多方指正，他们为本书付出了辛勤的劳动，在这里一并谢过。

乔洪

2012年5月于四川师范大学服装学院